世界一わかりやすい

WordPress

5.5対応

深沢幸治郎／古賀海人
安藤篤史／岡本秀高 著

改訂
2版

導入と
サイト制作の
教科書

Windows & Mac 対応

技術評論社

注意

ご購入・ご利用前に必ずお読みください

本書の内容について

●本書記載の情報は、2020年9月1日現在のものになりますので、ご利用時には変更されている場合もあります。また、ソフトウェアはバージョンアップされる場合があり、本書での説明とは機能内容や画面図などが異なってしまうこともあり得ます。本書ご購入の前に必ずソフトウェアのバージョン番号をご確認ください。

●WordPressについては、執筆時の最新バージョンである5.5に基づいて解説しています。

●本書に記載された内容は、情報の提供のみを目的としています。本書の運用については、必ずお客様自身の責任と判断によって行ってください。これらの情報の運用の結果について、技術評論社および著者はいかなる責任も負いかねます。また、本書の内容を超えた個別のトレーニングにあたるものについても、対応できかねます。あらかじめご承知おきください。

レッスンファイルについて

●本書で使用しているレッスンファイルの利用には、別途、WordPress、レンタルサーバ（エックスサーバーなど）、テキストエディタ（Visual Studio Code、ATOM、SublimeTextなど）、ローカルサーバ環境（MAMPなど）、FTPクライアントソフト（FileZillaなど）、オンラインサービス（WordPress.orgなど）の利用が必要です。WordPressをはじめとした各ソフトウェア、レンタルサーバ、ネットワーク環境はご自分でご用意ください。

●レッスンファイルの利用は、必ずお客様自身の責任と判断によって行ってください。これらのファイルを使用した結果生じたいかなる直接的・間接的損害も、技術評論社、著者、プログラムの開発者、ファイルの制作に関わったすべての個人と企業は、一切その責任を負いかねます。

以上の注意事項をご承諾いただいた上で、本書をご利用願います。これらの注意事項をお読みいただかずに、お問い合わせいただいても、技術評論社および著者は対処しかねます。あらかじめ、ご承知おきください。

本文中に記載されている製品の名称は、一般にすべて関係各社の商標または登録商標です。

はじめに

たくさんのWordPress関連書籍の中から本書を選んでいただいてありがとうございます。

2017年の初版発行から3年あまりが経ちます。この数年のWordPressの進化は目ざましくかなりの箇所を書き直す必要がありましたが、ようやくWordPressの最新動向を反映した改訂2版を皆さまのお手元にお届けできることとなりました。

この本は将来ウェブサイト制作のプロフェッショナルを目指す方や、ウェブサイト制作の知識はもっているけれどもWordPressについては初心者であるという方をおもな対象に、現代のウェブサイト制作に必須ともいえるWordPressサイトの制作・開発の基礎から応用までを幅広く取り扱った解説書です。

WordPressの導入から基本的な取扱い・PHPの基礎知識・テーマの制作・そして運用と管理といったかなり広い範囲の情報が15のレッスンの中にぎっしりとつまっています。もちろんそれぞれのレッスンは、この本を手に取っているあなたが実際にWordPressサイトの制作を実践しながら進められるようになっています。

中には高度なPHPの知識を要する内容があり、プログラミングがはじめてという方にはとても難しく感じられるところもあると思いますが、基礎からひとつひとつ手順を踏んでいけば理解していただける内容になっていると自負しております。ぜひ根気よく取り組んでみてください。

この本の執筆にあたって、わたしたちが注力したのは「WordPressがとりあえず使える・とりあえずサイトがつくれる」だけでなく「長くWordPressとつきあっていける」力と知識をあなたに身につけていただけるようにすることでした。

WordPressに限らずCMS（コンテンツ管理システム）に関わることは、その運用について考えることと切っては離せません。つくった後に困らないサイト制作のための知識もコラムなどで積極的に取り上げました。

またWordPressにはオープンソースの自由ソフトウェアであるという特徴があります。長く・安全に運用できるサイトを制作・管理するためには、ソフトウェアをとりまく環境についての知識や心構えがあったほうが断然有利です。ぜひWordPressというソフトウェアそのものと同時に、それをとりまくシステムや人々の活動にも関心をもって読みすすめていただければ幸いです。

最後に、全国のWordPressコミュニティのみなさま、ブログの引用を快諾してくださった徳丸浩さんに感謝いたします。そして今回も執筆陣を力強くバックアップしてくださった編集担当の和田規さん・5年前にこの本を書くきっかけをくださった星野邦敏さんにもあらためて御礼申し上げます。

あなたにとって、本書がWordPressとのよい出会いの助けになりますように。

著者を代表して
2020年9月
深沢 幸治郎

Lessonパート

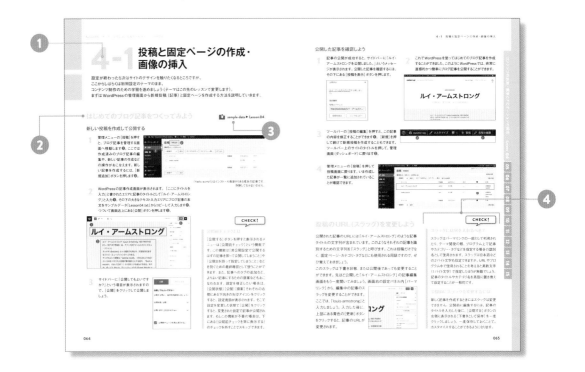

1 節

Lessonはいくつかの節に分かれています。機能紹介や解説をおこなうものと、操作手順を段階的にStepで区切っているものがあります。

2 Step／見出し

Stepはその節の作業を細かく分けたもので、より小さな単位で学習が進められるようになっています。Stepによっては実習ファイルが用意されていますので、開いて学習を進めてください。機能解説の節は見出しだけでStep番号はありません。

3 実習ファイル

その節またはStepで使用する実習ファイルの名前を記しています。該当のファイルを開いて、操作を行います（ファイルの利用方法については、P.6を参照してください）。

4 コラム

解説を補うための2種類のコラムがあります。

CHECK!

Lessonの操作手順の中で
注意すべきポイントを紹介しています。

COLUMN

Lessonの内容に関連して、
知っておきたいテクニックや知識を紹介しています。

本書は、WordPressの導入からはじめて独自テーマ作成まで習得できる初学者のための入門書です。
ダウンロードできるレッスンファイルを使えば、実際に手を動かしながら学習が進められます。
さらにレッスン末の練習問題で学習内容を確認し、実践力を身につけることができます。
なお、本書では基本的に画面をmacOSで紹介していますが、Windowsでもお使いいただけます。

■ 練習問題パート ■

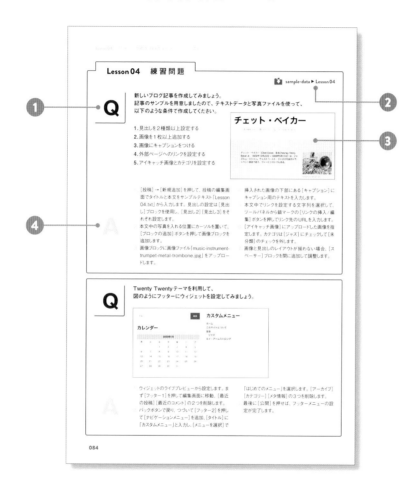

① Q（Question）

問題にはレッスンで学習したことの復習となる課題と、レッスンの補足としてプラスアルファの新たな知識を勉強するための設問もあります。

② 実習ファイル

実技問題で使用するファイル名を記しています。該当のファイルを開いて、操作をおこないましょう。レッスンファイルを引きついで操作する場合や、知識確認の問題にはありません。

③ 完成イメージ

実技問題では完成時点のイメージを確認できます。Lessonで学んだテクニックを復習しながら作成してみましょう。

④ A（Answer）

練習問題を解くための手順を記しています。問題を読んだだけでは手順がわからない場合は、この手順や完成見本ファイルを確認してから再度チャレンジしてみてください。

レッスンファイルのダウンロード

1 ウェブブラウザを起動し、下記の本書ウェブサイトにアクセスします。

https://gihyo.jp/book/2020/978-4-297-11647-7

2 書籍サイトが表示されたら、写真右の[本書のサポートページ]のリンクをクリックしてください。

□ **本書のサポートページ**
サンプルファイルのダウンロードや正誤表など

3 レッスンファイルのダウンロード用ページが表示されます。下記のIDとパスワードを入力して[ダウンロード]ボタンをクリックしてください。

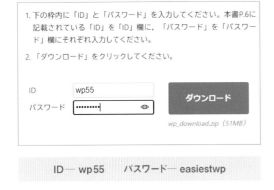

ID— wp55　　パスワード— easiestwp

4 ダウンロードが開始され、ブラウザの下部に進行状況が表示されます。

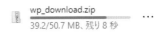

5 ダウンロード完了後、通常は「ダウンロード」フォルダに保存されます。Windows Edgeでは下部に表示されるダウンロードファイル右のオプションボタン■■■を押して[フォルダーに表示]で、保存したフォルダが開きます。

6 Windowsでは保存されたZIPファイルを右クリックして[すべて展開]を実行すると、展開されて元のフォルダになります。MacではZIPファイルをダブルクリックすると展開されます。

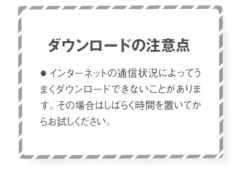

ダウンロードの注意点

● インターネットの通信状況によってうまくダウンロードできないことがあります。その場合はしばらく時間を置いてからお試しください。

本書で使用しているレッスンファイルは、小社Webサイトの本書専用ページよりダウンロードできます。
ダウンロードの際は、記載のIDとパスワードを入力してください。
IDとパスワードは半角の小文字で正確に入力してください。

ダウンロードファイルの内容

ダウンロードしたZIPファイルを展開すると、downloadというフォルダになります。
downloadフォルダの中には以下の5つのフォルダがあります。

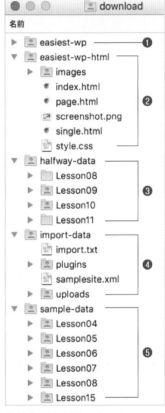

内容によって使用するファイルがないレッスンも
あります。

❶ easiest-wpフォルダは本書のLesson08～Lesson11で作成する**オリジナルテーマの完成フォルダ**です。このフォルダをサーバのWord Pressのwp-content/themesフォルダ内にアップロードすると完成状態のオリジナルテーマを適用させることができます。

❷ easiest-wp-htmlフォルダは、オリジナルテーマを作成する基になる**静的サイトのHTMLとCSS**が入っているフォルダです。Lesson08～Lesson11で使用します。レッスン中の指示にしたがってコピーして使ってください。

❸ halfway-dataフォルダは、Lesson08～Lesson11の各レッスン終了時点での**テーマ作成の途中経過データ**が入っています。自分が編集した内容と見比べて確認するときや、次のレッスンから始めるときにお使いください。

❹ import-dataフォルダは、**サンプルサイトのコンテンツデータ**が入っています。Lesson07でローカル環境をつくったら、**7-5**でsamplesite.xmlをインポートしてください。インポートがうまくいかなかったときのために、手入力用にimport.txt、uploads、pluginsを用意しています。

❺ sample-dataフォルダは、Lesson04～Lesson08・Lesson15でWordPressの実践操作をするときに**入力するテキストデータや画像ファイル**が入っています。レッスン中の指示にしたがってコピーして使ってください。

本書のサンプルサイト

本書で制作するサンプルサイトは以下のURLで実際に公開されています。オリジナルテーマがどのように動くのかを確かめることができますので、テーマ作成のレッスン過程で参考にしてください。

https://easiest-wp.com

CONTENTS

プラグインによる機能の追加 ··············· 099

Lesson **06**

ローカル開発環境をつくろう ··············· 117

Lesson **07**

テーマ作成の第一歩〜PHPとテーマの基礎 131

Lesson **08**

テンプレートファイルの作成 ··············· 149

Lesson **09**

各種テンプレートファイルの作成 ··········· 169

Lesson **10**

WordPressを
はじめよう

Lesson 01

最初のレッスンでは、これからWordPressに取り組むあな
たのために必要な予備知識を学びます。WordPressの特
徴やWordPressサイトを構成する要素といった基礎知識・
学習に困ったときの調べもののしかたなどを扱います。あなた
が学習に困ったときにはこのレッスンに戻って、WordPress
の基本をチェックしなおしてみるといいでしょう。

1-1 WordPressの特徴

なぜWordPressは多くのウェブサイト制作の現場で採用されているのでしょうか。
この節ではWordPressの概要や採択のメリット、
そして導入の際に注意すべきポイントをお教えします。

WordPressの概要

WordPressとは

WordPressは2020年6月現在、世界中でも最も広く使われているCMS（コンテンツ管理システム。以下単にCMSと表記します）です。日本においてもウェブサイト制作・管理に利用されるCMSのデファクトスタンダードであり、WordPressを利用したサイト制作の知識はいまやウェブサイト制作者にはもはや必須である、といえるかもしれません。

WordPressの大きな特色として「オープンソースのソフトウェアである」ということが挙げられます。つまり、WordPressそのものの入手は無償であるとともに、利用者にはどのような用途にでもこれを利用できる自由が保証されています。そして絶え間なく続くWordPressの開発やサポート・普及活動をおこなっているのは、自由意志で集った世界中の人々（以下、コミュニティと呼びます）である点も、WordPressを長く利用していくにあたってとても大切な認識です。

CMSとは

CMSについて少し説明をしておきましょう。CMSは各種のコンテンツやレイアウトなど、ウェブサイトを構成するさまざまな要素を管理画面などのインターフェイスを通じて管理するためのソフトウェアの総称です。

これまで、ウェブサイトの制作者はHTMLファイルやCSSファイルなど、サイトの機能・デザイン・レイアウト・コンテンツをすべて集約した各種のファイルを直接編集し、公開サーバにアップロードすることでウェブサイトを更新してきました。

しかしその方法では、コンテンツだけ編集したい人でもウェブサイト制作に関する諸々の知識を持っている必要があるため、日々ウェブサイトを運用したい人にとってサイトの

COLUMN

WordPressのはじまりといま

WordPressのはじまりは「b2/cafelog」というサーバインストール型のブログソフトウェアでした。このソフトウェアから派生する形でWordPressが生まれたのは2003年のこと。最初は単なるブログ制作のためのシステムでしたが、15年以上にわたって繰り返しアップデートがおこなわれ、汎用的なCMSとしての機能を徐々に追加しながら、シェアを伸ばしつづけて現在に至ります。W3Tecksの2020年8月時点での公表値によると、世界の主要なウェブサイトの38.1%、その中でもCMSを導入しているウェブサイトの63.5%がWordPressを利用しているとされています。
https://w3techs.com/technologies/overview/content_management/all

更新作業は大変労力のかかる、荷の重い仕事でした。

その常識がCMSの登場から変わりました。サイト制作の知識を持つ人はテンプレートや機能の開発をおこない、コンテンツ管理者は管理画面からサイトのテンプレート・機能に触れることなく自らサイトの更新をおこなうことができるようになったのです。いわばCMSは「ウェブサイト運営に関わる人たちの役割分担をスムーズにする」ツールといい換えることもできます。

2002年ごろに普及したブログもCMSの一種です。WordPressはいまやブログソフトウェアの代表格であると同時に、より大きな概念であるCMSの代表格となったといえるでしょう。

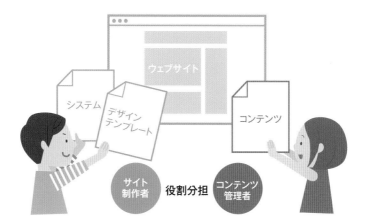

CMSではサイト制作者と
コンテンツ管理者が役割
分担をしながらサイトを
つくります。

WordPressの長所

世界には膨大な数のCMSが存在しますが、
その中でもWordPressがもっとも広く利用されているのにはいくつかの理由があります。

1. インターフェイスのとっつきやすさ

日本でも幅広いユーザーに受け入れられたブログ。その
管理画面のインターフェイスやページ管理の仕組みはど
のような人にとっても比較的見慣れたものです。サイト制
作ツールから派生した多機能なCMSと比較して、
WordPressやSix Apart社の開発するMovable Type
（ムーバブルタイプ）といったブログ型のCMSが広く日本
で普及したのは、そういった理由からでしょう。

とくにブログやメディアサイトのような、時系列とカテゴリー
などによって記事を管理・量産する構造のウェブサイトと
はきわめて親和性が高く、その開発にかかる手間と費用
を圧倒的に引き下げてくれます。

WordPressの記事投稿画面

2.オープンソースのソフトウェアであること

WordPressはオープンソースのフリー（自由）ソフトウェアです。日本では「ライセンス料がかからない」「無料である」という文脈で広く理解され、とくにウェブサイトの制作・管理にかかる予算をあまり持たない人々から歓迎されました。

しかしながらWordPressがフリー（自由）なソフトウェアであることはそれだけにとどまらないさまざまなメリット・価値を生み出しました。詳しくは「1-4 WordPressはなぜ無料なのか（24ページ参照）」で後述します。

3.豊富なプラグインやテーマによる手軽なカスタマイズ・機能拡張

WordPressはただインストールしただけの状態ではほとんど普通のブログシステムです。しかし、世界中の人々が提供（無償の場合も有償の場合もあります）しているさまざまなプラグイン（簡単に追加・削除が可能な拡張機能を受け持つプログラム）を追加することで、一切PHPの開発やコーディングによるカスタマイズをおこなうことなく、簡単にさまざまな機能を追加することが可能です。

サイトの外観（または一部の機能）についても同様に、多くの人が提供する数多くのテーマをあなたのWordPressに追加・適用することで、管理画面から簡単に外観などを変更することが可能になります。自分でHTMLやCSSを開発しなくても好みの外観のテーマを選択することで、簡単に見た目のよいサイトを作成することが可能になるわけです。

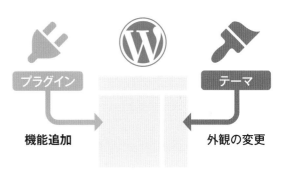

WordPress本体にプラグインを入れることで機能を拡張でき、テーマを入れることで外観などの変更ができます。

4.豊富なドキュメント・ノウハウ

WordPressは2020年8月現在も、事実上の世界標準のCMSであるといえます。ユーザー数はきわめて多く、その使用方法・カスタマイズ方法・トラブル対策・プラグインやテーマに関する情報など、数多くの利用事例が共有されています。インターネット上のドキュメント、本書を含む

関連書籍も豊富です。

またそれゆえに、管理運営のノウハウを多くのウェブサイト制作者が知っており、ウェブサイトのオーナーからすれば管理業者の引き継ぎがほかのCMSに比べて容易であることも注目すべき点でしょう。

5.柔軟なカスタマイズ性能や他アプリケーションとの連携

WordPressのソースコードは公開されていますので、当然誰でも機能のカスタマイズをおこなうことが可能です。しかし頻繁なアップデートがあることから、ソースコードを直接編集してカスタマイズすることは賢いやり方ではありません。アップデートがあったときにカスタマイズ内容が消去される可能性が高いからです。

しかしWordPress本体のプログラムやプラグインにはソースコードを直接編集することなく、外部ファイルからある程度機能のカスタマイズがおこなえるフックという仕組みが備わっています。使いこなすためにはPHPの知識が

必要ですが、この仕組みがメンテナンス性を保ったままのカスタマイズを容易にしています。

また、WordPressに格納した情報をほかのアプリケーションから呼び出して利用するための仕組み（WP Rest API）が盛んに開発され、公開されています。これによりWordPressはブログベースのCMSのみならず、さまざまなアプリケーション開発のためのプラットフォームとしての役割も期待されています。

運営・開発にあたって気をつけるべき点

長所だけではなく、とくに気をつけるべきポイントも存在しています。ただしこれはWordPressのみならず、ほかのCMSにも共通することも多いので、広くCMS導入にあたってぜひ気をつけてほしいところでもあります。

1. セキュリティにかかるコスト

WordPressに限らず、多くのCMSは複雑なシステムで動いており、ゆえに必然的に大小の脆弱性を抱える存在です。とくにコンテンツや、サイト内で動いているコードの改ざんのリスクは高く、仮にサイトの内容を改ざんされてしまった場合、それが第三者に被害を与える内容である可能性も大いにあります。もしもあなたのサーバ上のプログラムが改ざんされ、無関係の第三者に大きな被害をもたらしたなら、その責任は大きなものになるおそれがあります。こうした被害にあわないための継続的な対策はCMSの導入にあたって必須のものとなります。

WordPressは世界でもっともシェアの大きなCMSです。攻撃者から見ればWordPressの脆弱性を発見すれば、その攻撃方法は世界中にあふれるほかのWordPressサイトに対して有効である可能性が高い、ということです。ゆえにWordPressは世界中の攻撃者から注目され、WordPressに特化した自動攻撃用のソフトウェアがインターネット上を跋扈している状況です。ゆえにどんな小さなものであってもWordPressサイトがインターネットに公開されたなら「必ずなんらかの攻撃を受ける」という前提で物事を考える必要があります。本書にしたがってサンプルサイトを制作する場合でも、それをインターネット上のサーバに公開するならば同様ですので、とくにセキュリティ上重要な手順は省かないように気をつけてください。

とはいえ、基本的ないくつかの決まりをしっかり守っていれば、WordPressのセキュリティリスクはぐっと下がります。詳しくは**3-3・6-6・14-3**で解説します。

CHECK!

脆弱性とは

ソフトウェアにおけるセキュリティ上の欠陥のこと。セキュリティホールとも呼ばれます。あらゆるプログラムにおいて完全に脆弱性を封じることは不可能であり、その発見からいかに早く対策されるかが重要となります。

2. メンテナンスやサポートにかかるコスト

WordPress本体やプラグイン・テーマなどはさまざまな理由でアップデートしていく必要があります。一度つくった管理環境を壊さないようにという理由であらゆるアップデートを止めるという人も少なくありませんが、前述した深刻なセキュリティ上の問題がありますし、いずれ古いバージョンゆえのさまざまな不利益も生じてくることでしょう。

これらアップデートを含むメンテナンスや記事データのバックアップなどはある程度自動化も可能ですが、日々の運用の中では想定していないトラブルやサポートが必要な事態が起こることもよくあります。こうしたトラブルに対応するためのコストはWordPressをはじめとするCMSの導入の際には、最初から計算に入れておく必要があります

1-2 WordPressサイトを 構成する要素

WordPressによってつくられるウェブサイトはどのような要素から構成されるのでしょうか。
WordPressによるウェブページ生成の仕組みを知るとともに、
WordPressサイトを設計するために必要な「コンテンツ管理」の考え方について説明します。

WordPressによるウェブページの生成

通常のウェブページを表示する仕組み

まずはブラウザが通常のウェブページを表示する仕組みを
見ていきましょう。
登場人物はふたり、ウェブページのデータを提供するウェ
ブサーバと、これを受けて表示するクライアント（この場合は
ウェブサイトを閲覧する端末のこと）です。
ウェブサイトを閲覧するとき、私たちはクライアントにインス
トールされたウェブブラウザ（ChromeやFirefox・Safari・
Internet Explorer・Edgeなど）を通じてウェブサーバに
アクセスをおこない、リクエストを送ります。
URLをブラウザに入力し、ウェブページ取得のリクエスト
（HTTPリクエスト）を送信すると、ウェブサーバはこれを受け
てHTMLや画像といったウェブページを構成する要素ファ
イルをクライアントに送り、それらがウェブブラウザによって
解釈されてウェブページとして表示される、という流れです。

クライアント　　**ウェブサーバ (Apacheなど)**

通常のウェブページの仕組み
クライアントがHTTPリクエストを送ると、ウェブサーバがHTMLや画像といったウェブページを構成する要素ファイルを送ります。

WordPressによって生成されるページを表示する仕組み

それに対して、WordPressの場合はどうでしょう。
登場人物は少し増えます。ウェブサーバの中にいる
「WordPress（PHPファイル群）」と「データベース」です。
WordPressはPHPというプログラムによって動作するソ
フトウェアです。私たちの端末（クライアント）からのリクエ
ストがWordPressがインストールされたウェブサーバに到
達すると、まずサーバ内でWordPressによる処理が実行
され、その実行結果としてHTMLが出力され、最後に私
たちの端末（クライアント）に返されるという流れです。
またWordPressはPHPのほかに、データベースという
仕組み（WordPressではおもにMySQLというデータベー
ス管理システムを用います）を使ってページの内容や各

種設定を保存しています。WordPressはクライアントから
のリクエストに応じて、各種の情報をデータベースから引っ
張り出し、出力されるHTML等に反映します。
つまり、WordPressはクライアントからのリクエスト（クエリ）
ごとに、ウェブサーバの中でデータベースと連携してさま
ざまな処理をおこなうことでウェブページをその都度生成
し、これをクライアントに返す、という仕事をしている、とい
うことになります。よってWordPressが動作するには、ウェ
ブサーバにPHPの実行環境とデータベースがインストー
ルされており、さらにデータベースが利用できる状態になっ
ていることが前提条件となります。

クライアント　**ウェブサーバ**　**データベース**

① HTTPリクエスト　② 検索クエリ

PHP + WordPress

⑤ クライアントに返す　④ HTMLやCSS などを生成する　③ 検索結果を返す

WordPressによるウェブページの仕組み
WordPressはクライアントからのリクエストごとに、ウェブサーバの中で
データベースと連携してさまざまな処理をおこなうことでウェブページを
その都度生成し、これをクライアントに返す仕事をしています。

こうしたページの表示の仕組みを「ウェブページの動的
生成」と呼びます。また「動的に生成されるページの集合」
によって構成されるサイトを「動的なウェブサイト」と呼び
ます。これに対して、HTMLのみで構成されたサイトのよう
に、あらかじめ用意されたウェブページをそのまま表示する
ものを「静的なウェブサイト」と呼ぶことがあります。
それでは、それぞれの要素についてもう少し詳しく見てみま
しょう。

PHPとは　CHECK！

PHPは「PHP: Hypertext Preprocessor（ピーエイ
チピー ハイパーテキスト プリプロセッサー）」の略
で、サーバ側でHTMLを動的生成するための機能
を多く備えた、汎用的なオープンソースプログラム
言語です。

WordPressサイトを構成する要素

1.PHP

WordPressの本体はおもにPHPファイルの集合体で
すが、このPHPファイル群（つまりWordPress）が動
作するためにはウェブサーバにPHPの実行環境（以下
単にPHPと呼びます）がインストールされていることが
必要です。レンタルサーバを用いる場合は、そのサーバ
にPHPがインストールされているかをまずチェックしましょ
う。またWordPress5.5時点で、サーバにインストール
されているPHPのバージョンは7.4以上が推奨されて
いますので、こちらもご注意ください。
またレンタルサーバによっては、PHPの動作を設定する
ファイル（php.ini）が編集できない場合があります。
PHPの設定によるトラブル解決のために同設定をさわ
る必要が生じる場合がありますので、こちらにも注意した
ほうがいいでしょう。

2.データベース管理システム （MySQL/MariaDB）

WordPressサイトに必要な設定情報やコンテンツが
格納されるデータベースを構成・管理するのがデータ
ベース管理システムです。WordPressではMySQLま
たはMariaDBというシステムが動作に必須です。レン
タルサーバを利用するのであれば、PHPと並んでこの
MySQL・またはMariaDBが利用できるウェブサーバで
あるか、またサーバが提供するDBシステムは推奨され
ているバージョンであるか、ということに注意してください。
なお、どちらのデータベースを使用するかはおもにレンタ
ルサーバの仕様によります。

WordPress内のファイル群

WordPressは多くのPHPやCSS、JavaScript、画像などのファイルから構成されています。
さまざまなファイルがありますが、おおまかに3つのグループに大別されます。

おおまかなWordPressのディレクトリ構成

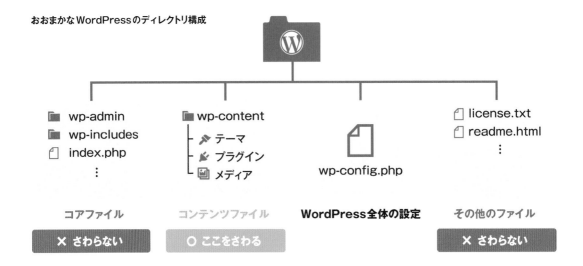

1. コンテンツファイル

WordPressファイル群の第一階層にある「wp-content」フォルダには、WordPressサイトのコンテンツの元になるファイルが格納されています。右のようなファイルが含まれます。

テーマファイル

おもにWordPressサイトの見た目を規定するテンプレートファイルのセットがテーマファイルです。世界中の制作者が作成・配布している既製のものを利用したり、カスタマイズして使用することもできますし、HTMLファイル等を元に自分で作成することも可能です。「themes」フォルダに格納されます。テーマの追加についてはLesson05で、テーマフォルダの中の構造については、Lesson08～Lesson11で実際にテーマを作成しながら学んでいきます。

プラグインファイル

「plugins」フォルダにプラグインファイル（テーマと同様に既製のものをそのまま利用したり、自作することも可能です）を収め、管理画面から「有効化」することでWordPressの標準機能にない機能を追加することができます。プラグインの追加についてはLesson05で学びます。

メディアファイル

サイトのコンテンツのうち、画像や映像・音声データ・PDFなどのメディアファイルは「uploads」フォルダに格納されます。

2.コアファイル

wp-contentフォルダ以外のフォルダに格納されたファイルは、WordPressの基本的な振る舞いを規定しているプログラムファイルがほとんどです。基本的にサイト制作者がさわる必要はありません。コアファイルを直接編集してカスタマイズする方法などがウェブ上で紹介されているケースもありますがWordPress本体をアップデートした際に上書きされるケースが多く、おすすめできない方法です。

3.設定ファイル

WordPressファイル群の第一階層にある「wp-config.php」はWordPressの各種設定を記述しているファイルであり、なにかと編集する機会が多くなります。なお、このファイルにはデータベースへのアクセスのための情報が直接書き込まれます。悪意のある第三者に読み取られないようにアクセス権には十分に注意してください。

WordPressにおける「コンテンツ管理」の考え方

意識するべきウェブサイトの三大要素

WordPressサイトの制作・管理をするにあたっては、ウェブサイトを形づくる3つの要素を意識するようにしましょう。つまり「内容（コンテンツ）」「外観」「機能」です。

内容（コンテンツ）

ウェブサイトの中核をなす概念がコンテンツです。ウェブサイトに記述されるテキスト・埋め込まれる画像や音声データ・映像・PDFファイルなどがコンテンツであり、その内容でサイト全体の独自性のほとんどが決定します。ウェブサイトの中でもっとも重視されるべき要素です。

外観（アピアランス）

コンテンツがどんなに優れたものであっても、コンテンツが読みにくかったり探しにくいサイト・さまざまな閲覧環境への対応が不十分なサイトはそのよさを十分に発揮することができないでしょう。サイトの視覚的デザインやレイアウト、そしてアクセシビリティもまたウェブサイトにとって重要な要素のひとつです。これらはWordPressではおもにテーマファイルによって規定されます。

機能

表現したいコンテンツに合わせた入出力機能・コンテンツ管理者がより管理をしやすくなる機能など、WordPressではさまざまな機能をプラグインを用いて簡単に追加することが可能です。ちょうどよいプラグインが見つからないようなら、相応の手間はかかりますが、制作者が自らプラグインを開発するのもひとつの選択肢でしょう。

理想のコンテンツ管理とは

WordPressで長くウェブサイトを管理していくにあたっては、これら3つの要素が別々に管理できる仕組みを保つことが重要になってきます。たとえば外観を司るテーマを変更したときにこれまで動いていたウェブサイトの機能が止まってしまうのは具合が悪いですし、コンテンツの編集をおこなうことでサイトの機能に悪影響を与える、という状況はできるだけ避けたいところです。

とくにWordPressサイトを制作してクライアントに納めるという場合、管理画面でのコンテンツ編集はクライアントに任せるケースが多くあります。それが静的サイトではなかなか実現しにくい、多くのクライアントのニーズでもあります。コンテンツ管理者はできるだけサイトの外観や機能について意識することなく、コンテンツの制作・管理に集中したい。デザイナーは外観に、エンジニアは機能に注力できるようにする。これを実現するのがWordPressの理想的な管理体制です。WordPressはきわめて自由度の高い仕組みであり上記のような理想的な仕組みをまったく無視してテーマ開発をおこなうこともできるからこそ、このことをよく意識しておく必要があります。

1-3 WordPressについて 自分で調べるには

あなたがWordPressの学習を進めていく中で、
本書がカバーしていないことがらにもたくさん出くわすことでしょう。
そんなときにあなたが自分でWordPressについて調べるためのヒントをまとめました。

世界でもっとも調べやすいCMS、だけど

WordPressには開発者から一方的に提供されるようなタイプのマニュアルはありません。ですが先に述べたとおり、WordPressに関する知見はインターネット上に数多く共有されています。検索エンジンから調べてみれば、基礎知識やリファレンスからトラブルシューティングまで、さまざまなタイプのドキュメントが見つかることでしょう。共有されている情報の多さはWordPressの大きな特長のひとつです。しかし、インターネットで共有されている情報のすべてが正しいわけではないことによく注意してください。古いバージョンにのみ対応している情報はもちろんのこと、問題の一時的な解決にはなるがWordPressやプラグインのアップデートを事実上不可能にするようなバッドノウハウ（たとえばコアファイルの改変）や、セキュリティ上の欠陥を抱えたPHPコードといった致命的な問題のある情報も数多く公開されています。

なにが正しい情報なのか、それは難しい問題ですが、少なくとも多くのWordPressユーザーが目にしており、問題ある情報が見つかればすぐにそれが指摘される場であれば間違った情報が流通している可能性は少なくなるでしょう。

ここでは多くのWordPressユーザーが利用する情報源とコミュニティ活動について紹介します。

WordPress Codex 日本語版　　https://wpdocs.osdn.jp

WordPress Codex 日本語版

WordPress Codex（コーデックス）はWordPressのコミュニティ公式オンラインマニュアルです。絶えず進化しつづけるWordPressの現状に合わせて世界中のユーザーが日々執筆・更新を続けています。

このWordPress Codexにはさまざまな言語版が存在しており、各言語への翻訳者たちがさまざまな言語に対応したCodexを更新しています。日本語版もそのひとつであり、日本語ユーザーの有志によって執筆・翻訳・更新が続いています。

WordPressの各バージョンの仕様情報からテンプレートタグ・条件分岐タグのリファレンス、サーバ別の対応情報などの内容を取り扱っています。技術的な正確さが求められる公式ドキュメントですので、必ずしもとっつきやすい書き方がなされているわけではありませんが、多くの識者の目に絶えずさらされるものですので、情報の一次ソースとしての信頼性は高いといえるでしょう。

CHECK!

現在日本語ドキュメントは移転作業中

現在有志のユーザーによって、このCodex日本語版の内容をWordPress.org内に移行する取り組みが続いています（英語版ではすでにマニュアルの移転が完了しています）。当面はご紹介しているWordPress Codexがおもなマニュアルとなりますが、将来新しい情報は新しいマニュアルに積極的に書き込まれるようになるでしょう。

WordPress日本語サポートフォーラム

https://ja.wordpress.org/support/

WordPress日本語サポートフォーラム

WordPressに関するトピック専用のQ&Aサイトの日本語版です（Codexと同じく各国語版が存在しています）。WordPressに関する各種の質問が日々投稿されています。あなたがWordPressについてどうしてもわからないことがある場合、一定のルールにしたがって質問を投稿すれば、WordPressに詳しい人からアドバイスをもらえるかもしれません。

このサイトも同じくWordPress日本語コミュニティによって運営されています。WordPressに関する質問と回答・あるいはそこから起こるディスカッションを通じて集まった知見を公開された場に集約することがフォーラムの目的です。

以上の目的のため、またスムーズな運営のため、サポートフォーラムの利用にあたってはいくつかの投稿ルールがあります。投稿にあたっては必ず「【重要】お読みください」

に属するトピックをすべて読んで理解したうえで投稿するようにしてください。とくにはじめて書き込む人に覚えておいてほしい基本的なルールを書いておきます。

- 質問する前に、同様の質問トピックがサポートフォーラムの中に作成されていないかをよく確認してください。内容が重複するトピック立ては回答者にとって二度手間であるだけでなく、あとからドキュメントを探す人にとっても邪魔になってしまいます。

- 質問するフォーラムのカテゴリーをよく確認してください。複数カテゴリーにわたるマルチポストには回答がつかないばかりか、投稿削除の対象になる場合があります。

- 回答したりアドバイスをしてくれるのは有志のWordPressユーザーたちです。営利団体のサポート担当ではありませんので、あなたの質問に答える義務や責任を負っているわけではありません。礼節をもってコミュニケーションをとるようにしましょう。

- 質問したままトピックを放置しないようにしましょう。マルチポスト（回答者の目に触れやすくする狙いで同じ質問をさまざまな場所に投稿すること）は絶対にしてはいけません。

- 問題が解決した場合は、あとから読む人の役に立つことを意識して、かならず具体的な解決方法が明示されていることを確認し、ステータスを「解決済み」にしてください。とくに自己解決した場合「自己解決しました」でトピックを閉じるのでなく、具体的な解決方法を明記してください。

- このフォーラムで取り扱えるのはWordPress.orgで配布されているWordPress本体・プラグイン・テーマに関することがらのみです。ほかの場所で配布・販売されているWordPress関連プロダクトについての質問は、それぞれの配布元・開発元のサポートに尋ねるようにしてください。

英語版フォーラムでさらに調べる

wordpress.orgには英語版フォーラムもあります（ https://wordpress.org/support/forums/ ）。日本語版よりもさらに多くの投稿がありますので、日本語版に情報がない項目はこちらで調べてもいいでしょう。なおこちらでの投稿・回答は英語でおこなうことが原則です。

英語のリソースにふれる

WordPressの開発に関するやりとりなどは、ほとんどが英語でなされています。最新の情報にいち早く触れる方法は「英語のドキュメントを見ること」です。ここでは最新の情報に触れることができるリソースの一部をご紹介します。

WordPress Developer Resources
https://developer.wordpress.org

このサイトはWordPress開発者のためのドキュメンテーションサイトです。ここでは最新のCode Referenceやテーマ・プラグインなどを開発するためのハンドブックが公開されています。

WordPress Support
https://wordpress.org/support/

英語版のWordpress一般ユーザー向けドキュメンテーションサイトです。最新のWordPressに対応したより新しい情報を探すのであればぜひこちらにあたってみてください。

Make WordPress
https://make.wordpress.org/

WordPressの最新情報を手に入れる最適な方法は、「実際に関わること」です。このサイトでは、WordPressのコア開発やWordPress.orgのデザイン・ドキュメンテーションの更新や翻訳といったWordPressに関わるありとあらゆる事柄について、議論と開発がおこなわれています。日本語でできる関わり方について紹介されたページ（https://ja.wordpress.org/get-involved/）もありますので、そちらとあわせてぜひWordPressをより便利にする取り組みに参加してみてください。

地域コミュニティに参加しよう～WordPress Meetup

https://www.meetup.com/ja-JP/pro/wordpress

地域によってはWordPressをよく利用している人々が地域のコミュニティをつくって活動している場合があります。そのような集まりに参加してWordPressに詳しい知り合いをつくることも学習の役に立つかもしれません。

WordPress Meetupは世界各地でWordPressユーザーが運営するWordPressの地域コミュニティです。各地のコミュニティは通常「地域名＋WordPress Meetup」の名称で呼ばれます。もしもあなたの住む地域の

近くにWordPress Meetupがあるなら、ぜひ参加してアップデートされつづけるWordPressの最新情報を、ほかのメンバーと共有してみてはいかがでしょうか。

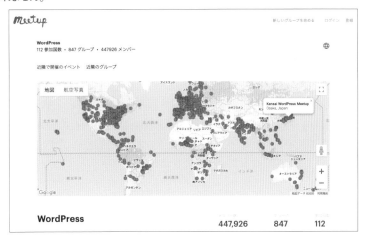

WordPress Meetupのウェブページ
世界中に地域コミュニティが広がっています。

各地のカンファレンスイベントに参加してみよう～WordCamp

https://japan.wordcamp.org/

WordPressの地域コミュニティは世界各地に存在しています。こうしたコミュニティがWordPress Foundationの協力を得ながら開催するカンファレンスイベントがWordCampです。日本でも各地で地域名を冠したWordCampが開催されています。開催地のWordPressに詳しい人はもちろんのこと、WordPressの開発に関わったり全国のコミュニティで精力的な活動をしている人たちが集まることも多い機会です。

WordPressは絶えず世界中のコントリビューター（参加者・貢献者）の手によって進化していくプロダクトです。その最新の動向をつかむためにもWordPressの現在と未来に関わる人々が一堂に会するこうしたイベントに参加するのは、長くWordPressというプロダクトとつき合っていくうえで大変有効な経験になると筆者は考えています。

WordCamp Tokyo 2019の様子
撮影：WordCamp Tokyo（CC BY-SA 2.0 https://creativecommons.org/licenses/by-sa/2.0/）

WordPress.tv
http://wordpress.tv/

WordCampは世界中で開催されているため、すべてのカンファレンスに参加するのはとても難しいことですが、その内容はすべてこのWordPress.tvで見ることができます。海外のセッションについても、ボランティアによって日本語字幕が用意されているものがありますので、気になるものがあれば積極的に視聴してみましょう。

1-4 WordPressはなぜ無料なのか

WordPressは無料で使えるソフトウェアですが、利用する人が覚えておくべきルールもあります。
あなたが安心してWordPressを使い続けるためにも必要なWordPressのライセンスについて、
少しだけ紹介します。

著作権とライセンス

ほかのあらゆる著作物と同様、WordPressやそのテーマ・プラグインにもそれぞれ著作者が存在
し、各国の著作権によって守られています。本来著作権によって保護されるべき（自由に利用で
きない）ものを、一定の条件（ライセンス条項）を守ることで例外扱いにすることを「ライセンスする」
といいます。またこれらの事項を記載した文章のことを「ライセンス」といいます。

GPLがもたらす4つの自由

WordPressはオープンソースライセンスのひとつである
「GPL（GPLv2 or later）」というライセンスの元に流通
しています。バージョンごとの細かい差はありますが、GPL
はその条項によって、プログラムの利用者に対して以下
の4つの自由を保証しています。

0. **プログラムの実行をおこなう自由**
1. **プログラムの動作を調べ、改変する自由**
2. **プログラムのコピーを再配布（販売も含む）する自由**
3. **プログラムを改良し、これを大衆にリリースする自由**

※プログラムの慣例にしたがい「4つの自由」にはゼロから始まる連番が振られています。

これらはWordPressのデータをダウンロードしたあなたに
対して保証された自由であるといえます。あなたが
WordPressというプログラムを利用してつくったテーマや
プラグインに関しても、あなたは自由にこれを大衆にリリー
スできるし、また特定の人に対して販売することもできると
いうわけです。そしてそれこそが、多くの人がWordPress
やその派生物の開発に気軽に関わることができる理由で
もあります。

GPLが課す条件

もちろんGPLにはいくつかの利用条件が含まれています。それは

● そのプログラムの利用・改変・再配布を制限してはいけない
　（よってプログラムを再配布するときにはそのソースコードが公開されている必要がある）
● 再配布するときは元の情報を含める
● GPLでライセンスされたプログラムを改良した派生物
　（テーマやプラグインもそれにあたります）には同じライセンスが適用されなくてはいけない

というルールです。このルールをコピーレフトと呼びます。

コピーレフトとは

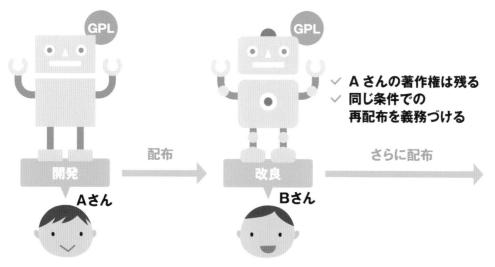

✓ Aさんの著作権は残る
✓ 同じ条件での
再配布を義務づける

したがって、あなたが自作したテーマを広く公開し、配布・販売する場合、誰かがそのテーマを改変して別の場所で配布したとしても、これを止めることはできません。

では、あなたが誰かの依頼を受けて有償で作成したテーマは、WordPressと同じくGPLが適用され、ソースが公開されていないといけないのでしょうか。これはノーです。この場合、あなたが作成したテーマは広く公開され再配布されているものではありませんので、GPLによるコピーレフトの適用外と解釈されているからです。

コピーレフトの適用・不適用

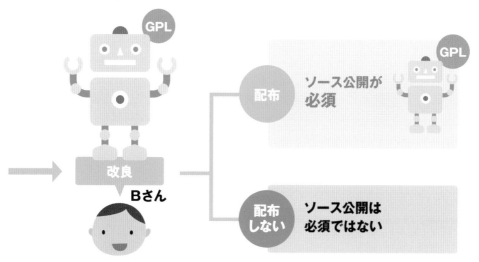

より詳しくWordPressのライセンスについて知りたい方は以下のウェブページから原文にあたることが可能です。
WordPress のライセンス – GNU General Public License – https://ja.wordpress.org/gpl/

Lesson 01　練習問題

あなたはこれからWordPressでのサイト制作に取り組もうとしています。
契約しようとしているサーバの環境は以下のとおりでした。
これらのうち、WordPressの推奨動作環境に合っているものはどれでしょうか。
（2020年8月現在）

1. ウェブサーバは Apache 2.x系

2. PHPはバージョン5.6 / 7.0 / 7.1 / 7.2
　 から選択可能

3. MySQL 5.5

4. 独自CGI（Perl, Ruby, Python）は使用不可

5. 独自ドメイン不可

6. 独自SSL利用不可

1. ○：問題ありません。なおApacheにmod_rewrite
というモジュールがインストールされていることも
確認してください。URL（パーマリンク）の設定に
必要です。

2. ✕：PHPは7.4以上が推奨環境です。PHP5.6.20
以上であれば、WordPress5.5は一応動作しま
すが、正常に動かないプラグインがある、セキュリ
ティ上のリスクが高い･などの理由で推奨しません。

3. ✕：MySQLのバージョンは5.6以上が推奨環
境です。5.0以上でも一応動作はするようです
が、PHP同様おすすめしません。

4. ○：Perl ／ Ruby ／ Pythonの動作環境はとくに
必要ありません。

5. ○：必ずしも独自ドメインで運用する必要はありま
せん。

6. ✕：独自SSL化が推奨されています。ですが、
本書のレッスンを進めるにあたっては、SSL化を
おこなわなくても学習は可能です。ぜひ将来の
SSL化のためにも、独自SSLが利用できるサー
バを選んでください（29ページ参照）。

次のうち、WordPressのライセンス規約である
GPLv2に違反する疑いがある行為はどれでしょう。

1. あなたはWordPressのテーマを制作・開発し、
　 これをWordPress.orgを通さずに有償で販売しています。

2. あなたが制作したテーマが第三者Xによってコピーされ販売されているのを発見したので、
　 あなたは著作権を主張し、Xに販売差し止めの警告文を送り、販売をやめさせました。

3. あなたはクライアントに依頼されてWordPressのテーマを作成・納品しましたが、
　 そのソースコードを公開していません。
　 なお、あなたはそのクライアントのほかに当該テーマを配布していないものとします。

1. 違反しません。GPLはプログラム等を有償で配布
（販売）することを禁止しませんし、配布する手段
も問いません。ただし、WordPress.orgを介さず
にテーマを配布する場合、サポートの責任は配
布者に帰することになります。

2. 違反する疑いがあります。GPLは、GPLのもと配
布されるすべてのプログラムの利用者に対してプ
ログラムのコピーを再配布（販売も含む）する自

由を保証しています。この自由を著作権を根拠に
制限することはできません。

3. 違反しません。GPLのコピーレフトの原則が効力
を発するのは、当該プログラムが広く配布される
ときです。

必要な環境を整え
インストールする

An easy-to-understand guide to WordPress

Lesson 02

WordPressに必要なウェブサーバを用意し、WordPress
をインストールして使えるようにしましょう。本書では一般的
な利用者にとって使いやすいレンタルサーバを利用し、サー
バ会社の用意した簡単インストール機能を使ってスムーズ
にWordPressを導入する方法を紹介します。

2-1 レンタルサーバを使おう

サーバに詳しくない人が0からサーバを設定することは非常にリスクが高く、
運用も困難になります。そのため、本書ではあらかじめセキュリティなどが
適切に設定されたレンタルサーバをおすすめします。

レンタルサーバのメリット

自前のサーバOSマシンにウェブサーバ・PHP・MySQL・
WordPressをインストールし、インターネットに接続するこ
とでウェブサイトを公開することは可能です。しかし、
WordPress以外のOSも含めた環境構築やセキュリティ
管理・パフォーマンス向上に関するさまざまな知識が必要
になります。

レンタルサーバはそういった手間を省けることがメリットで
す。PHP・MySQLの必要な仕様を満たしたサービスを
選ぶ必要がありますが、比較的安価に借りられる国内の
サーバの多くはWordPressに対応しており、多くは簡単
にインストールがおこなえる機能も用意されています。最
近ではWordPressに特化した専用サーバ・プランを用意
したサーバ会社もあります。ウェブサイトで仕様を確認して、
まずはそれらのサーバを検討するのがよいでしょう。

COLUMN

ローカル環境で開発・テストする

公開前の開発・テストをおこなうために、自
分のPC上にウェブサーバと同等の機能を
もった環境（以下、ローカル環境）を作成す
ることができます。詳しくはLesson07を参照
してください。WordPressの勉強段階であ
ればサーバを借りなくても動作を確認するこ
とができます。

一般的なWordPressのインストールの流れ

本書ではレンタルサーバの簡単インストール機能を用い
てWordPressのインストールをおこないますが、簡単イン
ストール機能が用意されていないサーバを利用する人に
向けて、一般的なWordPressのインストールの流れを説
明しておきます。

❶https://ja.wordpress.org/download/ から最新の日
本語版WordPressをダウンロードして展開する（macOS、
Windowsでは、OS標準でZip形式の展開が可能）
❷FTPで契約サーバの公開フォルダに転送する
❸WordPressが使用するためのデータベースを作成する

今後サーバの変更や、ローカル環境から移行する際には、
これらの作業を意識しておく必要があります。本書でも
Lesson07でローカル開発環境をつくるときと、Lesson
12で公開サーバに完成データを移すときにはこの一般
的な方法に準じておこなうことになります。ここからは
WordPressで必要となる環境の説明とともに簡単に
WordPressがインストールできる環境を紹介していきま
す。

レンタルサーバの選び方

WordPressの推奨環境を確認する

レンタルサーバを検討する前に、最新のWordPressが必要としている環境のおさらいをします（https://wordpress.org/about/requirements/）。

● ウェブサーバ（**1-2**で触れたようにPHPが実行可能なサーバ）・PHP7.4以上
● MySQLサーバ
　MySQL version5.6以上またはMariaDB version 10.1以上
● HTTPS（SSL）のサポート

SSLの対応を確認する

公共のWi-Fiなど、不特定多数が使用できるネットワークを使用してWordPressの管理パネルにログインするときに、SSLによる暗号化を経ずに通信をおこなうと、ユーザー名・パスワードはブラウザからサーバまで暗号化されずに送られます。悪意を持ったユーザーに通信内容を盗聴されるとWordPressのサイトが乗っ取られてしまう可能性があります。SSLへの対応はWordPressの動作に必須ではないため対応していなくともレッスンを進めるうえでは問題ありませんが、すぐに対応をおこなわない場合でも、サーバがSSL通信（HTTPS化）に対応可能かどうかを確認しておくことをおすすめします。

SSLは以前は実装が難しく、高価であったり、遅かったりしていましたが、最近ではSSLを無料で提供するプロジェクト「Let's Encrypt」やオープンソースのウェブサーバのプロジェクトの発展により、高速でより安価に使えるようになってきました。Googleも検索エンジンのランキングの要因としてSSLを重視するとしています（Googleウェブマスター向け公式ブログ https://webmaster-ja.googleblog.com/2014/08/https-as-ranking-signal.html）。ブラウザのChromeは暗号化されていないサイトにカード番号やパスワード入力の注意を促す表示をしています。

安全性、Googleの検索エンジンランキングの優遇などの要因から、SSL対応は一般化が進んでいます。これからWordPressでウェブサイトを作成するのであれば、サーバ選択の際の条件に入れるとよいでしょう。

COLUMN

Let's Encryptについて

2016年4月12日に正式なサービスとして開始された、商用利用も可能な「ドメイン認証（DV）SSL/TLS証明書」を無料で取得できるサービスです。「企業認証（OV）証明書」や「EV証明書」は、Let's Encryptでは取得できません。非営利団体のISRG（Internet Security Research Group、https://www.abetterinternet.org/）が運営しており、シスコ（Cisco Systems）、Akamai、電子フロンティア財団（Electronic Frontier Foundation）、モジラ財団（Mozilla Foundation）などの大手企業・団体がスポンサーとして支援しています。
https://letsencrypt.org/

レンタルサーバの形態

一般的なレンタルサーバ会社で借りることができるサーバは、大きく分けて共有サーバと専用サーバがあります。
つくりたいサイトの目的や将来のことを考えて選んでください。

共有サーバ

1つのサーバ機に複数の契約ユーザーが割り当てられ共有する形態です。家でたとえるなら集合住宅・マンションのイメージです。

● メリット:安価に運用することができる。
● デメリット:同じサーバ機を共有する別ユーザーのトラフィック・負荷の増加により自分のサイトのパフォーマンスが落ちることがある。

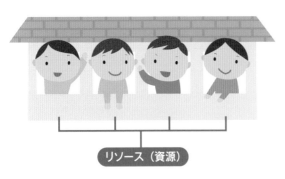

共有サーバはマンション

専用サーバ

1つのサーバ機に1契約ユーザーが占有する形態です。家でたとえるなら一戸建てのイメージです。

● メリット:契約しているサーバの性能を占有することができるため、別ユーザーのトラフィック・負荷の増加による影響はないため、安定したパフォーマンスが期待できる。
● デメリット:導入・運用コストが高い。

専用サーバは一戸建て

サポート体制とメール

サーバ会社やプランにより管理画面や設定方法は異なるため、電話の対応時間やメール対応の早さなどのサポート体制もサーバ選びの重要なポイントです。また、周りに利用者・情報の多いサーバを選ぶことで、情報を共有できるメリットもあります。
一般的なレンタルサーバではメールサーバも同時に利用できます。サーバ契約時に必要なメールアカウント利用数が足りているか、保存できるメールデータの容量が十分かも合わせて確認しておくとよいでしょう。

> CHECK!
>
> ### 静的なサイトからの変更・リニューアル時の注意点
>
> すでになんらかのサーバを借りている場合、同じ性能のウェブサーバで、静的な要素(HTML、CSS、JavaScript)で構成されたページと、WordPressなどPHPにより動的に生成されるページは、数十倍から数百倍のパフォーマンスの差があるため、静的なページで速度的に問題なく表示できている場合でも、WordPressを導入することにより大幅に遅くなってしまう場合があります(仕組みの概要は**2-2**で紹介)。そういった場合、サーバ選びの基準はアクセス数など状況・仕様の把握が必要になり値段だけで決めることは難しいため、サーバ会社やWordPressに詳しい人からアドバイスをもらうのがよいでしょう。

2-2 レンタルサーバ選びのポイント

WordPressを利用するために必要なレンタルサーバの環境について具体的に説明します。
また、ウェブサイトの住所といえるドメインを取得して利用する際の
注意についても知っておきましょう。

LAMP環境を確認する

WordPressで必要とされる環境は、OS環境、アプリケーションの頭文字をとって
LAMP環境と呼ばれることがあります。レンタルサーバの選択にあたって、注意が必要な点を説明していきます。

L
Linux (OS)

A
Apache HTTP Server (ウェブサーバ)

M
MySQL (データベース)

P
PHP (プログラム言語)

LAMPがそろってWordPressが使えます。

ウェブサーバについて

代表的なウェブサーバは2つあります。共にオープンソースで開発がおこなわれているApache (アパッチ、正式にはApache HTTP Server)とNGINX (エンジンエックス)です。一般的なレンタルサーバではApacheが用いられていることが多く、WordPressのプラグインの多くもウェブサーバとしてApacheが想定されています。大規模・高速な処理が必要とされるサーバでは、最近はNGINXが用いられることも増えてきています。
ウェブサーバに関する機能は、使用するレンタルサーバにより使用の可否・設定できる項目が異なります。代表的なものに、「.htaccess」と呼ばれるファイルに設定を記述することで、アクセス制限をおこなう、特定のIPアド

レスからのアクセス時にしか表示を許可しないようにする、「xxx.com」へのアクセスをwww付きの「www.xxx.com」に合わせる、などがあります。これらはサーバ会社から提供されている自分の契約配下の設定ファイルを変更することでおこないます。これらの仕様が必須である場合には事前にサーバ会社に確認し、無料期間があればテストをおこないましょう。
ウェブサーバのシェアではNGINXは現在Apacheに次いで2番目で急速に成長していますが、一般的なレンタル共有サーバでは用いられることは多くありません。設定方法がApacheとは異なることや、上記の「.htaccess」は使用できないため注意が必要です。

PHPについて

PHPは、Lesson01でも触れたように動的にHTMLデータを生成することで動的なページを作成することができるオープンソースプログラム言語です。

レンタルサーバで用いられているPHPのバージョンはさまざまです。WordPress 4.7から推奨されているPHP 7は、それ以前のバージョンに比べ約2倍という大幅な高速化がおこなわれています。

WordPress自体はPHP 5.6.20以上で動作することにはなっていますが、プラグインが動かないなど予期せぬ不具合やセキュリティ面からも、右表のとおりサポートがおこなわれているPHP7.4以上を用いたサーバを選ぶようにしましょう。

PHPのバージョンとアクティブ・セキュリティサポート期間

バージョン	アクティブサポート	セキュリティサポート
7.4	2021/11/28	2022/11/28
7.3	2020/12/06	2021/12/06
7.2	2019/11/30（終了）	2020/11/30
7.1	2018/12/01（終了）	2019/12/01（終了）
7.0	2017/12/03（終了）	2018/12/03（終了）
5.6	2016/12/31（終了）	2018/12/31（終了）
5.5	2015/07/10（終了）	2016/07/10（終了）
5.4	2014/09/14（終了）	2015/09/14（終了）
5.3	（終了）	2014/08/14（終了）
5.2	（終了）	2011/01/06（終了）

※アクティブサポート：積極的にサポートがおこなわれることを指します。
セキュリティサポート：セキュリティ修正のみがおこなわれることを指します。

データベース（MySQL / MariaDB）について

MySQL（マイエスキューエル）はオープンソースで公開されているデータベースで、WordPress以外にも多くのオープンソースソフトウェアのデータベースとして用いられています。WordPressではMySQL 5.6以上が推奨されています（最低動作環境はMySQL 5.0）。

MariaDBは、現在Oracle社によって所有されているMySQLを、MySQL AB社の創設者 Michael "Montry" Widenius氏がMySQLから分離し、MySQL互換のリレーショナルデータベース（RDB）として公開したものです。MariaDBはいくつかのLinux OSで標準的にインストールがおこなえるデータベースとされている場合もありますが、一般的にレンタルサーバで用いられるデータベースはMySQLがほとんどです。

PHPと同じくセキュリティ面からも、推奨環境のMySQL version 5.6以上またはMariaDB version 10.1以上を使うようにしましょう。

データベースの文字コードについて　CHECK!

WordPress 4.2からデフォルトのデータベースの文字セットがutf8からutf8mb4に変更されたことにより、拡張文字（吉野家の"吉"や髙島屋の"髙"など第四水準漢字などの「4バイト文字」）対応がされていますが、MySQLバージョンが5.5.3（MariaDB 10.x）以降でない場合には対応できないため注意が必要です。

独自ドメインを利用したいなら

ドメインとは、"gihyo.jp"、"yahoo.co.jp" など、人間が見て わかりやすくサーバを識別するための名称です。簡単に 言えばウェブサイトの住所のようなものです。これにより https://gihyo.jp など覚えやすい名前でサイトにアクセス できるようになります。ドメインは絶対に重複しない世界に 1つだけのもので、取得は基本的には早い者勝ちです（取 得のために必要な条件があったり、団体・企業が持てる 個数や制限、制約があるドメインも存在します）。 ドメインは「レジストラ」と呼ばれる業者に申請し、費用を 支払うことで取得できます。ドメインの登録専門の業者も ありますが、一部のレンタルサーバ会社もレジストラ業務

をおこなっており、レンタルサーバの申し込みとあわせて 契約することができる場合もあります（本書の**2-3**以降で 利用するエックスサーバー株式会社でも可能です）。一 般的なレンタルサーバ会社では、外部のレジストラ会社 で取得したドメインでも、ウェブ公開サーバに紐づけること が可能です。 紐づけをおこなう作業手順は、レジストラ会社、レンタル サーバ会社によって大きく異なりますが、基本的にはドメ インの所有権の登録をおこない、必要な情報をサーバの 管理画面から登録することでドメインを紐づけることができ ます。

ドメインは人間が見てわかりやすく
サーバを識別する名前で世界に
1つだけのもの。

ドメインの失効に注意！　CHECK！

ドメインの契約は契約期間ごとの更新があります。登録メールアドレスや住所の変更、 クレジットカードの失効などで更新がおこなえないと、登録しているドメインの所有権が 失効してしまいます。失効し、一定期間以上放置していると誰でも取得できる状態に なってしまいます。再取得は可能ですが、先に他者に取得されてしまうと取り返すこと は基本的には不可能です。すると、築いてきたドメインに紐づく情報や信用が失われて しまうことにもなりかねません。頻繁におこなう作業ではないのでついつい忘れがちにな りますが、更新時期・支払い方法についてはしっかりと確認・管理するようにしましょう。

2-3 レンタルサーバと契約する

レンタルサーバと実際に契約する手順を見ていきましょう。
WordPress を利用できるレンタルサーバは数多くありますが、ここではインストールが簡単におこなえ、
セキュリティやパフォーマンスの設定項目が豊富なエックスサーバーを利用します。

エックスサーバーの特徴

本書で紹介するエックスサーバー株式会社のレンタルサーバサービス「エックスサーバー」は、安定性と速度に定評のあるレンタルサーバです。推奨環境をすべてサポートし、SSL（Let's Encrypt）も無償で利用可能、WordPressのインストールも簡単におこなえます。

エックスサーバーには3つのプラン（X10／X20／X30）が存在しますが、ここではディスク容量200GBまで利用でき、一番安価なX10を利用します。10日間無料で利用できるお試し期間が設定されているので、速度や使い勝手を無料期間で試すことが可能です。

- ウェブサーバ（**1-2**で触れたようにPHPが実行可能なサーバ）**PHP7.4以上 | サポート**
  （PHP 7.4.4、7.3.16（推奨）、7.2.29、7.1.33（非推奨）、7.0.33（非推奨）、5.6.40（非推奨）、5.5.38（非推奨）、5.4.16（非推奨）、5.3.3（非推奨）、5.1.6（非推奨）が利用可能）
- MySQL サーバ　**MySQL version5.6以上** または **MariaDB version10.1以上**
- **HTTPS support | サポート**

無料期間終了後にかかる費用　・初期費用：¥3,000＋税（初年度のみ）　・利用料：¥1,000／月＋税（12カ月利用時）

【初回利用料金】

契約期間	初期費用	利用料金	合計
3か月	3,000円＋消費税300円	(1,200円＋消費税120円)×3か月	6,600円（税込7,260円）
6か月	3,000円＋消費税300円	(1,100円＋消費税110円)×6か月	9,600円（税込10,560円）
12か月	3,000円＋消費税300円	(1,000円＋消費税100円)×12か月	15,000円（税込16,500円）
24か月	3,000円＋消費税300円	(950円＋消費税95円)×24か月	25,800円（税込28,380円）
36か月	3,000円＋消費税300円	(900円＋消費税90円)×36か月	35,400円（税込38,940円）

【更新利用料金】

契約期間	利用料金	合計
3か月	(1,200円＋消費税120円)×3か月	3,600円（税込3,960円）
6か月	(1,100円＋消費税110円)×6か月	6,600円（税込7,260円）
12か月	(1,000円＋消費税100円)×12か月	12,000円（税込13,200円）
24か月	(950円＋消費税95円)×24か月	22,800円（税込25,080円）
36か月	(900円＋消費税90円)×36か月	32,400円（税込35,640円）

カード自動更新について、更新月数の選択が可能になりました。
これに伴い、カード自動更新の場合は、1、3、6、12か月については1,000円／月になりました。
https://www.xserver.ne.jp/news_detail.php?view_id=6474　※いずれも2020年9月現在。価格は改定される場合があります。

エックスサーバーレンタルサーバの利用申し込み

エックスサーバー X10 の利用申し込みをする

1 https://www.xserver.ne.jp/ にアクセスし、上部メニューから［お申し込み］を選択します。

2 お申し込みの流れを確認してから［サーバーお申し込み］を押します。

3 ［XSERVERお申し込みフォーム］画面で、［10日間無料お試し 新規お申込み］を押します。

4 ［お客様情報入力］画面のフォームに沿って入力をおこない、受信が可能なメールアドレスを入力し［お申し込み内容の確認に進む］を押します。

5 ［入力内容確認］画面で間違いがなければ［この内容で申込みする］を押します。

6 登録したメールアドレスに「お申込みメールアドレスの確認」というメールで管理パネルに入るための情報が送られてきます。

サーバーパネルにログインする

申し込みが完了したら、登録完了メールに記載されている登録情報で、
Xserver アカウントにログインがおこなえることを確認してください。

1 上部メニューの［ログイン］を選択して❶ログイン画面
（https://www.xserver.ne.jp/login_info.php）を表
示し、会員IDまたはメールアドレス❷とパスワード❸
を入力して［ログイン］ボタンを押します❹。

2 ログインすると［アカウント］パネルが表示され、契約
一覧が表示されます。

3 ［ご契約一覧］に表示されているサーバー覧から、先ほど契約
をおこなったサーバIDの操作メニューから［サーバー管理］を
押します。

4 サーバーパネル画面が表示されます。こ
こでウェブ、メールに関わる設定をおこな
うことができます。

**エックスサーバー X10 サーバの
無料期間中の制限について** CHECK!

無料期間中はメールアカウント作成、プログラムを用いたメール送
信全般に制限が設けられているため、WordPress のパスワード失
効時の再発行、新規ユーザー追加時のメール通知、メールフォー
ム等のメール送信はおこなえないようになっています。https://
www.xserver.ne.jp/manual/man_order_free_trial.php

**本契約への
移行について** CHECK!

お試し期間でエックスサーバーを試し、このまま
使い続けても問題ないと思ったら、利用料金を
支払い本契約へ移行します。お試し期間中に設
置したプログラムやアップロードしたデータは、
本契約への移行後もそのまま利用可能です。

独自ドメインを取得する

エックスドメインで独自ドメインを取得する

ここではエックスサーバー社のドメイン取得サービスで独自ドメインを取得する方法を説明します。
初期ドメイン{ユーザー名}.xsrv.jpで運用する場合は不要ですので、**2-4**に進んでください。

1 [アカウント] パネルで[契約関連]の中にある[＋サービスお申し込み]を押します。

CHECK！

独自ドメインの価格

ドメインにはさまざまな種類があります。代表的なもので「.com」「.jp」などがありますが、種類により料金が変わってきます。ドメインの用途と維持費を考えて選んでください（エックスドメインでの料金は、https://www.xdomain.ne.jp/ に記載してあります）。ドメインを維持するための料金は登録業者によって異なりますが、おおよそ年間 1,000 円～4,000 円くらいです（別途はじめに取得料金が必要な場合があります）。

2 スクロールし、[エックスドメイン] の [新規申し込み] を押します。

3 [サービスお申し込み]画面の[利用規約][個人情報に関する公表事項]を確認の上、[同意する]を押します。

4 ❶希望のドメイン名を入力し❷ [ドメイン名チェック] を押します。

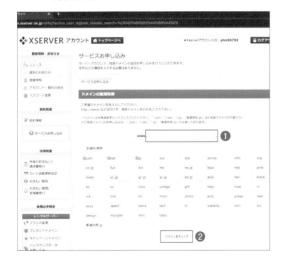

5 取得可能なら「取得可能です。」と表示されますので、取得するドメインにチェックを付けます❶。 [ネームサーバー初期設定] はここでは [『エックスサーバー』を設定する（標準）] を選択し❷、[お申し込み内容の確認・料金のお支払い] を押します❸。

「取得できません。」と表示されたらそのドメインはすでに取得されています。異なるドメイン名を入力して再度 [ドメイン名チェック] を押します。

6 ［料金のお支払い／請求書発行］の画面に従い、間違いがないことを確認し、支払いを完了させます。

**クレジットカード払いで
更新忘れを防ぐ**

支払い方法でクレジットカードを選択して自動更新を有効にすることで、更新忘れを防ぐことができます。その場合も、クレジットカードの更新、再発行、変更等の際には必ず確認する必要があります。

エックスドメインで取得した独自ドメインを設定する

エックスサーバーではWordPressインストール後、そのWordPressを別ドメインに移すことが推奨されていないため、独自ドメインでの運用が必要な場合には先にドメインを登録してから進めるようにしてください。

1 サーバーパネル画面の［ドメイン］→［ドメイン設定］を押します。

2 ドメイン追加設定タブを押し、先ほど取得もしくはすでに持っているドメイン名を❶入力し［確認画面へ進む］❷を押します。

独自ドメイン設定の追加、削除を行うことができます。追加したドメイン設定を利用して、メールアカウントやFTPアカウントを作成することができます。

ドメイン設定一覧　ドメイン設定追加

ドメイン名　❶

例）example.com / xserver-sample.com

☐ 無料独自SSLを利用する（推奨）
☐ 高速化・アクセス数拡張機能「Xアクセラレータ」を有効にする（推奨）

❷ 確認画面へ進む

3 確認画面が表示されますので、間違いがなければ［追加する］を押します。

独自ドメイン設定の追加、削除を行うことができます。追加したドメイン設定を利用して、メールアカウントやFTPアカウントを作成することができます。

ドメイン設定一覧　ドメイン設定追加

以下のドメイン設定を追加しますか？

ドメイン名	easiest-wp.net
無料独自SSL設定	追加
Xアクセラレータ	有効にする

戻る　追加する

4 完了すると設定情報が表示されますので確認しておきましょう。

**他社で取得した
ドメインを使うには**

レンタルサーバを契約した会社以外のドメイン登録業者で取得したドメインを利用することもできます。すでに取得しているドメインがあればそれを利用してもかまいません。他社で取得したドメインを登録するには認証作業が必要になり、手順がやや複雑になります。詳しくは契約したサーバ会社のウェブページなどで手続きを確認してください。エックスサーバーでの追加手順については
https://www.xserver.ne.jp/manual/man_domain_setting.phpを確認してください。

2-4 WordPressの インストール

利用登録をしたエックスサーバーの WordPress 簡単インストール機能を使って、
契約したサーバ上に WordPress サイトを作成します。

WordPress簡単インストールでおこなう

エックスサーバーの WordPress 簡単インストール機能を使って WordPress をインストールします。利用するレンタルサーバ会社によって名称や手順・画面は異なりますが、多くの一般ユーザー向けのレンタルサーバサービスでは、各社ともこのように設定項目に答えていくだけで WordPress を簡単にインストールできる同様の機能を備えています。利用するサービスの手順に従ってインストールしてください。

> 独自ドメインを使う場合　**CHECK!**
>
> 独自ドメインを用いる場合は、先にドメインの登録をおこなってから操作をおこなう必要があります。

新規にWordPressをインストールする

1 エックスサーバーのサイトで［ログイン］を押して❶、登録したアカウント ID❷とパスワード❸を入力して、［ログイン］❹を押します。

すでにログインしている場合は省略できます。

2 ログイン完了後、［アカウント］画面で対象サーバの［サーバー管理］を押します。

3 サーバーパネル画面で［WordPress 簡単インストール］を押します。

4 インストール対象のドメインの横に表示された［選択する］を押します。

5 表示された画面の[WordPressインストール]タブ❶を押します。
必要な項目をすべて入力したら[確認画面へ進む]❿を押します。

バージョン❷
インストールされるWordPressのバージョンが
表示されます。

サイトURL❸
ドメインを指定します。あとから変更はできませ
ん。サブディレクトリにインストールをおこなう場合
はディレクトリ名を入力します。

ブログ名❹
任意の名称を指定します。WordPressをインス
トールしたときにサイトの名称として設定されま
す。インストール後、WordPress管理画面で変
更することができます。

ユーザー名❺
WordPress管理者用のユーザー名を入力しま
す。これはWordPressのダッシュボードにログイ
ンする際に必要なユーザー名となります。あとから
は変更できません。

パスワード❻
登録されるユーザーはWordPressの管理者にな
り、WordPress上のすべての操作がおこなえる
ユーザーになりますので、簡単なパスワードやパ
スワードの使い回しは避けるようにしてください。

メールアドレス❼
WordPressの管理者用メールアドレスを入力
します。

キャッシュ自動削除❽
キャッシュ機能を有するプラグインにより生成され
たキャッシュファイルを自動的に削除する処理を
Cronに追加します。とくに問題がない場合はON
にしておくようにしましょう。

データベース❾
[自動でデータベースを生成する]を選択すると(easiestwp_
wp1)のように連番でデータベースとデータベースに同名の
ユーザーを作成することができます。複数のサイトを運用
したり、複数データベースを利用する場合、名称がわかり
づらくなることを避けたい場合は、先にデータベースを作
成しておくようにしましょう。

6 確認画面が表示されますので、間違い
がないことを確認して[インストールす
る]を押します。

すでに、インストール対象のディレクトリ内、
WordPress以外のページなどを設置されてい
る場合、「index.html」がある場合は削除されま
すので注意してください。

7 インストールが完了すると、設定情報が表示されますので、忘れないように控えておくようにしてください。

インストールしたWordPressサイトにログインしてみよう

WordPressのインストールが完了したら、WordPressを使ったサイトが作成できる状態になりました。
さっそく管理者としてWordPressにログインしてみましょう。

1 インストール完了時に表示された設定情報の［管理画面URL］を開きます。わからない場合は、サーバーパネル画面の［WordPress簡単インストール］を押し、対象のドメイン横にある［選択する］を押します。表示されたら管理画面URLに表示されたリンクを押します。

2 WordPressのログイン画面が表示されるので、インストール時に指定したユーザー名（WordPressID）❶、パスワード❷を入力し［ログイン］❸を押します。

CHECK!

アクセスが拒否される場合

WordPress管理画面へのアクセスが拒否されました」と表示される場合、ブラウザのキャッシュデータ（Cookieなど）を削除してみてください。

3 WordPressに正しくログインできると、次のような管理画面（ダッシュボード）が表示されます。

CHECK!

管理画面へのログイン方法

インストールしたWordPressサイトの管理画面のURLは「（サイトアドレス）/wp-admin」です。以降は、ブラウザに管理画面のURLを入力するとWordPressのログイン画面が表示されて、ユーザー名とパスワードを入力すればログインできます。自分の管理画面のURLは覚えておきましょう。不安な場合はブラウザにブックマークしておくといいでしょう。

サイト管理のための設定を確認・変更する

エックスサーバーのWordPressセキュリティ設定を確認する

初期設定ではセキュリティへの配慮から、国外IPからのWordPressの管理画面へのアクセスが制限されています。ログイン試行回数制限設定、コメント・トラックバック制限設定も確認・変更します。

1 サーバーパネル画面で、[WordPressセキュリティ設定]を押します。

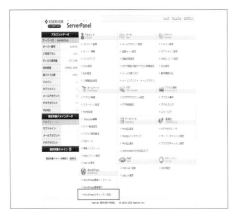

2 表示される設定変更画面から該当ドメインの[選択する]を押します。

3 表示される設定内容を確認します。

[国外IPアクセス制限設定]タブ
[ダッシュボード アクセス制限]❶
[XML-RPC API アクセス制限]❷
[REST API アクセス制限]❸
項目❶〜❸は海外からのログイン、作業が必要な場合を除いては「ONにする（推奨）」にしておくようにしましょう。

[ログイン試行回数制限設定]タブ
パスワード総当り（ブルートフォースアタック）による不正アクセスを防止することができます。アクセス制限は、制限されてから24時間後に解除されます。作業者がわかっており、誤って制限がかかってしまった場合は一時的に[OFFにする]ことでログインできるようになりますが、通常は[ONにする（推奨）]にしておくようにしましょう。

[コメント・トラックバック制限設定]タブ
[大量コメント・トラックバック制限]❶
大量コメント・トラックバックを用いた攻撃を制限する機能です。通常は[ONにする（推奨）]にしておくようにしましょう。
[国外IPアドレスからのコメント・トラックバック制限]❷
初期設定では[OFFにする]になっていますが、コメント・トラックバックを利用していない場合であれば[ONにする（推奨）]にしておくようにしましょう。

エックスサーバーのWAF設定を確認する

エックスサーバーではWAF（ウェブアプリケーションファイアウォール）が搭載されており、ウェブアプリケーションの脆弱性を悪用した攻撃からウェブサイトを保護することが可能です。不正アクセスからサイトを保護し、WordPressなどのウェブアプリケーションの安全性を簡単な設定で向上することができます。サーバーパネル画面より、対策が必要な項目を設定可能です。

1 サーバーパネル画面で、
[セキュリティ] → [WAF設定] を押します。

2 該当のドメインの [選択する] を押します。

3 表示される設定内容を確認します。

XSS対策①
JavaScriptなどのスクリプトタグが埋め込まれたアクセスについて検知します。

SQL対策②
SQL構文に該当する文字列が挿入されたアクセスについて検知します。

ファイル対策③
.htpasswd、.htaccess、httpd.confなど、サーバに関連する設定ファイルが含まれたアクセスを検知します。

メール対策④
to、cc、bccなどのメールヘッダーに関係する文字列を含んだアクセスを検知します。

コマンド対策⑤
kill、ftp、mail、ping、lsなどコマンドに関連する文字列が含まれたアクセスを検知します。

PHP対策⑥
session、ファイル操作に関連する関数のほか脆弱性元になる可能性の高い関数の含まれたアクセスを検知します。

WAF設定についての注意 〈 **CHECK！**

WAF設定では、有害な可能性のあるアクセスを検知する機能を提供しますが、設定により不正アクセスを100％駆除することを保証するものではありません。あくまでウェブアプリケーションの持つ脆弱性に対する、不正アクセスへの最低限の予防策となります。 脆弱性に対する不正アクセスへの根本的対応として、随時最新バージョンのアプリケーションの利用やセキュリティ対応をおこなうようにしましょう。WAF設定は厳格なルールに従って不正アクセスを判断するため、WordPressの動作についても影響を与える可能性があります。設定する場合は確認をおこなうようにしましょう。

Lesson 02　練習問題

Q あなたはこれから契約したサーバにWordPressをインストールしようとしています、次のうち間違っているものはどれでしょうか。

1.サーバ会社が提供しているインストール機能を用いてインストールをおこなう。

2.サーバ会社が提供するインストール機能がなかったため、過去にダウンロードをおこなった少し前のバージョンのWordPressをアップロードしインストールをおこなう。

3.WordPressのインストール時にパスワードが覚えにくいため数字だけの覚えやすい簡単なパスワードでインストールをおこなう。

4.サイトの作成がすぐに完了しないため、検索エンジンでの表示を"検索エンジンがサイトをインデックスしないようにする"を有効にする。

A

1.○:問題ありません。ファイル権限などがサーバ会社が提供する推奨される設定になるため利用できる場合はインストール機能を利用しましょう。

2.✕:インストールは基本的に最新バージョンを利用しましょう。コアやコアに含まれるテーマ、プラグインのアップデートでは様々なセキュリティー対策や不具合の改善がおこなわれているため最新バージョンを確認しダウンロードしてインストールをおこなうようにしましょう。

3.✕:インストール時に設定するアカウントは管理者権限になりWordPress上のすべての操作が

おこなえる重要なアカウントです。パスワードが単純なものであるとこの権限を他人に悪用される恐れがあるため、インストール時に初期設定されている複雑なパスワードを用いるか、変更する場合もパスワードの強度が"強力"になるパスワードを用いることをおすすめします。

4.○:作成途中のサンプルページなどが使用するドメインで不用意にインデックスされないようにインデックスされない設定を有効にしましょう。より慎重におこなう場合はサーバへのアクセスをサイト作成者・管理者のみにするなども検討しましょう。

Q 現在契約している共有レンタルサーバで表示速度が遅くなったため、別のプラン、サーバ会社を検討しています。次のうちサーバの選択において正しいものはどれでしょうか。

1.データ容量ができるだけ多いものを選ぶ

2.現在のレンタル費用より少し高い別のサーバ会社のサーバを選ぶ

3.現在契約しているサーバ会社の上位プランに申し込む

A

1.✕:基本的に共有レンタルサーバではデータ容量は写真やその他データの保存容量だけに関係し、表示速度には影響しません。

2.✕:サーバ会社によって速度はサーバの構成や回線の容量は様々ですので、別会社の少し高いプランに移った場合、必ずしも改善するとはいえません。

多くのレンタルサーバ会社では無料期間または安価な試用期間が用意されている場合がありますので、事前にテストをおこなうことをおすすめします。

3.○:多くのサーバ会社では、CPUや回線速度の優位性が高まる上位プランを用意していることがあります。

プラン変更に伴い再契約・再設定をおこなう必要があるサーバ会社もありますので事前に確認をおこないましょう。

また、期待するパフォーマンスが出るかは"2"と同じく試用期間があれば事前にテストをおこないましょう。

初期設定をしよう

An easy-to-understand guide to WordPress

Lesson 03

このレッスンでは、インストールしたばかりのWordPressの初期設定について解説します。管理画面の基本的な機能を確認し、これからつくるウェブサイトの概要を入力・設定していきます。中にはウェブページのURL設定など公開後に変えにくい設定もあるので、ひとつひとつ注意深く設定していきましょう。

3-1 WordPress 管理画面の使い方

WordPressで、まず触れることになるのが管理画面です。
ここからページの作成や編集・各種設定・テーマやプラグインの選択と
インストールなどさまざまな操作をおこない、ウェブサイトを管理していきます。

WordPressの管理画面にログインする

Lesson02でインストールしたWordPressサイトを実際に操作していきます。
まずWordPressの管理画面にログインしましょう。
サイト制作の際に管理者としてのログインは頻繁におこないます。やり方を覚えておきましょう。

WordPress管理画面へのログイン方法

1 WordPressのインストールで指定したサイトURLの後ろに
「/wp-admin」をつけたURLにアクセスします。

2 WordPressのログイン画面が表示されるので、
インストール時に指定したユーザー名・パスワー
ドを入力し［ログイン］を押します。

ダッシュボードを見てみよう

管理画面にログインしてまず最初に現れる画面には、インストールしたばかりのWordPressに関する概要情報などがところ狭しと並んでいます。この画面のことを自動車などの計器盤になぞらえて「ダッシュボード」と呼びます。デフォルト状態ではこのような内容が表示されています。

WordPressのダッシュボード

❶WordPressへようこそ！

はじめてWordPressをさわる人のための便利なリンク集です。やりたいこと別に目的の管理画面に移動できたり、WordPress Support（22ページ参照）のチュートリアル記事へのリンクもあります。WordPressに慣れたら、非表示にしても差し支えありません。

❷概要

このWordPressに投稿されている記事の数や固定ページ（68ページ参照）の数、コメント数、有効になっているテーマなどが表示されています。また警告や注意すべき情報がここに表示されることもあります。

❸アクティビティ

最近公開された記事や、寄せられたコメントが表示されます。

❹クイックドラフト

ここから手軽に記事の下書きを作成できます。

❺WordPress イベントとニュース

WordPress.org（日本語版は ja.wordpress.org）の最新記事やフォーラム（21ページ参照）の最新投稿が表示されます。気になるニュースや質問がないか、チェックする習慣をつけるといいでしょう。

管理画面共通のナビゲーションを見てみよう

管理画面に共通するナビゲーションをチェックしていきましょう。
それぞれの細かい機能はあとで確認していきますので、まずは概要を軽く確認してもらえば大丈夫です。

ツールバー

画面上部の黒い帯部分をツールバーと呼びます。ツールバーはあなたがログインしている限り、ウェブサイトの管理画面（裏側）にいるときも公開領域（表側）にいるときも表示されます（**3-3**のユーザー設定で変更可能です）。

ツールバー

❶WordPressロゴマーク

WordPressに関する情報やWordPress Codex・サポートフォーラムに移動できます。

❷サイトのタイトル

インストール時に名づけたサイトのタイトルが表示されています。これを押してみると、管理画面からは公開サイトへ、公開サイトからは管理画面へ移動します。

❸マイアカウントメニュー

ツールバー右には［こんにちは、○○さん］とログインしているユーザーが表示されています。カーソルを重ねるとメニューが表示され、プロフィールを編集したりログアウトができます。

❹その他表示エリア

コメントや投稿一覧へのリンク・各種更新の通知、そしてプラグインなどによって出力されるコンテンツやナビゲーションが入る場合があります。

COLUMN

目当てのブロックが見あたらないときは

本書を参考にしながら管理画面をさわっていると、たまに存在しているはずのブロックが見あたらないことがあるかもしれません。そういうときはまず落ち着いて、ツールバーから下向きに出ている［表示オプション］というタブを確認してみてください。このタブを開くと管理画面上のさまざまなブロックの表示／非表示を切り替えることができるようになっています。

管理メニュー

画面左には管理メニューが並んでいます。ここから管理画面のさまざまなページに移動できます。各メニューにマウスカーソルを重ねると右側にサブメニューが表示され、クリックするとサブメニューが下側に展開されて表示されます。

管理メニュー
ダッシュボード

ダッシュボード

ダッシュボード（管理画面のトップページ）へのナビゲーション。ほかにWordPress本体やプラグイン・テーマ・翻訳データの更新ができる［更新］ページが含まれています。

投稿（64ページ参照）

このWordPressサイトの記事を作成・編集したり、記事のカテゴリーやタグ（68ページ参照）を編集するためのメニューです。「投稿」は一般的なブログにおける記事と同様の概念で、おもに作成時の時系列で整理されるページ群となります。Lesson04で詳しく解説します。

固定ページ（68ページ参照）

固定ページを新規作成・編集できます。固定ページは投稿とは異なり時系列で整理されないページ群です。また通常のウェブページと同様、ページ同士で親子関係をもつこともできます。記事作成日時にかかわらずトップのメニューに表示しておきたいコンテンツや、お問い合わせフォームのようなものは固定ページを使って管理するといいでしょう。

メディア（68ページ参照）

ここではこのWordPressサイトにアップロードされた画像や映像・音声・PDFなどのドキュメントファイルといったさまざまなメディアを管理・編集することができます。

コメント

このサイトに投稿されたコメントを一覧で表示し管理することができます。コメントの承認や非承認・スパム申請・削除なども可能です。

外観

このサイトの外観に関わる設定をおこないます。テーマの変更（90ページ参照）やカスタムメニュー（78ページ参照）・ウィジェット（81ページ参照）・テーマカスタマイザー（88ページ参照）などを使って、管理画面からサイトの見た目をカスタマイズすることができます。

プラグイン（92ページ参照）

このサイトに使われているプラグインの一覧を閲覧したり、新しいプラグインをインストールすることができます。またインストールされているプラグインを有効化／無効化することも可能です。

ユーザー

このWordPressサイトに関わるアカウントを管理できます。あなたがサイトの管理者であるならば、管理画面のすべての機能にアクセスできる「管理者」や「編集者」「投稿者」など、さまざまな権限を持つアカウントを作成・編集することができます（57ページ参照）。

ツール

ほかの記事からの引用を手軽におこなえる「Press This」や、DBデータのインポート・エクスポート・バックアップ、その他プラグインが提供する便利な機能がここに揃います。

設定

あなたのWordPressサイトにまつわる種々の設定をおこなうことができるほか、インストールしたプラグインの一部もここで動作設定ができるようになっています。基本的な設定については、次の**3-2**で扱います。

さて、ダッシュボードをざっと見渡したところで、さっそくWordPressの設定に入りましょう!

初期設定をしよう　Lesson 03　04　05　06　07　08　09　10　11　12　13　14　15

3-2　サイトの概要を設定しよう

管理画面の概要を確認できたら、いよいよ設定に入ります。
新しくつくるウェブサイトの基本的な設定方法をひとつひとつ確認していきましょう。
あとから変更しにくい設定もあるので注意してください。

WordPressを最新版にアップデートしよう

エックスサーバーの「WordPress簡単インストール」では通常WordPressの最新版がインストールされますが、サイトの設定をはじめる前に、新しいバージョンが公開され

ていないか[WordPressの更新]画面からチェックしてみましょう。ツールバーの 🔄 アイコンを押して、「WordPressの更新」画面へ移動します。

[WordPressの更新] 画面

ここでは
● WordPress本体
● プラグイン
● テーマ
● 翻訳ファイル

の最新版がWordPress公式ディレクトリに公開されているかいないかを自動的に検知して、もしもアップデートが存在している場合は通知をしてくれます。またこの画面から自動アップデートをおこなうことも可能です。
「WordPressの新しいバージョンがあります。」と表示された場合は[今すぐ更新]ボタンを押します。プラグインやテーマ・翻訳に更新通知がある場合はそれぞれ[すべて選択]ボタンでチェックをつけたうえで[プラグインを更新]または[テーマを更新]などのボタンを押して更新を実行しておいてください。

WordPress自動更新のすすめ

COLUMN

WordPressは最低限のセキュリティを保つために、本体のマイナーアップデート（微細な不具合や脆弱性に対する修正）に関しては自動的にこれを適用します。これを無効にする方法もインターネット上に散見されますがセキュリティの観点からおすすめはできません。またWordPress 5.5からはプラグインやテーマの自動更新ができるようになりました。さらに「Advanced Automatic Update」（111ページ参照）などのプラグインを用いてメジャーアップデートや翻訳ファイルの更新も自動化できます。メジャーアップデートは不具合を引き起こすリスクもあるため自動アップデートを躊躇する人も多いと思いますが、適切にバックアップをとったうえであれば、そのリスクも大きく軽減できます。検討しましょう。

一般設定

ここからWordPressの設定をひととおり確認して、必要な変更をしておきましょう。設定を変更したら必ずそのページの一番下にある[変更を保存]を押して保存してからページを移りましょう。

まず管理メニュー[設定]→[一般]を押します。[一般設定]画面ではサイトのタイトルやサーバ上の公開場所の設定・使用言語やタイムゾーンなど、サイトの基本的な項目を設定します。

一般設定

サイトのタイトル	easiest-wp	❶
キャッチフレーズ	Just another WordPress site	
	このサイトの簡単な説明。	
WordPress アドレス (URL)	https://easiest-wp.com	❷
サイトアドレス (URL)	https://easiest-wp.com	
	サイトのホームページとして WordPress のインストールディレクトリとは異なる場所を設定する場合は、ここにアドレスを入力してください。	
管理者メールアドレス	admin@easiest-wp.com	
	このアドレスは管理のために使用されます。このメールアドレスを変更すると、確認のため新しいアドレス宛にメールを送信します。新しいアドレスは確認が済むまで有効化されません。	
メンバーシップ	☐ だれでもユーザー登録ができるようにする	
新規ユーザーのデフォルト権限グループ	購読者 ∨	
サイトの言語 🗗	日本語 ∨	
タイムゾーン	UTC+0 ∨	
	同じタイムゾーンの都市または UTC (協定世界時) のタイムオフセットを選択します。	
	協定世界時は 2020-03-24 04:32:06 です。	
日付のフォーマット	○ 2020年3月24日　　Y年n月j日	

[一般設定]画面

❶サイトのタイトル、キャッチフレーズ

インストール時に[ブログタイトル]で設定したタイトルになっています。キャッチフレーズの初期設定は「Just another WordPress site」で、多くのテーマではサイトのタイトル部分にどちらも表示されるようになっています。ここでは本書のサンプルサイトに合わせてサイトのタイトルに「Toru Yamamoto's Photo Gallery」キャッチフレーズには「写真家・山本徹のウェブサイトです。」と入力します。

❷WordPress アドレス (URL)、サイトアドレス (URL)

[WordPress アドレス]は「サーバ上のどの場所にWordPressをインストールしているか」を示すURLです。たとえば「http://example.com」というURLでアクセスできるサーバ上のディレクトリ（フォルダ）にWordPressのデーター式を含む「wordpress」というフォルダを置いているならば「http://example.com/wordpress」ということになります。
[サイトアドレス]はそのWordPressサイトのURLとしたいアドレスです。実際にWordPressのファイル群が設置されているのが「http://example.com/wordpress」であったとしても、このサイトアドレス欄に「http://example.com」と入力・保存すれば、サーバの設定ファイル (.htaccess) が出力され、そのURLからサイトのトップページにアクセスできるようになります。

その他の項目については好みで設定してかまいません。日本語環境でお使いの場合は[サイトの言語]を[日本語]にし、[タイムゾーン]が[UTC+9]（または[東京]）であることを確認してください。ページの一番下にある[変更を保存]を押して保存します。

CHECK!

エックスサーバーのサーバーパネル画面からインストールした場合

Lesson02の手順どおりエックスサーバーのサーバーパネル画面からWordPressをインストールした場合は、トラブル防止のためWordPress アドレス (URL)、サイトアドレス (URL) は変更しないでください。

WordPressアドレスの変更には要注意!

サーバにおけるWordPressの設置場所は最初にしっかりと決めておきましょう。WordPressファイルの置き場所を変えたりWordPress アドレスを変更すると、管理画面に入れなくなるなど思わぬ事故のもとになります。これを解消するためにはデータベースの情報を直接編集するなど、よりリスクの高い操作をおこなう必要が出てきますので、よくよく注意して操作してください。

投稿設定

管理メニュー[設定]→[投稿設定]で表示される[投稿設定]画面では、WordPressへの投稿に関する各種の設定をおこなうことができます。投稿カテゴリ・フォーマットのデフォルト設定、メールを利用しての投稿機能等を設定することができます。ここはとくに変更する必要はありません。

[投稿設定]画面

表示設定

管理メニュー[設定]→[表示設定]で表示される[表示設定]画面では、トップページのタイプ選択・記事一覧の表示件数・検索エンジンのクロールを許可するか、といった比較的重要な設定項目が並んでいます。

[表示設定]画面

❶ホームページの表示

これからあなたがつくるウェブサイトのトップページのことを「ホームページ」と呼びます。このホームページをどのページにするかの設定です。[最新の投稿]を選択すれば、もっとも新しい投稿一覧ページ（いわゆるブログのトップページ）がホームページとなります。[固定ページ]を選択すれば、任意の固定ページをホームページとして表示させることができるほか、ブログのトップページとして別の固定ページを指定することができます。ブログとして利用する場合は[最新の投稿]を、ブログを内包するサイトをつくる場合は[固定ページ]を選ぶケースが多くなると思います。このレッスンでは初期設定のまま大丈夫です。

❷ 1ページに表示する最大投稿数

記事一覧ページで1ページに表示される投稿の数を設定できます。この設定はのちほどテーマをつくるときに任意の数で上書きすることが可能ですが、テーマへの無駄な記述を減らすという意味でも、管理画面から管理できる領域を確保する意味でも、極力そうした上書きはしないほうがいいでしょう。こちらも初期設定の10件で大丈夫です。

❸ 検索エンジンでの表示

検索エンジンによるクロールの許可／拒否を設定できます。みなさんがレッスンのためにつくっているこのサイトについては検索エンジンに表示される必要がありませんので、チェックしておいてください。逆に、サイトを公開したのにここにチェックがついているために検索エンジンにいつまでもインデックスされないというケアレスミスをたまに見かけるので注意してください。最後にページの一番下にある[変更を保存]を押して保存します❹。

ディスカッション設定

管理メニュー[設定]→[ディスカッション設定]で表示される[ディスカッション設定]画面では、コメントやトラックバック・ピンバックといったブログならではのコミュニケーションについて各種の設定をおこないます。またコメント時に表示されるアバター（あるアカウントを示す画像）の設定もここでおこないます。個別の設定項目については、ここでは割愛します。とくにこだわりがなければ初期設定のままでよいでしょう。

ディスカッション設定

ヘルプ ▼

デフォルトの投稿設定	☑ 投稿中からリンクしたすべてのブログへの通知を試みる
	☑ 新しい投稿に対し他のブログからの通知 (ピンバック・トラックバック) を受け付ける
	☑ 新しい投稿へのコメントを許可
	(これらの設定は各投稿ごとの設定で上書きされることがあります。)
他のコメント設定	☑ コメントの投稿者の名前とメールアドレスの入力を必須にする
	☐ ユーザー登録してログインしたユーザーのみコメントをつけられるようにする
	☐ 14 日以上前の投稿のコメントフォームを自動的に閉じる
	☑ コメント投稿者が Cookie を保存できるようにする、Cookie オプトイン用チェックボックスを表示します
	☑ コメントを 5 ▼ 階層までのスレッド (入れ子) 形式にする
	☐ 1ページあたり 50 件のコメントを含む複数ページに分割し、 最後 ▼ のページをデフォルトで表示する
	古い ▼ コメントを各ページのトップに表示する
自分宛のメール通知	☑ コメントが投稿されたとき
	☑ コメントがモデレーションのために保留されたとき
コメント表示条件	☐ コメントの手動承認を必須にする
	☑ すでに承認されたコメントの投稿者のコメントを許可し、それ以外のコメントを承認待ちにする
コメントモデレーション	2 個以上のリンクを含んでいる場合は承認待ちにする (コメントスパムに共通する特徴のひとつに多数のハイパーリンクがあります) 。
	コメントの内容、名前、URL、メールアドレス、IP アドレスに以下の単語のうちいずれかでも含んでいる場合、そのコメントはモデレーション待ちになります。各単語や IP アドレスは改行で区切ってください。単語内に含まれる語句にもマッチします。例：「press」は「WordPress」にマッチします。

[ディスカッション設定] 画面

メディア設定

管理メニュー［設定］→［メディア設定］で表示される［メディア設定］画面では、
管理画面からアップロードするメディアファイル、とくに画像についての設定をおこないます。

メディア設定

画像サイズ

メディアライブラリに画像を追加する際、以下でピクセル単位指定したサイズによって最大寸法が決定されます。

| サムネイルのサイズ | 幅 | 150 |
| | 高さ | 150 |

☑ サムネイルを実寸法にトリミングする (通常は相対的な縮小によりサムネイルを作ります)

| 中サイズ | 幅の上限 | 300 |
| | 高さの上限 | 300 |

| 大サイズ | 幅の上限 | 1024 |
| | 高さの上限 | 1024 |

ファイルアップロード

☑ アップロードしたファイルを年月ベースのフォルダーに整理

変更を保存

［メディア設定］画面

画像サイズ

WordPressでは管理画面のファイルアップローダーから
画像をアップロードする際、オリジナルの画像とは別に
「大・中・サムネイル」の3つのサイズの画像を生成します。
それぞれの画像のサイズはここで設定したとおりになりま
す。たとえば「大」サイズはコンテンツ幅いっぱいの大きさ、
「中」はテキストの回り込みを想定した大きさ、「サムネイ
ル」は記事一覧に表示されるサムネイル画像の大きさ、と
いった目安で決定するといいでしょう。
まずは初期設定のままで差し支えありません。

画像サイズはあとから変更できるのか

CHECK!

サイトの運用途中で画像サイズを変更しても、すでに
アップロードされた画像がリサイズされるわけではあり
ません。あくまで「アップロード時点」での設定にした
がって、各種サイズの画像が生成されるだけです。で
は過去にアップロードした画像のリサイズはもうできな
いのでしょうか？ これはプラグインによって解決する
ことが可能です。「Regenerate Thumbnails」プラグ
イン（114・161ページ参照）を使えばすでにWord
Pressにアップロードされメディアに登録されてしまっ
た画像の各種サイズを再生成することが可能です。
テーマをリニューアルするためサムネイルのサイズを
一括で変えたい…といったときにとても役に立ちますの
で、ぜひ覚えておいてください。

パーマリンク設定

管理メニュー［設定］→［パーマリンク設定］で表示される［パーマリンク設定］画面です。WordPressでは個々の記事ページや記事一覧ページに割り振られるURLのことを「パーマリンク」と呼びます。その語源は「Permanent Link」（恒久的リンク）であり、半永久的に変わらないことが期待されるものです。ある有用な記事のURLをブックマークしていたのに、いざアクセスしてみるとそのページは削除・または移転されていて閲覧することができなかった…という経験は誰でもあるのではないでしょうか。そのようなことのないように、パーマリンクに関する設定は一度決めたら極力動かさないようにしてください。

ヘルプ ▼

パーマリンク設定

WordPressではパーマリンクやアーカイブにカスタムURL構造を使うことができます。URLをカスタマイズすることで、リンクの美しさや使いやすさ、そして前方互換性を改善できます。利用できるタグはたくさんありますが、以下にいくつか試していただける例を用意しました。

共通設定

○ 基本   http://easiestwp.local/?p=123

○ 日付と投稿名   http://easiestwp.local/2020/03/24/sample-post/

○ 月と投稿名   http://easiestwp.local/2020/03/sample-post/

○ 数字ベース   http://easiestwp.local/archives/123

◉ 投稿名   http://easiestwp.local/sample-post/ ❶

○ カスタム構造   http://easiestwp.local   /%postname%/

利用可能なタグ:

`%year%` `%monthnum%` `%day%` `%hour%` `%minute%` `%second%` `%post_id%` `%postname%` `%category%` `%author%`

オプション

カテゴリー・タグのURL構造をカスタマイズすることもできます。たとえば、カテゴリーベースに `topics` を使えば、カテゴリーのリンクが http://easiestwp.local/topics/uncategorized/ のようになります。デフォルトのままにしたければ空欄にしてください。

カテゴリーベース   [　　　　　　　　　　]

タグベース   [　　　　　　　　　　]

[変更を保存] ❷

［パーマリンク設定］画面

パーマリンク設定のパターンあれこれ

個別の記事のパーマリンクの設定にはさまざまなパターンがありますが、とくによく用いられるのは

https://example.com/【カテゴリ名】/【記事名を表す英数文字列（スラッグ）】

というパターンです。このパーマリンク構造はサイトの中での記事の位置が理解しやすく、一部ではSEOにも強いともいわれて主流になりました。しかしこの設定には大きな弱点があります。それはパーマリンクにカテゴリ名を含むため、もしも記事のカテゴリを変更すれば簡単にパーマリンクが変わってしまう点です。これではサイトに存在するカテゴリの見直しすら難しくなってしまいます。

そこで近年ではカテゴリ名をパーマリンクに含めず、

https://example.com/【記事名を表す英数文字列（スラッグ）】

とする単純なパーマリンクを好む人も増えてきました。スラッグの重複に注意が必要ですが、たとえカテゴリが変わったとしても、また極端な話、WordPressによる運用をやめて別のCMSによる運用に移行したとしても、同じURL構造を保つのが簡単だからです。

ほかにも記事IDを用いたパーマリンク設定も人気があります（この画面で「数字ベース」を選んだ場合）。記事を書くごとに記事名に相当する英数文字列（記事名のスラッグ）を考えなくてもいいので、英語が苦手な人にはこちらをおすすめすることもあります（ただし記事IDはWordPress独特のものになりますので、他CMSなどに移行した場合は同じURLを保つのが困難になる場合があります）。

今回は［投稿名］（https://example.com/sample-post/）の形式を選ぶことにします❶。ページの一番下にある［変更を保存］を押して保存します❷。

以上でWordPressの初期設定は終了です。つづいてユーザー設定と必要なプラグインの導入に移りましょう。

3-3 ユーザーやプラグインを設定しよう

あなた以外の、投稿に参加するユーザーを WordPress に追加する方法を学びます。
また最初からインストールされているプラグインを有効化してみましょう。

あなたのアカウントを設定しよう

まずはログインしているあなたのアカウントを設定してみましょう。
管理メニュー[ユーザー]→[あなたのプロフィール]を押して、[プロフィール]画面に移動しましょう。
ここではユーザーに関わるさまざまな設定をすることができます。

[プロフィール]画面

まずはあなたの名と姓、そしてニックネームを入力します。[ブログ上の表示名]は、姓と名の任意の組み合わせ・ニックネームから選択できます。
その他、管理画面の配色、ユーザー独自の言語設定、ログイン時にサイトを見るときのツールバー表示の有無などを設定することが可能です。[ツールバー]にチェックして、

サイトの閲覧時にツールバーを出しておくと管理画面とサイトの表側との行き来がラクになりますので、表示しておくことをおすすめします。
内容を編集したらページの一番下の[プロフィールを更新]を押して保存します。

ユーザーを追加しよう

いまあなたのサイトにログインできるのはあなただけです。一緒に記事の投稿に協力してくれるユーザーがいるなら、その人を追加することができます。新しいユーザーを追加するにはメールアドレスが必要です。あらかじめ確認しておいてください。またユーザー名（ログイン時に使用する半角英数字のID）はあとから変更することができないので注意してください。

ここでは、試しに自分でもうひとつ別のメールアドレスを用意して、新ユーザーを追加してみましょう。管理メニュー［ユーザー］→［新規追加］を押して、［新規ユーザーを追加］画面に移動します。そしてユーザー名・メールアドレス・その他の任意のプロフィール項目（名・姓など）を入力します。

新規ユーザーを追加

このサイトに追加する新規ユーザーを作成します。

ユーザー名 *(必須)*	newuser
メールアドレス *(必須)*	new@example.com
名	新一
姓	新田
サイト	
パスワード	sG2rAAog0Wn7TfkWfj$tJnSD　　　🚫隠す　キャンセル 強力
ユーザーに通知を送信	☑ 新規ユーザーにアカウントに関するメールを送信
権限グループ	購読者 ∨

新規ユーザーを追加

［新規ユーザーを追加］画面

権限グループについて

［権限グループ］には管理者・編集者・投稿者・寄稿者・購読者の5種類があり、それぞれ管理画面内で実行できる操作が異なります。たとえば「投稿者は記事を書けるが公開はできない」「編集者は記事の公開も編集も自由にできるが、プラグインのインストールはできない」といったような具合です。ここでは新ユーザーを［編集者］に設定してみましょう。

パスワードの設定・通知の送信

パスワードは自動生成されます。[パスワードを表示] ボタンを押すとかなり複雑なパスワードが自動的に生成されることが確認できます。[ユーザーに通知を送信] にチェックしておけば、このパスワードをメールで新ユーザーに知らせることができます。あとは [新規ユーザーを追加] ボタンを押せば、新規ユーザーを作成するとともに通知メールが新ユーザーのメールアドレスに送信されます。ここでは、念のためにパスワードを控えておきましょう。

CHECK!

試用期間中のメールは送信されない

エックスサーバーなど多くのレンタルサーバの試用期間中はプログラムからのメール送信が制限されていますので、新規ユーザーへの通知メールは送信されません。

最初の通知パスワードは変更を

通知メールは第三者に見られるおそれがあり、初期パスワードのまま使うことは危険です。実運用においては、新ユーザーは最初のログイン後にパスワードを変更することを強くおすすめします。

COLUMN

全ユーザーのパスワードを強固にする

WordPressのセキュリティの基本は強固なパスワードを設定することです。自分はもちろんのこと、ほかのユーザーにも、長く（最低15文字以上）推測されにくい（誕生日や電話番号といったプロフィール情報と関係がなく、ほかのサービスと使いまわしていない）パスワードを設定してもらうように徹底するようにしてください。短いパスワードを定期的に変更するより、ほとんど変更しなくても文字数の多いパスワードを設定したほうがセキュリティ効果は高いといわれます。

編集者としてログインしてみる

新規ユーザーの作成が終わったら、一度ログアウトして新規ユーザーとしてログインしてみましょう。ツールバーの右側にある [ようこそ、○○さん] にマウスポインタを重ねて、マイアカウントメニューから [ログアウト] を選択します。ログイン画面に移ったら新しいユーザーの情報でログインしてみましょう。
編集者である新ユーザーでログインすると、画面左の管理メニュー項目が管理者に比べて少ないことを確認してください。[外観] や [プラグイン] [設定] といった管理系の項目を編集者はさわれないことがわかります。確認ができたら再びログアウトし、元のユーザーでログインしなおします。

新ユーザー（編集者）としてログインしたときの管理メニュー

プラグインを有効化する

WordPressにプラグインと呼ばれるプログラムを追加することで機能を拡張できることはLesson01で説明しました。さっそく最初からインストールされているプラグインを有効化して使ってみましょう。プラグインはただインストールされているだけでは動きません。管理画面から [有効化] する必要があります。インストールしたプラグインの有効化／無効化は管理画面から手軽におこなうことができるようになっています。なお、新しいプラグインをインストールする方法は**5-4**で説明します。

プラグインの有効化

試しにプラグイン「Hello Dolly（ハロー ドリー）」を有効化してみましょう。
Hello Dollyは管理画面ツールバー下にジャズのスタンダード・ナンバーである「Hello Dolly」の歌詞の一部をランダムに表示するシンプルなプラグインです。

1 管理メニュー［プラグイン］から［インストール済みプラグイン］画面に移動します。
プラグイン一覧から「Hello Dolly」を探し、プラグイン名の下の［有効化］❶を押します。

2 「プラグインを有効化しました」のメッセージ❶とともに、「Hello Dolly」の行が青くハイライトされています❷。
これで有効化が完了しました。ツールバーの下に歌詞が表示されていることが確認できます❸。

3 プラグインを無効化するにはプラグイン名の下の
［停止］を押します。お好みに応じて歌詞をその
まま表示するか、無効化して消してください。

同様に、ここではプリインストールされているもののうち、
セキュリティに関わるAkismetというプラグインをここで有効化しておきましょう。

COLUMN

過去バージョンに同梱されていたWP Multibyte Patchについて

WordPress 4.9までWordPress日本語版には日本語などのマルチバイト文字利用時の不具合に対応するための「WP Multibyte Patch」というプラグインが同梱されていましたが、バージョン5.0以降にはこれがありません。これは当該プラグインが負っていた機能のうち、おもなものをWordPress本体で受け持つようになったためです。なお現在のバージョンでは、一般的な用途であればこのプラグインがなくても問題ありませんが、ISO-2022-JPでエンコードされたメールをWordPressから送信するなどの特定の条件下では依然、必要になる場合があります。

Akismet Anti-Spam（アキスメット アンチスパム）

コメントやトラックバック・スパム、またコンタクトフォームからのスパムを防いでくれるプラグインです。WordPressのおもな開発元のひとつであるAutomattic社のプラグインです。スパムの判定は同社のサービスであるWordPress.comのデータベース情報を元におこなわれているため、Akismetを利用するにはWordPress.comのアカウントを

取得し、発行されたAPIキーを入力してWordPress.comとの連携を有効化する必要があります。WordPress.com自体は無料でもアカウントを取得できるので、こちらも有効化しておくことをおすすめします。APIキー取得の手順は次のとおりです。

1　Akismetの［有効化］を押すと、Akismet設定画面に移動します。中央の［Akismetアカウントを設定］ボタンを押します。

2　akismet.comのサイトがブラウザの別タブで表示されます。［SET UP YOUR AKISMET ACCOUNT］ボタンを押します。

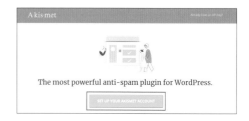

3　WordPress.comに新規ユーザー登録します。［あなたのメールアドレス］にメールアドレス、［ユーザー名を選択］に任意のユーザー名、［パスワードを選択］にパスワードを入力して❶、［アカウントを作成］を押します❷。

4　プランの選択画面で［PERSONAL］を選択します。［Get Personal］を押します。

5　支払い画面に移動しました。PERSONALプランでは料金を自由に設定できるようになっています。右側の［What is Akismet worth to you?］のスライダーの黒いつまみをドラッグして金額を設定します。無料で利用する場合は❶［¥0/YEAR］に合わせてください。つづいて左側の［NON-COMMERCIAL LICENSE］の［First Name］［Last Name］にそれぞれ名前を入力❷、つづく諸条件に同意して［CONTINUE WITH PERSONAL SUBSCRIPTION］を押します❸。

CHECK!

Akismetの PERSONAL アカウントについて

AkismetのPERSONALアカウントでは、商用サイトにおいてAkismetを利用することはできません。具体的にはあなたのサイトで「広告を掲載しないこと」「販売行為をしないこと」「ビジネスのプロモーションをしないこと」が無料使用の条件となります。

6 WordPress.comへの登録が完了してAPIキーの発行を知らせるウィンドウが表示されます。あなたのAPIキーが表示されていますが、コピーする必要はありません。[AUTOMATICALLY SAVE YOUR AKISMET API KEY] を押してください。

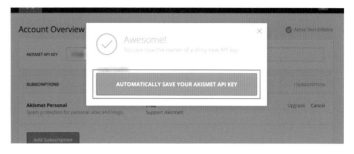

7 ブラウザのタブが切り替わり、あなたのサイトの管理画面に移動します。Akismetの設定画面に自動的にAPIキーが入って有効化されていることを確認してください。

COLUMN

WordPress.comとは

WordPressの創始者Matt Mullenweg氏が経営するAutomattic社は、WordPressのホスティングサービス「WordPress.com」を展開しています。これは本書で利用しているインストール型ソフトウェアのWordPressとは区別する必要があります。WordPress.comはいわゆる「レンタルブログサービス」の名称で、あらかじめWordPressが入ったサーバがあり、登録すればサービスが利用できるようになっています（AmebaブログやLINEブログなどに近いサービス）。

WordPress.comのアカウントを有効化する

Akismetを使うために新しくWordPress.comにアカウントをつくった場合、WordPress.comから登録したメールアドレスにアカウントのActivate（有効化）メールが届きます。そのメール内の［アカウントを有効化］リンクをクリックして、WordPress.comのアカウントを有効化しておきましょう。WordPress.comのアカウントはWordPress.comの仕組みを利用したプラグインでこのあとも必要になるので、取得したAPIキーとともにしっかり管理しておいてください。

プラグイン一覧画面でAkismet・Hello Dolly・WP Multibyte Patchを有効化したところ。

以上で基本的な設定ができました。次のLesson04からWordPressによるウェブコンテンツ作成のための操作を実践して学んでいきましょう。

Lesson 03 練習問題

 管理画面とウェブサイトの表側を行ったりきたりするのに
もっとも手軽なリンクを探してみましょう。

 ❶管理画面上部にツールバーがあることを確認し、ログインしていることを確かめます。
❷ツールバー上のサイト名にマウスオーバーするとドロップダウンメニューが表示されます。
❸ドロップダウンメニューの[サイトを表示]を押すと、管理画面を出てサイトのトップページに移動します。

❹つづいてツールバー上のサイト名にマウスオーバーし[ダッシュボード]を押しましょう。
❺再び管理画面（ダッシュボード）に戻りました。

 ほかの形式のパーマリンク設定にも挑戦してみましょう。
https://easiest-wp.com/投稿者名/記事ID（数字）という形式にするには、
どのように設定すればよいでしょうか。調べて設定してみましょう。

❶管理メニュー[設定]→[パーマリンク設定]に移動します。
❷[カスタム構造]にチェックを入れます。
❸[カスタム構造]の入力部に
/%author%/%post_id%/
と入力しましょう。入力部の下にある[利用可能なタグ]コーナーに入力補助のためのボタンが並んでいます。[%author%][%post_id%]ボタンを順に押せば手軽に入力が完了します。

❹[変更を保存]ボタンを押して設定を保存します。
❺ツールバーのサイト名にロールオーバーし[サイトを表示]を押し、サイトの表側に移動します。
❻デフォルトの記事「Hello World!」のタイトルを押して記事画面に移動、パーマリンク設定が反映されていることを確かめましょう。
❼再度[パーマリンク設定]に戻ります。
❽[投稿名]にチェックをつけて、[設定を保存]ボタンを押し、設定を元に戻しましょう。

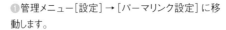

CHECK!

パーマリンクは[投稿名]に戻す

今後のレッスンではパーマリンク設定が[投稿名]である前提で進みますので、必ずパーマリンク設定を[投稿名]に戻してください。

コンテンツの
追加・編集と
ナビゲーションの設定

An easy-to-understand guide to WordPress

Lesson 04

このレッスンでは、実際にWordPressの管理画面を操作してウェブサイトのコンテンツを作成したり、ナビゲーションを設定する方法を学びます。画像のアップロードやタグ・カテゴリーの設定、指定した時間に記事を公開する予約投稿機能、メニューやウィジェットの設定など、ウェブサイトを運営するにあたって欠かせない機能を実際に扱いながら覚えていきましょう。

4-1 投稿と固定ページの作成・画像の挿入

設定が終わったら次はサイトのデザインを触りたくなるところですが、
ここからしばらくは初期設定のテーマのまま、
コンテンツ制作のための学習を進めましょう（テーマはこの先のレッスンで変更します）。
まずはWordPressの管理画面から新規投稿（記事）と固定ページを作成する方法を説明していきます。

はじめてのブログ記事をつくってみよう

sample-data ▶ Lesson 04

新しい投稿を作成して公開する

1 管理メニューの［投稿］を押すと、ブログ記事を管理する画面へ移動します❶。ここでは作成済みのブログ記事の編集や、新しい記事の作成などの操作がおこなえます。新しい記事を作成するには、［新規追加］ボタンを押します❷。

「Hello world！」はインストール直後からある見本の記事です。削除してもかまいません。

2 WordPressの記事作成画面が表示されます。「ここにタイトルを入力」と書かれたエリアに記事のタイトルとして「ルイ・アームストロング」と入力❶、その下の大きなテキスト入力エリアにブログ記事の本文をサンプルデータ「Lesson04.txt」からコピーして入力します❷。つづいて画面右上にある［公開］ボタンを押します❸。

3 サイドバーに「公開してもよいですか？」という項目が表示されますので、［公開］をクリックして公開しましょう。

CHECK！

公開前チェックとは

［公開する］ボタンを押すと表示されるメニューは［公開前チェック］という機能です。この機能は「非公開設定で公開するはずの記事を誤って公開してしまうこと」や「公開日を誤って設定してしまうこと」などを防ぐための最終確認として使うことができます。また、記事へのタグの追加など、よりよい記事にするための提案などもおこなわれます。設定を修正したい場合は、［公開状態］［公開］［提案］それぞれの右側にある下向きの矢印アイコンをクリックすると、設定画面が表示されます。そこで設定を変更した状態で［公開］をクリックすると、変更された設定で記事が公開されます。もしこの機能が不要の場合は、下にある［公開前チェックを常に表示する］のチェックを外すことでスキップできます。

公開した記事を確認しよう

1　記事の公開が成功すると、サイドバーに「ルイ・アームストロングを公開しました。」というメッセージが表示されます。公開した記事を確認するには、その下にある[投稿を表示]ボタンを押します。

2　これでWordPressを使ってはじめてのブログ記事を作成することができました。このようにWordPressでは、非常に直感的かつ簡単にブログ記事を公開することができます。

3　ツールバーの[投稿の編集]を押すと、この記事の内容を修正することができます❶。[新規]を押して続けて新規投稿を作成することもできます。ツールバー上のサイトのタイトルを押して、管理画面(ダッシュボード)に戻ります❷。

4　管理メニューの[投稿]を押して投稿画面に戻ります。いま作成した記事が一覧に追加されていることが確認できます。

投稿のURL(スラッグ)を変更しよう

公開された記事のURLには「ルイ・アームストロング」のような記事タイトルの文字列が含まれています。このようなそれぞれの記事を識別するための文字列を「スラッグ」と呼びます。これは投稿だけでなく、固定ページ・カテゴリ・タグなどにも使用される用語ですので、ぜひ覚えておきましょう。

このスラッグは下書き状態、または公開後であっても変更することができます。先ほど公開した「ルイ・アームストロング」の記事編集画面をもう一度開いてみましょう。画面右の設定パネル内[パーマリンク]から、編集中の記事のスラッグを変更することができます。ここでは、「louis-armstrong」と入力しましょう。入力した後に、上部にある青色の[更新]ボタンをクリックすると、記事のURLが変更されます。

CHECK!

スラッグには何を入れるべき?

スラッグはパーマリンクの一部として利用されたり、テーマ開発の際、プログラム上で記事やカテゴリー・タグなどを指定する場合の識別名として使用されます。スラッグは日本語などの2バイト文字も指定できますが、URLやプログラム中で使用されることを考えると英数文字(1バイト文字)で指定したほうが無難でしょう。記事のタイトルやカテゴリ名を英語に置き換えて設定することが一般的です。

公開前にスラッグを変更するには

新しく記事を作成するときにはスラッグは変更できません。公開前に編集するには、記事のタイトルを入力した後に、[公開する]ボタンの左側に表示される[下書きとして保存]を一度クリックしましょう。一度保存しておくことで、カスタマイズすることができるようになります。

投稿に画像を挿入しよう

画像のアップロード方法

1 ひきつづき記事「ルイ・アームストロング」を編集します。記事一覧画面から［ルイ・アームストロング］を押して編集画面に入り、本文の第一段落の下にカーソルを合わせましょう。［＋］のアイコンと［ブロックの追加］というツールチップが表示されますので、これを押します。

2 ［ブロックの追加］をクリックすると、さまざまな記事要素（ブロック）が表示されます。ここでは画像を追加したいので、上部にある検索フォームに［画像］と入力しましょう❶。いくつかの候補が表示されますので、［画像］と書かれたブロックを押します❷。

3 第一段落の下に画像ブロックが追加されました。この画像ブロックエリアに、サンプル画像「Louis_Armstrong.jpg」をドラッグ＆ドロップしてみましょう。

4 画像が記事の中に挿入されました。つづいて画像ブロック上にある、上矢印アイコンを押し、画像ブロックを上に移動します。

画像にキャプションを追加しよう

アップロードした画像に説明文（キャプション）を設定することができます。エディタに表示されている画像をクリックしてみましょう。画像のブロック下部に［キャプションを入力］という項目が表示されます。ここに「ルイ・アームストロング」と入力しましょう。

画像にリンクを追加しよう

アップロードした画像にリンクを設定することができます。エディタに表示されている画像をクリックしてみましょう。画像のブロック上部にメニューが現れます。⌐⌐を押してリンク設定画面を開きましょう。

URLの入力欄が表示されますので、試しに「https://gihyo.jp」と入力しましょう。

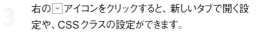

右の⌄アイコンをクリックすると、新しいタブで開く設定や、CSSクラスの設定ができます。

画像サイズの設定とAltテキストを追加しよう

画像ブロックをクリックした状態で、右側の設定パネルを[ブロック]に変更しましょう。画像のAltテキストと画像サイズを設定できます。[Altテキスト]に「トランペットを吹くルイ・アームストロングの写真」と入力してみましょう❶。[画像サイズ]と[画像の寸法]のそれぞれから画像のサイズを変更できます。ここでは[中]を選択しましょう❷。

画像の配置を変更しよう

記事の中で画像を左寄せ・右寄せのような配置を設定できます。画像ブロックをクリックして表示されるメニューから、▤をクリックしましょう。ここでは[右揃え]を選択してください。画像の配置を変更すると、それに合わせて記事の表示が切り替わります。

COLUMN

レスポンシブな画像を表示する

簡単に画像のアップロードと記事への追加ができるWordPressですが、実は画像サイズの最適化も自動でおこなってくれます。これはバージョン4.4から実装された[レスポンシブイメージ]という機能で、ブラウザに合わせて表示する画像サイズを最適化してくれます。このレスポンシブイメージはHTML5でサポートが開始された仕様です。利用するにはブラウザ幅別に取得する画像を用意したり、<img>タグ内で使用する画像サイズを指定する必要があるなど少し手間のかかる仕様でしたが、WordPressがこのリサイズとタグ作成を自動で実行してくれるため、幅広いデバイスで最適化された画像を表示させることが可能です。

アップロードした画像を管理する

アップロードした画像は、管理メニューの
[メディア] → [ライブラリ] から見ること
ができます。画像サイズの変更や削除
だけでなく、こちらからの画像アップロー
ドも可能です。

固定ページを作成する

固定ページと投稿の違い

WordPressには投稿だけでなく「固定ページ」という機能も存在します。投稿は新しい記事から順に表示していくブログやニュースに近いコンテンツの作成に便利ですが、Aboutページや会社概要・お問い合わせといった時系列に関係なく表示したいコンテンツについてはこの固定ページのほうが得意です。

また固定ページではページの親子関係を設定することもできます。そのため「会社概要 → 代表あいさつ」のように階層をつけて表示したいページをつくるときに便利です。固定ページは投稿と異なり、カテゴリーやタグを設定

することができません。その代わりに親となる固定ページを指定することができるようになっています。またパーマリンク設定（55ページ参照）に関わらず、固定ページのURLは「https:// (サイトアドレス) / (投稿名)」という形式になります。

Aboutページをつくってみよう

それでは実際に固定ページでAboutページを作成してみましょう。固定ページは管理メニューの [固定ページ] → [新規追加] から作成することができます。

1 固定ページの編集画面で、タイトルに「このサイトについて」❶、パーマリンクの入力欄（URLスラッグ）には「about」❷、本文にはサンプルテキストをコピーし入力してください❸。[公開する]ボタンを押すと❹、固定ページが公開されます。

2 [次の操作]の[固定ページを表示]を押してページを確認してください。

確認したらツールバーのサイトのタイトルを押して管理画面に戻ります。

3 固定ページは投稿の記事一覧ではなく、固定ページ一覧（管理メニュー[固定ページ]）に表示されます。

「サンプルページ」はインストール直後からある見本の固定ページです。削除してもかまいません。

4-2 カテゴリー・タグ・アイキャッチ画像の設定

投稿記事に入力できるのはタイトルや本文だけではありません。
ここでは記事を分類するためのカテゴリー・タグや、
記事を彩るアイキャッチ画像などの設定方法を学習します。

カテゴリーの設定

記事の数が増えてくると、記事の内容ごとにカテゴリー分けする必要が出てきます。WordPressでは、おもにカテゴリーとタグの2種類を利用して記事の分類をおこなえます。カテゴリーは1記事につき必ず1つ選択する必要が

あり、設定せずに公開した場合は「未分類」というカテゴリーが自動で設定されます（なおデフォルトのカテゴリーは[投稿設定]から変更することもできます）。

カテゴリーを作成する

カテゴリーの作成は[投稿]→[カテゴリー]からおこなえます。カテゴリー名とカテゴリーのスラッグを設定して、[新規カテゴリーを追加]を押すだけです。ここでは仮にカテゴリー名を「音楽」❶、スラッグを「music」❷としてみましょう。[説明]は空のままで差し支えありません。[新規カテゴリーを追加]ボタンを押して確定します❸。

カテゴリーの親子関係 〔CHECK!〕

カテゴリーは親子関係を持つことができます。もうひとつ新しいカテゴリー「ジャズ（スラッグは「jazz」）」を作成しましょう。その際「親」のプルダウンメニューから「音楽」カテゴリーを指定すれば、「音楽」の子カテゴリーとしての「ジャズ」カテゴリーが作成されます。

記事にカテゴリーを設定する

記事へのカテゴリーの設定は、投稿の編集ページからおこないます。先ほどつくった投稿「ルイ・アームストロング」の投稿の編集ページのサイドバーを見ると[カテゴリー]というボックスがありますので、そこからに「ジャズ」にチェックをつけ❶「未分類」からはチェックをはずします❷。記事の[更新]を押せば「ジャズ」カテゴリーが設定されます。

069

タグの設定

タグはカテゴリーとは異なり、親子関係の設定や記事 URL に含めることなどができません。また、後述のウィジェット機能で「タグクラウド」（多くの記事についたタグ名が数多く並ぶ、タグから記事を探すためのインターフェイス）を表示させることができます。タグは記事を探してもらうためのキーワードとして、記事の内容に即したキーワードを 2～3 個設定するという利用法が一般的です。

記事にタグを設定する

タグの作成は、投稿の編集ページから直接作成・設定できます。編集画面右下に［タグ］というボックスがありますので、そこに設定したいタグを入力して Enter を押しましょう。ここでは記事内容に沿って「トランペット」「シンガー」と 2 つタグを設定してみてください。これまでと同じく記事を［更新］して設定完了です。

アイキャッチ画像の設定

ブログの記事一覧に、その記事を代表する画像がタイトルなどと合わせて表示されるパターンのデザインを数多く見かけます。こうした画像を WordPress では「アイキャッチ画像」と呼びます。投稿の編集画面から記事にアイキャッチ画像を追加してみましょう。

記事にアイキャッチ画像を設定する

1 たんに本文に画像を追加しただけではアイキャッチ画像は表示されません。投稿の編集画面サイドバーの［アイキャッチ画像］ボックスから設定することができます。［アイキャッチ画像を設定］を押すと、画像の選択とアップロードができる画面が開きます。

2 ［メディアライブラリ］から先ほどアップロードしたルイ・アームストロングの画像を選択し❶、［アイキャッチ画像を設定］を押すと設定完了です❷。投稿の編集画面の［アイキャッチ画像］ボックスには設定した画像が表示されます。

3 記事を［更新］して表示すると、アイキャッチ画像が設定されています。なお、アイキャッチ画像の表示位置はテーマによって異なります。

4-3 ブロックエディターを使いこなそう

WordPressにはバージョン5.0.0からGutenberg（グーテンベルグ）とよばれる
新しいブロックエディターが導入されました。
この「ブロックエディター」の基本的な使い方について学習しましょう。

ブロックエディターとは

WordPress5.0.0より前のバージョンでは、1つの
テキストエリアにコンテンツを入力するスタイルでした。
しかしWordPress5.0.0からは、画像や段落を1
つのブロックとして扱い、そのブロックを組み合わせ
たり並び替えたりしてコンテンツを作成するスタイルに切り替わりました。これによって、
サイトでの表示に近い形で直感的にコンテンツを作成できるようになっています。

WordPress5.0.0より前のバージョン
のエディタ。

ブロックの追加方法

新しく記事を作成したとき、初期設定では段落ブロックが1つ表示された状態です。

1 ［文章を入力、または / でブロックを選択］と表示された部分をクリックすると、［段落ブロック］として文章を入力することができます。この状態で Enter キーを押すと、下に新しく［段落ブロック］が追加されます。

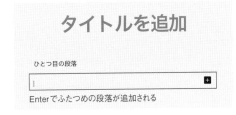

2 ブロックとブロックの間にある［＋］のアイコンをクリックすることで、ブロックの間に新しくブロックを追加することもできます。

［段落ブロック］以外の追加方法

Enter キーで追加したブロックはすべて［段落ブロック］として追加されます。段落以外のブロックを追加したい場合は、追加したい位置にある［＋］のアイコンをクリックしましょう。すると追加できるブロックの候補が表示されます。
また、文章が入力されていない［段落ブロック］をクリックして、「/」（スラッシュ）を1文字目に入力すると、よく使われるブロックの候補が表示されます。ここで表示されたブロックをクリックすることで、その段落ブロックを指定した

ブロックに変更できます。「/画像」のようにブロック名をスラッシュの後ろに追加することで、任意のブロックを追加することもできます。この場合、上下のキーで候補からブロックを選択して、[Enter]キーで選択したブロックに変更するという操作ができます。

ブロックの削除方法

削除したいブロック選択した状態で[Delete]キーを入力することで削除できます。また、ブロック上部に表示されるメニューの[詳細設定]アイコン⦙をクリックすると❶、[ブロックを削除]という項目がありますので、これをクリックすることでも削除できます❷。

段落・見出しブロックを使いこなそう

ブロックエディターでは、書きたいコンテンツにあわせてさまざまなブロックを利用します。
ここでは、コンテンツ作成に欠かせない[段落][見出し]ブロックについて学んでいきましょう。

「段落」ブロックの基本動作

最も使用することの多いブロックが「段落」ブロックです。基本的な動作としては、「入力した文章を表示する」ことと、「[Enter]キーを押すと、下に新しい段落ブロックを追加する」ことです。
ここからは、右図のような改行や画像・リンクを追加する方法について紹介します。

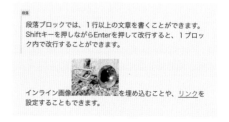

「段落」ブロックでの改行

段落ブロックでは、「ブロック内の改行」と「新しいブロックで段落を分ける」の2種類ができます。段落ブロックを1つ追加して、「こんにちは。WordPress」と短い文章を入れてみましょう。その後、[Enter]キーを入力すると、下に新しいブロックが追加されます。これが「段落を分ける」操作です。追加されたブロックのほうで、「こんばんは」と入力したあと、[Shift]キーを押しながら[Enter]キーを押してみましょう。すると、ブロックの中で改行が追加されます。長い文章を書く場合、段落を分けるときと、改行を入れたいときでこの2つの操作を使い分けましょう。

「段落」ブロックにインライン画像を追加する

文章の中に画像を挿入することができます。投稿「ルイ・アームストロング」の編集画面を開きましょう。先ほど入力した「こんにちは。WordPress」というテキストのあるブロックを選択しましょう。「こんにちは。」と「WordPress」の間をクリックしてカーソルを置きます。その状態で、ブロック上部のツールバーで鎖アイコンの右側にある☑をクリックしましょう❶。ここで[インライン画像]を選択❷することで、文中に画像を追加することができます❸。

「段落」ブロックで文中のテキストにリンクを追加する

文章の中で一部のテキストにリンクを設定することができます。

1　投稿「ルイ・アームストロング」の編集画面を開きましょう。「クリエイティブ・コモンズ・表示・継承ライセンス3.0（http://creativecommons.org/licenses/by-sa/3.0/）」というテキストから、URL部分「http://creativecommons.org/licenses/by-sa/3.0/」をコピーします。

2　「クリエイティブ・コモンズ・表示・継承ライセンス3.0」のテキスト部分を選択し❶、ブロック上部にあるツールバーから鎖のアイコンをクリックします❷。URLを入力するフィールドが表示されますので、コピーしたURLを貼りつけます❸。さらに［新しいタブで開く］をオンにして❹、Enterボタンを押しましょう❺。

小見出しを作成する「見出し」ブロック

文章中の小見出しは「見出し」ブロックを使用します。新しく見出しブロックを追加する場合は、「/見出し」と入力することなどでブロックを選択できます。

1　投稿「ルイ・アームストロング」の編集画面を開くと、「来歴」というテキストが入力されたブロックがあります。このブロックを選択し、ブロック上部に表示されるツールバー左端の¶をクリックしましょう❶。するとこのブロックで利用できるブロックの候補が表示されますので、［見出し］を選択してください❷。

2　［見出し］ブロックに変換すると、「来歴」の文字が大きくなります。これで入力したテキストを見出しに変更することができました。

CHECK!

Markdown記法で簡単に
見出しブロックをつくる方法

WordPressのブロックエディターでは、Markdownという記法が使うことができます。「#」と段落ブロックに入力してEnterキーを押すと、そのブロックを見出しブロックに変更できます。この場合、［見出し1（H1）］なら「#」を、［見出し2（H2）］なら「##」と見出しの数字に応じた数の「#」を入力します。

見出しのサイズを変更する

文章の小見出しは通常いくつかの階層にネストしてつけられます。先ほど見出しを設定した「来歴」の下に「生い立ち」というテキストの入力されたブロックがあります。これは、「来歴という見出しの記事の、生い立ちについての文章」の見出しですので、「来歴」の小見出しになるように設定する必要があります。まずは先ほどと同じ手順で「生い立ち」を見出しブロックに変更しましょう。

見出しブロックは初期設定では［見出し2］というレベルが設定されています。今回は［見出し2］が設定された「来歴」の小見出しですので、［見出し3］を設定します。ブロックを選択した状態で上部に表示されるツールバーに［H2］と表示された項目があります。これをクリックすると❶、見出しレベルを変更することができますので、［H3］を選択しましょう❷。

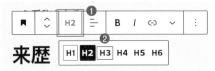

CHECK!

見出しのサイズについて

見出しブロックが初期設定で［見出し2］なのには理由があります。それは［見出し1］は記事タイトルが使用しているからです。［見出し1］がその記事のタイトルを表しますので、本文では基本的に［見出し2］から［見出し6］を使うようにしましょう。

「見出し」ブロックでアンカーリンクを設定する

記事の見出しにリンクを設定する［HTMLアンカー］を見出しに設定することができます。先ほど見出しブロックに変更した「来歴」ブロックをクリックしましょう。右側のメニューバーの［高度な設定］をクリックすると、［HTMLアンカー］という項目があります。ここに「history」と入力します。これでこの見出し要素には「history」というIDが設定され、アンカーリンクのジャンプ先とすることができます。

そのほかにも便利なブロックがたくさん

このほかにも、［表］ブロックや［リスト］ブロックで表やリストを作成したり、［メディアと文章］ブロックでリッチな画像つきテキストを挿入することなど、さまざまな機能が用意されています。また、YouTubeやTwitter、WordPressで書かれた記事であれば、URLを入力するだけで埋め込みができます。さまざまなブロックを組み合わせることで、コードを書かなくてもリッチなコンテンツをつくることができますので、ぜひいろいろな組み合わせを試してみてください。

よく使うブロックを再利用ブロックに保存しよう

複数の記事を作成していると、同じ内容のブロックや同じ組み合わせの複数のブロックが出てくることがあります。
その場合に使えるのが、「再利用ブロック」という機能です。
ここでは、企業サイトで資料をダウンロードするコンテンツブロックを複数の記事で再利用できるようにつくってみましょう。

資料ダウンロードのブロックを作成する

まずはブロックを組み合わせて資料ダウンロードのコンテンツをつくりましょう。

1 新しく投稿を作成して、タイトルは「資料請求ブロック作成」と
つけておきましょう。

2 資料請求［見出し］ブロックと［ボタン］ブロックを追加しましょう。
見出しのレベルは初期設定の［見出し2］のままで、「詳しい資
料はこちらから」というテキストを入力します❶。続いて［ボタン］
ブロックでは、ボタンの色がついている部分に「資料ダウン
ロード」というテキストを入力し❷、その下にある［リンク］には
トップページを表す「/」を入力しましょう❸。

2つのブロックを選択し、［再利用ブロック］を作成する

作成した2つのブロックを、ほかの記事でも再利用できるように［再利用ブロック］化します。

1 2つのブロックをドラッグするか、Shift キー
を押しながら1ブロックずつクリックして選択
しましょう。

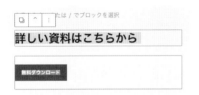

2 ブロック上部に表示される
ツールバーから ⋮ アイコン
をクリックすると、［再利用
ブロックに追加］という項
目が表示されます。これを
クリックすると、選択した2
ブロックが再利用ブロック
として登録されます。

3 再利用ブロックに登録すると、ブロックの
名前を入力するフォームが表示されます。
あとから追加する際にわかりやすくするため、
ここでは「資料請求」と入力して❶［保存］
をクリックしましょう❷。

これで再利用ブロックを作成することができました。［公開する］を押して、投稿を保存してください。

再利用ブロックを新しい記事に追加する

追加した再利用ブロックをさっそく新しい記事に追加してみます。

1 新しく投稿を作成し、「/資料」と入力してみ
ましょう。［資料請求］というブロック候補が
表示されます。

2 選択すると、先ほど作成したブロックがそのまま表示されます。
確認できたらこの投稿に任意の名前をつけて保存するか、移
動して破棄して
ください。

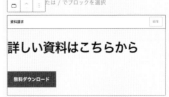

再利用ブロックを管理する　　作成した再利用ブロックを編集することもできます。

1 公開ボタンの右にある ⋮ アイコンをクリックすると、[すべての再利用ブロックを管理]が表示されますので、クリックしましょう。

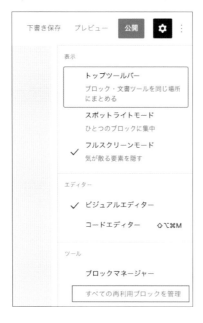

2 作成済みの再利用ブロックが一覧で表示されます。ここから先ほど作成した、[資料請求]ブロックをクリックします。

3 タイトルに再利用ブロックの名前「資料請求」が、本文部分に再利用ブロックとして指定したブロックが表示されています。ここで見出しの「詳しい資料はこちらから」を「詳しい資料はこちらへ」に変更し❶、[更新]ボタンを押して保存しましょう❷。

4 投稿「資料請求ブロック作成」を開き、再利用ブロック「資料請求」の見出しが変わっていることを確認してください。
再利用ブロックを変更すると、そのブロックが使用されている部分がすべて変更されます。
複数の記事で同じ内容のコンテンツを入力する場合には、再利用ブロックを活用しましょう。

エディタで表示するブロックを制御する

あまり使用しないブロックを非表示にすることができます。

1 公開ボタンの右にある ⋮ アイコンをクリックすると、[ブロックマネージャー]が表示されますので、クリックしましょう。

2 表示するブロックをチェックボックスでオン・オフ切り替えることができます。

4-4 投稿の編集画面の便利な機能

投稿の編集画面について、前節で説明しきれなかったいくつかの機能を紹介します。
予約投稿の方法・記事閲覧のパスワード制限を学習しましょう。

指定した時刻に記事を公開する

情報解禁日が決まっているお知らせやニュース記事を投稿したい場合、「この時間になったら公開する」という公開予約ができると非常に便利です。もちろんWordPressでも時間を指定した記事公開が可能です。

「ルイ・アームストロング」の投稿の編集画面を開き、右サイドバーの[ステータスと公開状態]というボックスの中にある[公開]の右側に表示された公開日時（新規記事の場合は[今すぐ]というテキスト）のリンクを押しましょう❶。

[公開]の下に年月日と時間を入力するカレンダーつきのパネルが表示されます。この値を編集することで、任意の日時に作成した記事を公開することができます。試しに現在時刻から2分後の時刻を入力してください❷。画面右上の[更新]ボタンが[予約投稿]ボタンに変わります。このボタンを押せば、指定した日時にWordPressが自動で記事を公開してくれます。

しばらくあとに記事が公開されたことを確認してください。今回は公開済みの記事を更新しましたが、実際は新規作成の際に公開前にあらかじめ指定しましょう。

CHECK!

予約投稿の公開タイミング

予約投稿はWP Cronという仕組みを使用して公開されます。この機能は、ウェブサイトにアクセスがあったときに実行され、その時点より昔の公開日が設定された未公開記事が公開されるという仕組みです。そのため、アクセスがあまり多くないウェブサイトではこの仕組みが動かず、指定時間に公開されていないというケースもありますので注意してください。

記事にパスワードを設定する

WordPressで作成した記事には、パスワードを設定することができます。
簡単に「特定の人にだけ見せたい」記事にすることができます。

1 投稿や固定ページの編集の画面右側に表示されている[ステータスと公開状態]から、[公開状態]の右にある[公開]リンクを押すと、[公開][パスワード保護][非公開]の3種類から選択する画面が表示されます。[パスワード保護]を選択すると、パスワード入力画面が表示されますので、任意のパスワードを設定して[OK]を押します。

2 パスワード保護されたページにアクセスすると、[保護中]として記事タイトルとパスワード入力欄が表示されます。記事タイトルは公開されますので、見せたくない内容を含めないようにしましょう。

以上、記事・ページの追加と編集について学習しました。つづいてはそれらをつなげるナビゲーションの設定に移りましょう！

4-5　メニューを設定してみよう

WordPressには「メニュー」と「ウィジェット」という
2種類のナビゲーションに関わる機能が備わっています。
メニュー・ウィジェットともに表示位置はテーマによって異なります。
まずメニューの設定に挑戦してみましょう。

メニューをつくってみよう

ここでは現在有効にしているテーマ「Twenty Twenty」のグローバルナビゲーションを設定してみます。メニューの設定画面には、管理メニュー [外観] → [メニュー] を押すことで移動できます。

[メニュー] 画面

ライブプレビューを使用する

[メニュー] 画面でもメニューを作成・編集することができますが、ここではリアルタイムで変更をプレビューできる「ライブプレビュー」機能を使用します。[メニュー] 画面上部にある [ライブプレビューで管理] というボタンを押します。

[メニュー] のライブプレビュー画面

メニューとウィジェットの管理画面は2種類ある

メニュー・ウィジェットともに、管理メニューからそれぞれの設定画面に移動し、設定することができますが、これらとは別に [外観] → [カスタマイズ] (または [ライブプレビューで管理] ボタン) から利用できる「テーマカスタマイザー」からも設定することができるようになっています。どちらでもできることに大きな差はありませんが、テーマカスタマイザーの強みは、操作が即座にプレビューに反映されるライブプレビュー機能が備わっていることです。本書ではこのテーマカスタマイザーを用いてレッスンを進めていきます。

新しいメニューを作成する

1　まずは新しくメニューを作成しましょう。左側にある［メニューを新規作成］というボタンを押します。

2　作成するメニューの名前を入力するフォームが表示されますので、「はじめてのメニュー」と入力しましょう❶。［メニューの位置］からメニューを表示させる場所を選べますので、［デスクトップ水平メニュー］と［モバイルメニュー］の2つを選択し❷、［次］ボタンを押します❸。

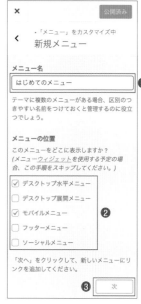

3　メニューに表示させる項目を選ぶ画面に移動します。［＋項目を追加］ボタンを押すと❶、メニューに追加できる候補が表示されます。追加したい項目を押すか［＋追加］ボタンを押すことで、メニューに表示する内容を追加できます❷。追加した項目の右側にある［×］ボタンを押すと、その項目をメニューから除外できます。ここでは固定ページの「ホーム」「このサイトについて」の2つと、投稿の「ルイ・アームストロング」、カテゴリーの「音楽」をメニューに追加してみましょう❸。

4　［公開］ボタンをクリックすると、作成したメニューがサイト上部に表示されます。

メニューの表示位置を設定する

作成済みメニューの表示位置を変更する場合は、ライブプレビュー（カスタマイザー）トップの［メニュー］から［すべての位置を表示］という項目を選択することで、設定画面へ移動できます。試しに［デスクトップ水平メニュー］のドロップダウンメニューに［- 選択 -］を、［デスクトップ展開メニュー］に［はじめてのメニュー］を設定してみると❶、メニューの表示形式が変わったことが確認できます❷。確認できたら再びメニュー位置を元に戻しましょう。

メニューの表示順序や親子関係を設定する

1 メニューは入れ替えたい項目をドラッグ＆ドロップすることで、並び替えができます。また、選択した項目を、親にしたい項目の右下にドラッグ＆ドロップすると、親子関係が設定されます。ここで[＋項目を追加]ボタンから、メニューにカテゴリーの「ジャズ」を追加して❶、それを「音楽」の右下にドラッグして子メニューにしてみましょう❷。

2 メニューの親子関係を設定すると多くのテーマではマウスオーバーで子メニューが表示されるようになります。

親子関係の設定されたメニューの表示方法は使用しているテーマの仕様によって異なります。

固定ページをメニューに自動で追加する

投稿と違って半恒久的な情報を扱う固定ページは、サイト内でアクセスしやすいようにメニューに追加することが多いでしょう。そこでメニュー機能には[このメニューに新しいトップレベルページを自動的に追加]という機能が備わっています（[メニュー設定]という見出しの下）。これにチェックすると、新しく公開された固定ページを自動でメニューに追加してくれるようになります。
この機能で自動追加される固定ページは、[固定ページの属性]で「親」が設定されていないページのみとなります。そのため、この機能をオンにしても「親」を設定しているページ（いわゆる子ページ）については手作業で追加する必要があります。

4-6 ウィジェットを使ってみよう

つづいてウィジェット機能を利用してみましょう。
使いこなせるようになるとウェブサイトの制作・管理がとても便利になります。

ウィジェットとは

ウィジェットは［最近の投稿一覧］や［カテゴリー一覧］といったさまざまな機能をもったユニット（これら自体をウィジェットと呼びます）を自由に配置したり、並べ替えができる機能です。ウィジェットを配置できる箇所はテーマによって異なりますが、サイドバーやフッターに設定されることが多くなっています。また配置できるウィジェットはプラグインを用いて増やすことが可能です。またPHPに詳しくなると、テーマファイルに所定の記述をすることによって自作することもできます。

ウィジェットの管理画面を開く

管理メニュー［外観］→［ウィジェット］を押すとウィジェットの管理画面に移動できます。この画面では、左側に［利用できるウィジェット］の一覧が並んでいます。右側にはそのテーマでウィジェットを表示できる［エリア］が並んでいます。右側の各エリアに対して左側のウィジェットを追加することで、そのエリアにウィジェットを表示させることができます。逆に右側のエリアからウィジェットを削除することでウィジェットを非表示にできます。

［ウィジェット］画面
Twenty Twentyの初期設定では2列の［フッター］エリアに［検索］［最近の投稿］［最近のコメント］［アーカイブ］［カテゴリー］［メタ情報］の6つのウィジェットが配置されています。

ウィジェットを追加してみよう

［利用できるウィジェット］から利用したいウィジェットを選んで押します❶。すると表示するエリアを選択するメニューが現れますので❷、選択して［ウィジェットを追加］ボタンを押すと❸、そのエリアにウィジェットが追加されます。あるいは左側のウィジェットを右側のエリアに直接ドラッグ&ドロップすることでも追加が可能です。エリア内のウイジェットの並び順はドラッグで変更することができます❹。

［アーカイブ］ウィジェットを［フッター1］エリアに追加する場合の操作の例です。

COLUMN

ウィジェットはどこに表示されるのか？

ウィジェットの表示エリアの数と表示される場所は、使用しているテーマに依存します。そのためテーマを変更すると、いままで使っていたウィジェットがサイトに表示されなくなることや、予期せぬ位置に表示されるようになったという問題が発生する場合があります。

気軽にデザインや機能を変更できることは、WordPressの大きなメリットです。しかし気軽に変更できるからこそ起きるトラブルというものもあります。そのためとくにデザイン（テーマ）の変更や、使用しているプラグインの停止といった大きな変更をおこなう際には、必ずバックアップの作成や開発環境を用意して「失敗しても、業務が停止しないようにする」ようにしましょう。

ライブプレビューからウィジェットを追加する

メニューと同様に、ウィジェットについてもライブプレビューを使用して編集することができます。

［ウィジェット］画面上部にある［ライブプレビューで管理］ボタンを押します。

Twenty Twentyでは、ページ下部のフッターに2箇所ウィジェットエリアがあります。

ここではフッターに［カレンダー］ウィジェットを追加してみましょう。

1　ウィジェットを表示するエリアを選択します。左側のメニューから［フッター1］を押します。

2　［フッター1］に追加済みのウィジェットの一覧が表示されます。下にある［ウィジェットを追加］ボタンを押すと❶、利用できるウィジェットの候補が表示されますので、［カレンダー］を選択します❷。

これによってウィジェット一覧の最後に［カレンダー］が追加されます。

3　プレビュー画面を下にスクロールして確認すると、フッター左列にカレンダーが表示されていることがわかります。

フッター左列にカレンダーウィジェットが追加されました。

ウィジェットを編集・削除する

タイトルを追加する

先ほど追加した［カレンダー］ウィジェットを押すと、［タイトル］という項目が表示されます❶。ここにテキストを入力することで（例では『記事が書かれた日のカレンダー』としています）、ウィジェットにタイトルをつけることができます❷。ウィジェットの種類によってはタイトル以外にさまざまな項目が設定できるものがあります。

ウィジェットを削除する

ウィジェットを削除する場合は、ウィジェットを選択して表示される［削除］リンクを押します。この操作ではウィジェットはエリアから削除されるだけであり、そのものが消えるわけではありません。再び追加することができます。

ウィジェットの表示順序を変更する

各ウィジェットのカードをドラッグ＆ドロップすることで、表示順序を入れ替えることができます❶。また［ウィジェットを追加］ボタン左側にある［並び替え］リンクを押すと❷、操作アイコンが表示され、上下に移動させるだけでなく、ほかのウィジェットエリアへ移動させることができます。

設定したウィジェットを公開する

ウィジェットの編集が終わったら、必ず最後に左側メニューにある［保存して公開］ボタンを押しましょう。ライブプレビュー画面で表示されているものはあくまでプレビューですので、［保存して公開］ボタンを押さないまま編集画面を離れると、設定した変更が反映されませんので注意してください。

以上でフッターにカレンダーウィジェットが追加することができました。ウィジェットは気軽に追加・削除できますので、どのようなウィジェットがあるのか、ほかのウィジェットの表示もぜひ試してみてください。

サイトの表示でもフッターにカレンダーが表示されていることを確認しましょう。

Lesson 04　練習問題

 sample-data ▶ Lesson 04

Q

新しいブログ記事を作成してみましょう。
記事のサンプルを用意しましたので、テキストデータと写真ファイルを使って、
以下のような条件で作成してください。

1. 見出しを2種類以上設定する
2. 画像を1枚以上追加する
3. 画像にキャプションをつける
4. 外部ページへのリンクを設定する
5. アイキャッチ画像とカテゴリを設定する

チェット・ベイカー

👤 作成者: admin　📅 1月 5, 2020　💬 コメントはまだありません

チェット・ベイカー（Chet Baker、本名Chesney Henry Baker Jr.、1929年12月23日 – 1988年5月13日）は、ジャズミュージシャン。ウエストコースト・ジャズの代表的トランペット奏者であり、ヴォーカリストでもある。

トランペットのイメージ

A

1. ［投稿］→［新規追加］を押して、投稿の編集画面でタイトルと本文をサンプルテキスト「Lesson 04.txt」から入力します。見出しの設定は［見出し］ブロックを使用し、［見出し2］［見出し3］をそれぞれ設定します。
2. 本文中の写真を入れる位置にカーソルを置いて、［ブロックの追加］ボタンを押して画像ブロックを追加します。
3. 画像ブロックに画像ファイル「music-instrument-trumpet-metal-trombone.jpg」をアップロードします。

4. 挿入された画像の下部にある［キャプション］にキャプション用のテキストを入力します。
5. 本文中でリンクを設定する文字列を選択して、ツールパネルから鎖マークの［リンクの挿入／編集］ボタンを押してリンク先のURLを入力します。
6. ［アイキャッチ画像］にアップロードした画像を指定します。カテゴリは［ジャズ］にチェックして［未分類］のチェックを外します。
7. 画像と見出しのレイアウトが揃わない場合、［スペーサー］ブロックを間に追加して調整します。

Q

Twenty Twentyテーマを利用して、
図のようにフッターにウィジェットを設定してみましょう。

検索→

検索

カスタムメニュー

ホーム
このサイトについて
音楽
　ジャズ
ルイ・アームストロング

カレンダー

2020年1月

月	火	水	木	金	土	日
		1	2	3	4	5
6	7	8	9	10	11	12
13	14	15	16	17	18	19
20	21	22	23	24	25	26
27	28	29	30	31		

A

1. ウィジェットのライブプレビューから設定します。まず［フッター1］を押して編集画面に移動、［最近の投稿］［最近のコメント］の2つを削除します。
2. バックボタンで戻り、つづいて［フッター2］を押して［ナビゲーションメニュー］を追加、［タイトル］に「カスタムメニュー」と入力し、［メニューを選択］で

「はじめてのメニュー」を選択します。［アーカイブ］［カテゴリー］［メタ情報］の3つを削除します。
3. 最後に［公開］を押せば、フッターメニューの設定が完了します。

テーマと
プラグインによる
外観カスタマイズ

An easy-to-understand guide to WordPress

Lesson 05

WordPressには、「テーマ」「プラグイン」とよばれる外観
変更や機能拡張のための仕組みが用意されています。ここ
からはこのテーマとプラグインを使って、サイトのデザインと
機能を拡張することに挑戦してみましょう。

5-1 テーマとは？

WordPressの外観（見た目）を変更するときに最初に考えるべきは「テーマ」です。
テーマとはWordPressでつくられたウェブサイトの、
デザインやレイアウトなどを受け持つファイルをまとめたものです。

テーマでできること

WordPressを利用するメリットのひとつは、テーマが豊富に用意されていることです。好みのテーマを選び、インストールするだけで利用目的に応じてサイトを簡単にカスタマイズできます。テーマはWordPressの管理画面から変更することができ、あなたのウェブサイトの見た目をたった数クリックで切り替えることができます。また、これらのテーマはWordPressテーマディレクトリ（https://ja.wordpress.org/themes/）から簡単にインストールすることができます。テーマはWordPressで作成されたコンテンツやデータを

WordPressのテーマディレクトリ
https://ja.wordpress.org/themes/

取得し、ブラウザ上にHTMLとして表示させる役割を担います。テーマの持つ機能として、大きく以下の5つが挙げられます。

- **PHPを使用して、コンテンツやデータを取得する**
- **翻訳ファイルを読み込み、テーマ内に組み込まれたボタンや見出しを翻訳する**
- **HTMLを出力し、PHPで取得したデータをブラウザ上に表示する**
- **テーマに同梱されたJavaScript・CSS・画像ファイルを用いて、動きやデザインをつける**
- **カスタマイザーからアクセスできるさまざまな設定項目・機能を提供する**

これらの機能をまとめたファイルの集まりがテーマです。わたしたちはWordPressに同梱されているデフォルトテーマだけでなくWordPress.org上で配布されているものをダウンロードしたり、テーマ開発者が開発したテーマを購入して利用することができます。もちろん自分でテーマを作成して利用することもできます。

デフォルトテーマを知ろう

WordPressをインストールしてすぐの状態で表示されるデザインは、デフォルトテーマと呼ばれるテーマで設定されたものです。WordPress 5.5ではこれまでにさわってきた「Twenty Twenty」がデフォルトテーマとして設定されており、過去のバージョンでは「Twenty Nineteen」「Twenty Seventeen」といった「Twenty ～」という名前でそれぞれ用意されています。

デフォルトテーマのひとつTwenty Seventeen
https://wordpress.org/themes/twentyseventeen/

これらのデフォルトテーマにはそれぞれに特徴があり、Twenty Twentyはブロックエディター対応のランディングページ対応テーマ、Twinty Nineteenは写真ブログやスタートアップ向けテーマ、Twenty Seventeenは飲食店や小規模ウェブサイト向けテーマ、Twenty Sixteenはモバイルファーストに設計されたブログ向けテーマと、デフォルトテーマだけでもさまざまなウェブサイトがつくれるようになっています。

初期状態でさまざまな機能が利用できるようにつくられてありカスタマイズ性も高いものが多くありますので、テーマを探す前にこれらのデフォルトテーマを使いこなしてみるのも面白いでしょう。

テーマを使うメリット

WordPressテーマを利用することの最大のメリットは、デザイン・レイアウトをたった数クリックで変更できることです。デフォルトテーマやWordPress.org上で配布されているテーマは、サイトのレイアウトやデザインにフォーカスした内容となっているため、1カラムから3カラムレイアウトに変更することや、モバイルへの対応・通販サイト化といった一見大幅な作業が必要そうに思えるデザインリニューアルでも、たった数クリックで可能となります。もしあなたが誰かのためにサイトを制作するのであれば、簡単にデザインの確認ができたり、相手のニーズ・状況に合わせた柔軟なサイト運営ができるようになります。

COLUMN

「なんでもできるテーマ」って便利なの？

「WordPress テーマ」などで検索すると、「ウェブサイトに必要なすべての機能が入ったテーマです」のような謳い文句のテーマが数多く見られます。確かにそのテーマを入れるだけで必要な機能がすべて手に入るということはとても魅力的に見えます。しかし、テーマのなかにサイトを管理するための機能が含まれているということは、そのテーマ以外のテーマに切り替えると使えなくなる機能が多く生じるというデメリットにもつながります。そのためデフォルトテーマやWordPress.orgで紹介されているテーマでは、SEOやSNS連携・管理画面カスタマイズといったテーマを変更してからも必要となる機能があえて含まれていません。長期的な運用を考える必要があるウェブサイトでは、テーマに関わらず必要な機能についてはプラグインを利用するようにしましょう。

WordPress.orgで配布される「公式」テーマ・プラグイン

俗に「公式テーマ」「公式プラグイン」と称される、WordPress.orgで配布されているテーマ・プラグインは、世界中のWordPressコミュニティのレビュワーの厳しいチェックを経て公開されています。公式ディレクトリに掲載されるにはこれらのチェックを経ることはもちろんのこと、使用されている画像からCSS・スクリプトまですべての構成要素をGPLまたはGPLに互換するライセンスでライセンスすることといった条件が課せられます。利用者にとっては安心して使えるテーマ・プラグインであるといえるでしょう。

テーマ・プラグイン作者にとってはハードルが高いことですが公式ディレクトリに掲載されるメリットもまた大きいものです。世界中のWordPressの管理画面から直接ダウンロード・アップデートできるゆえに認知されやすいこと、サポートフォーラムで有志のユーザーによるサポート協力を得られることなど、世界中のWordPressコミュニティの支援を受けられることは、将来WordPressに関わる中で大きなアドバンテージになるでしょう。

WordPress日本語フォーラム内のテーマフォーラム
ここで情報を探したり質問ができるのも「公式」テーマの大きなメリットです。
https://ja.wordpress.org/support/forum/themes/

5-2 テーマカスタマイザーを使おう

現在有効化しているTwenty Twentyを使って
「テーマカスタマイザー」を用いたサイトのカスタマイズ機能について学びましょう。
このテーマカスタマイザーは多くのテーマで提供されている、もっとも手軽なカスタマイズの手段です。

テーマカスタマイザーとは

テーマカスタマイザーはLesson 04でメニュー・ウィジェットの設定に利用したインターフェイスです。Twenty Twentyに限らず多くのテーマで利用できるテーマ機能のひとつで、[外観]→[カスタマイズ]またはツールバー[カスタマイズ]からアクセスすることができます。メニューとウィジェットはもちろん、テーマに対してさまざまなカスタマイズや設定をおこなうことができます。カスタマイズできる項目は、基本的なものを除いてはテーマごとに異なります。

COLUMN

Twenty Twentyの特長

ブロックエディターの特性をいかしつつ大胆でインパクトあるランディングページを制作することを想定したデフォルトテーマです。比較的新しく実装された、ブロックのグループ化機能やカラムブロックを利用した柔軟なレイアウト機能、サイトカラーの指定によってサイト全体のさまざまなカラーが自動的に計算されたりといった便利な機能を備えています。

Twenty Twentyのデモサイト
http://2020.wordpress.net/

Twenty Twentyのカスタマイズ例

サイトカラーを変更する

Twenty Twentyの特色のひとつは、強力なカラーカスタマイズ機能です。設定した背景色に応じて読みやすいテキストカラーを自動的に計算してくれます。

まずはカスタマイザーにアクセスし、左メニューから[色]を押して設定画面に移動します。設定できる色はわずか3項目。「背景色」と「ヘッダーとフッターの背景色」そして「メインカラー」です。

試しに背景色をごく薄い青、ヘッダー色を濃い青色に変えてみましょう。テキストカラーはこれに追随して、自動的に読みやすい色に調整されることがわかると思います。またメインカラーを[カスタム]にして変更すると、リンクテキストの色などが変わります。これも鮮やかさや明るさは背景色に応じて自動的に調整されます。

色のカスタマイズ例

固定フロントページを設定する

初期設定ではトップページはブログ記事の一覧が表示されますが、このテーマでは事前に作成した固定ページをトップページとして表示することができます。

管理メニュー[外観]→[カスタマイズ]の画面から[固定

フロントページ]を選択します。［フロントページの表示］を
［最新の投稿］から［固定ページ］に変更します❶。なお、
固定ページをトップページに指定した場合、ブログ記事
一覧を表示するページを指定する必要があります。［投
稿ページ］という選択肢の下にある［新規固定ページを
追加］リンク❷から「ブログ」という名前で固定ページを
新規に追加して、選択しましょう❸。

固定フロントページに設定
［フロントページ］から「このサイトについて」を選択し、
［投稿ページ］には新規作成した「ブログ」を選択したところ。

ページヘッダーをカスタマイズする

Twenty Twentyは任意のページのヘッダーおよびタイトル表示部に、大胆にアイキャッチ画像を背景として表示させる
テンプレートを内蔵しています。この機能を使ってより印象的な記事ページのデザインが実現できます。

1 固定ページ「このサイトについて」をトップページに
設定した状態で、「このサイトについて」の編集画面
に入ります。画面右［アイキャッチ画像］ブロックから、
任意のアイキャッチ画像（例はLesson04でアップ
ロードしたトランペットの画像）を指定して、トップペー
ジのデザインを確認しましょう。

アイキャッチ画像を固定ページに設定

2 再び「このサイトについて」の編集画面に戻ります。
画面右［ページ属性］ボックスの［テンプレート］のセ
レクトボックスで［カバーテンプレート］を指定して、
ページを更新しましょう。トップページのデザインが大
きく変わっていることが確認できます。

テンプレートをカバーテンプレートに変更

3 このカバーテンプレートの色はテーマカスタマイザー
から調整することができます。ツールバー［カスタマイ
ズ］からテーマカスタマイザーに移動し、左メニュー［カ
バーテンプレート］を押して設定画面に入ります。
［オーバーレイ背景色］を深い紺色に設定してみましょ
う。［オーバーレイテキスト色］と「オーバーレイ不透
明度」も調整して、その効果を確認してみてください。

カバーテンプレートをカスタマイズ

設定を元に戻しておく　**CHECK!**

確認したら［フロントページの表示］を［最新の投稿］に戻
して［保存して公開］を押し、固定フロントページを解除し
ておきます。また変更した各
種テーマカラーに関しては、
色選択のUI横にある［デフォ
ルト］ボタンを押して元に戻し
ておいてください。

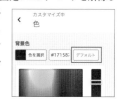

ページテンプレート

WordPressテーマの中には、投稿や固定ページごとに
任意のテンプレートを選択・指定できる機能を備えたもの
があります。「Twenty Twenty」では
● デフォルトテンプレート
● カバーテンプレート
● 全幅テンプレート
のいずれかのテンプレートを選択できるようになっています。

5-3 テーマを変更してみよう

インストール直後はWordPressのデフォルトテーマのみが入っていますが、
新しいテーマを自分で探してインストールすることができます。
新しいテーマは管理メニュー[外観] → [テーマ]から探します。

目的に合ったテーマを探そう

特徴フィルターを使って絞り込む

1　管理メニュー[外観] → [テーマ] に移動します。テーマの一覧につづく[新しいテーマを追加]というボックスか、上部の[新規追加]ボタンを押します。

2　WordPress.orgのテーマディレクトリにあるテーマは、この画面から簡単に利用することができます。[注目されているテーマ]や[人気のテーマ][最近追加されたテーマ]のタブからテーマを絞って探すこともできます。

3　[特徴フィルター]を押すことで、[レイアウト]や[機能][サイトの特徴]に応じたテーマの絞り込みができます。

4　実際にフィルターを適用した例です。このように自分の採用したいデザインに合ったテーマを簡単に探すことができます。

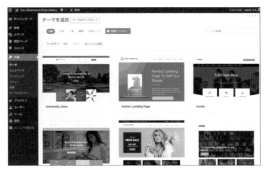

「Lightning」をインストールして有効化する

それでは実際に配布されているテーマを1つインストールしてみましょう。ここでは日本の開発者がリリースしているWordPressテーマ「Lightning」を例にして紹介します。

1 [テーマを追加する]画面右上にある検索フォームに「Lightning」と入力して検索します。複数の候補が表示されますが、「Lightning」と書かれたテーマを選択します。

2 マウスオーバーして[詳細&プレビュー]を押すとプレビュー画面が表示され、あらかじめ自分の期待するテーマかどうかを確認できます。[インストール]ボタンを押せばすぐインストールされます。

3 インストール直後に[有効化]ボタンを押すか、テーマの一覧画面に追加されたLightningにマウスオーバーして表示される[有効化]ボタンを押すと、現在有効化しているTwenty Twentyに代わって有効化されます。

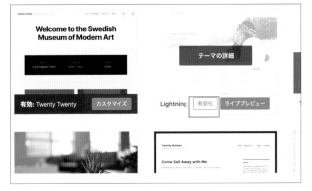

カスタマイザーからテーマを変更する

テーマは、[外観]→[カスタマイズ]からテーマカスタマイザーを使っても簡単にプレビューと切り換えができます。Lightningでは、トップページだけに表示することができるスライドショーが設定できるようになります。ほかにもウィジェットを多くの場所へ設定することができるため、よりサイト構築の自由度が高くなります。

「Lightning」を有効化したサイト。カスタマイズメニューが豊富です。

5-4 プラグインを導入しよう

プラグインを使うと標準のWordPressにはない、
さまざまなウェブサイトの機能を追加・設定することができます。
Lesson03で最初から入っているプラグインの有効化の方法を説明しましたが、
ここでは新たなプラグインのインストール方法を説明します。

プラグインを検索してインストールしてみよう

初期状態のWordPressサイトにインストールされているプラグインは多くありません（サーバのホスティング会社によって異なります）。サイトに欲しい機能を実現するためには、管理メニュー[プラグイン] → [新規追加]から、必要なプラグインを探してインストールします。この画面では「人気のプラグイン」や「おすすめのプラグイン」の一覧が表示され、キーワードやタグを使って検索することができます。

> **CHECK!**
>
> ■ 日本語化されていないことも
>
> プラグインは配布されている数が非常に多く、日本語化されていないものも少なくありませんので注意してください。

Site Kit by Googleのインストールと有効化

1 試しにLesson06で紹介するSite Kit by Googleをインストールして有効化してみましょう。画面右上にある[プラグインの検索]テキストボックスに「site kit google」と入力し検索します。

2 検索結果にSite Kit by Googleが表示されます。[今すぐインストール]ボタンを押すと、プラグインのインストールが始まります。

3 インストールが終わるとボタンが[有効化]に変わるので押します。

4 有効化が完了するとプラグイン一覧画面に移動します。Site Kit by Googleがインストール・有効化されていることが確認できます。

Site Kit by Googleの設定・使い方は**6-1**で学習します。
ここでは続いてLightningテーマとその推奨プラグインを使ってテーマをカスタマイズしてみましょう。

5-5 プラグインで テーマを拡張しよう

テーマでサイト全体のデザインを変え、プラグインで標準にない機能を新しく追加できます。
ここではテーマとその推奨プラグインを組み合わせれば、
さらに手軽にサイトをカスタマイズできるという例をLightningで紹介します。

「Lightning」をプラグインでカスタマイズする　📷 sample-data ▶ Lesson 05

Lightningテーマを有効化すると、ダッシュボードに「このテーマは次のプラグインを利用することを推奨しています」
というお知らせが表示されていることに気づきます。テーマによってはこのように
テーマに機能を追加するためのプラグインのインストールをすすめてくるものがあります。

推奨プラグインをインストールする

1 ダッシュボード上部の通知欄の［プラグインのインストールを開始］リンクを押します。つづく画面で、プラグインリストに「VK All in One Expansion Unit (Free)」というプラグインが表示されますので［インストール］を押してインストールします。インストールが済んだら有効化しましょう。

2 ［外観］→［ウィジェット］を見てみましょう❶。プラグインの有効化によって、サイトに設定できるウィジェットのバリエーションが大幅に増加しています❷。また、管理メニューから記事の終わりに「Call To Action」❸（略してCTA。ユーザーに取ってもらいたい行動を勧めるコンテンツやリンク）やソーシャルアイコンなどを追加できるようになっています。

トップページにお問い合わせ先を追加する

プラグインで追加されたウィジェットやテーマカスタマイザーを活用して、
トップページを手軽にカスタマイズしてみましょう。

1 下準備として、テーマカスタマイザーからレイアウトを変更します。テーマカスタマイザーの［Lightning レイアウト設定］に入り［カラム設定（PC閲覧時）］内、［トップページ］のセレクトボックスを［1カラム］に設定❶、［公開］ボタンを押して編集を確定します❷。

2 テーマカスタマイザーのトップに戻り［ウィジェット］→
［トップページコンテンツエリア上部］へ移動します。
［＋ ウィジェットを追加］を押し❶、プラグインによっ
て追加された［VK お問い合わせセクション］を押しま
す❷。

3 お問い合わせセクションが挿入されました❶。セク
ションの内容はカスタマイザーの［ExUnit設定］→
［お問い合わせ情報］から編集できますが、ライブプレ
ビューのお問い合わせセクション上にある編集ボタン
❷を押せば、すぐに編集画面にアクセスできます。
今回は編集せず次のステップに進みましょう。

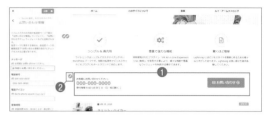

トップページのPRブロックを編集する

Lightningを有効化したときに、トップページのスライダー下に3つのアイコンつきのコンテンツ枠（PRブロック）が
自動的に追加されていることに気づいたでしょうか。このコーナーはテーマカスタマイザーから編集できます。

1 テーマカスタマイザーの
［Lightning トップペー
ジ PR Block］を押し、
PRブロックの編集画面
に移動します。

CHECK!

**ウィジェット
VK PR Blocks**

同様のコンテンツはウィジェット
［VK PR Blocks］からも追加
できます。こちらはトップページ
PRブロックと異なり、自由な位
置に挿入することが可能です。

2 サンプルテキスト「Lesson05.txt」
を参考に、3つあるブロックの内容
を編集します。アイコンつきでオリジ
ナルな内容のPRコーナーが手軽
に作成できます❶。入力できたら
［公開］ボタンを押して編集を確定
しましょう❷。

スライダーの画像を変えよう

これはプラグインの機能ではありませんが、Lightning初期設定のスライダーを別の画像に変えてみましょう。

1 カスタマイザーのトップから［Lightning トップページ スライドショー］を押して設定画面に移動します。つづけて［[1] スライド画像］の下にある［画像を選択］エリアを押して［画像を選択］画面に入ります。

2 サンプルイメージ（slider.jpg）をアップロードし❶［画像を選択］ボタンを押してください❷。

3 プレビューでスライダー画像が変更されたことを確認してください。画面左上の［公開］を押せば編集が確定します。

記事に広告を挿入できる

さらに「VK All in One Expansion Unit」には記事の前後などに広告を挿入するための機能が用意されています。管理メニュー［VK ExUnit］→［メイン設定］の［広告の挿入］で広告タグを入力して保存するだけで広告が挿入されますので、非常に簡単に広告をサイトに追加することができます。

VK All in One Expansion Unitで記事の前後に広告を挿入したところ。

広告タグは［記事の最初］❶［<!-- more --> タグ設置部分］❷［記事の最後］❸の3箇所にそれぞれ2つずつ設置することができます。2つ広告タグを設置しても、自動で横並びになるように調整されますので、気軽に広告の追加や変更が可能です。

> **CHECK!**
>
> **moreタグとは**
>
> 記事本文の任意の場所に <!-- more --> というコメントを挟み込むと、記事一覧ページの表示時に、その箇所に［続きを読む］リンクテキストが入り、後のコンテンツが隠されます。

5-6 テーマ・プラグインを 選択・利用するポイント

使っていたプラグインが WordPress のバージョンと合わなくなり使えなくなった・更新もされていない…
という事態は避けたいものです。プラグイン・テーマを長く使うための選び方や
利用時の注意をまとめておきます。

配布されているテーマ・プラグインのサポートに注意

配布されているプラグインやテーマはどのような基準をもって選べばいいのでしょうか。ここまで紹介した方法以外にも、インターネットを検索するとさまざまな WordPress のテーマやプラグインがダウンロードできるようになっています。WordPress.org で掲載されているテーマ・プラグインについては、厳しい審査を受けた安全かつ WordPress のルールにしたがったものといえますが、それ以外の場所で配布されているテーマやプラグインについてはセキュリティリスクや思わぬバグが潜んでいる可能性があるので注意が必要です。
また、WordPress.org にて配布されているテーマ・プラグインについては、WordPress.org のサポートフォーラムで

使い方やトラブルに対するサポートを受けることができますが、有償で配布されているものについてはサポート対象外とされています（参考：https://ja.wordpress.org/support/article/guidelines/）。有償で配布されているテーマ・プラグインのサポートの責任は配布者にあるとされるためです。
そのため WordPress.org 以外で配布されているテーマ・プラグインについては、配布元のサポート体制が整っているかや、信頼できる配布元であるかなどを必ず確認するようにしてください。

テーマ・プラグインを選ぶときの注意点

1.最終更新日を確認する

WordPress.org で配布されているプラグインの選び方を説明します。
まず、そのプラグインが最後に更新された日を確認しましょう。最近のバージョンに対してテストされていないプラグインでは、警告メッセージが表示されています。WordPress は後方互換性を重視しているため、WordPress をアップ

デートすると使えなくなる機能や関数はあまり多くありませんが、だからといってトラブルが起きないというわけではありません。また不具合や脆弱性が放置されている可能性もありますので、なるべく最終更新日が 1 年以上昔のプラグインは避けるようにしましょう。

> このプラグインは WordPress の最新3回のメジャーリリースに対してテストされていません。もうメンテナンスやサポートがされていないかもしれず、最新バージョンの WordPress で使用した場合は互換性の問題が発生する可能性があります。

このような警告が表示されたプラグインは利用を避けたほうがよいでしょう。

2.レビューを確認する

プラグインやテーマに対して利用者がレビューをすることができます。不具合の多いプラグインでは、このレビュー評価が低くなっていることが多いため、1～3 の評価が多いプラグインについては、どういった理由で低評価がつけられているかなどを確認してから利用するようにしましょう。

3. サポート対応状況を確認する

レビューと同様にプラグイン・テーマのサポート状況についても確認するようにしましょう。サポートページに書かれた質問や不具合報告に対してコミッターからのレスポンスがないものは、何か起きた場合にサポートを受けることができない可能性があります。プラグインインストール時には詳細ページのサイドバーを確認してみましょう。サポートフォーラムの活発さや最終更新日・インストール数・WordPress最新バージョンでの動作検証・評価など、プラグインの信頼性の参考データがコンパクトにまとまっています。

インストール時に詳細ページのサイドバーを確認。

4. アイキャッチ画像を表示するテーマか確認する

WordPressテーマによっては記事一覧や記事ページにアイキャッチ画像が表示されないものも存在します。「アイキャッチ画像を設定したのに表示されない！」という問題に遭遇した場合は、一度ほかのテーマに変更してみて、画像が表示されるかどうかを確認してみましょう。

5. 本番環境でいきなり使用しない

そして一番重要なことは、「いきなり運用中の本番環境で使用しないこと」です。プラグインやテーマによっては、単体では問題なく動作するけれども組み合わせによって不具合が起きるということがあります。そのためかならず自分が使用しているプラグイン・テーマと組み合わせても問題なく動作するかを確認してから本番環境に設定しましょう。ローカル開発環境の作成方法についてはLesson 07で取り扱います。

6. プラグイン・テーマは直接カスタマイズしない

これはWordPressのコアファイルにもいえることですが、ダウンロードしたソースコードを自分で書き換えて使用することは絶対に避けてください。WordPressのアップデートシステムの仕様上、WordPress本体やプラグイン・テーマはアップデートした際にその変更がすべて削除されます。そのためアップデートをする度に変更したコードを書き直す必要性が生まれますし、アップデートをおこなわないとセキュリティ上の問題への対応や不具合修正などの恩恵を受けることができません。テーマのカスタマイズについては「子テーマ」と呼ばれるテーマのファイルを上書きできる仕組みが用意されていますので、そちらを利用してください（**15 - 4** を参照）。プラグインやコアファイルについては、「フック」とよばれる機構（**8 - 4** 参照）を利用してプラグイン・コアファイルの外のファイルから動きを変更するようにしましょう。

> **CHECK!**
>
> **フックと子テーマ**
>
> フックについてはLesson 08で、子テーマについてはLesson 15で解説していますが、より詳しい情報はCodexの以下のドキュメントを参照してください。
> フックについてのCodexドキュメント：
> http://wpdocs.osdn.jp/プラグイン_API/
> 子テーマについてのCodexドキュメント：
> http://wpdocs.osdn.jp/子テーマ

プラグインでトラブルが起きた場合は…

プラグインを有効化した途端にサイトが止まったなどのトラブル対応で一番大切なことは慌てないことです。まずは深呼吸して気持ちを落ち着けましょう。
WordPressで起こりやすいトラブルについては、http://wpdocs.osdn.jp/WordPress_の一般的なエラーなどを見ることで対応方法を知ることができます。http://wpdocs.osdn.jp/FAQ/トラブルシューティングには問題の起きたプラグインの停止方法なども掲載されていますので、そちらも確認してみましょう。

Lesson 05　練習問題

 sample-data ▶ Lesson 05

レッスンで紹介したLightningテーマと
VK All in One Expansion Unitプラグインを組み合わせて、
投稿本文の末尾に以下のようなCTA（Call to Action）コーナーを表示させてみましょう。

メールマガジンに登録しませんか？

ジャズに関する情報を不定期に発信しています。ブログに書けない情報やライブのご案内など、よりこのサイトのコンテンツについて深く知りたい、あなたのためのウェブマガジン。無料です！

購読する（無料）

1. まずCTAのコンテンツを新しく登録します。管理メニュー［CTA］を押して設定画面に移動します。投稿と同じ要領で［新規追加］を押して、CTA登録画面に入ります。
2. 各入力項目にCTAのコンテンツを入力します。サンプルテキスト「Lesson05.txt」からコピーし、サンプル画像（cta.jpg）を利用してください。［公開］ボタンを押して登録を完了します。
3. 管理メニュー［VK ExUnit］→［メイン設定］に移動して、［Call To Action］セクションを探します。［投稿］のセレクトボックスから先ほど登録したCTA［メールマガジンに登録しませんか?］を選択、［変更を保存］ボタンを押します。
4. 実際にサイトに戻って任意の投稿を見てみると、記事の末尾にCTAが登録されているのが確認できます。

CHECK!

テーマとプラグインを初期設定に戻す

次のレッスンではさまざまなプラグインをインストール・設定します。それぞれのプラグインの影響をわかりやすくするため、このレッスンで扱っていたテーマ「Lightning」を「Twenty Twenty」に戻し、プラグイン「VK All in One Expansion Unit(Free)」を停止（無効化）してから進んでください。

プラグインによる
機能の追加

An easy-to-understand guide to WordPress

Lesson 06

Lesson05ではプラグインの基本的な扱い方や入手方法を
学びました。WordPress公式ディレクトリには便利なプラ
グインがたくさん公開されています。このレッスンではそのう
ちのいくつかをインストールして、あなたのサイトにさまざまな
機能を追加してみましょう。

6-1 Googleツールとウェブサイトの連携を簡単に実現しよう ～Site Kit by Google

5-4でインストールした「Site Kit by Google」（サイト キット バイ グーグル）はGoogleアカウントと連携させることによって Search Console や Google Analytics など、Google のツールによるレポートを WordPress の管理画面から確認できるようにするプラグインです。

Site Kit by Google のアクティベーション

1 Site Kit by Googleをインストール・有効化（**5-4**を参照）すると、画面上部にSite Kitからのお知らせが表示されます。さっそく［セットアップを開始］のボタンを押してGoogleアカウントとの連携を設定しましょう。

Site Kit のアクティベーションをおこなう
Site Kit の利用規約については、利用者各自でよく確認してください。

3 ログイン後、Site Kitの認証トークンをサイトのHTMLコードに加えてよいかを聞かれます。［続行］ボタンを押してこれを許可してください。

5 Googleサーチコンソールにあなたのサイトを登録する許可を出せば、アクティベーションが完了します。［ダッシュボードに移動］を押し、管理画面に戻りましょう。

2 Site Kitのサイト（sitekit.withgoogle.com）に移動します。内容を確認して［Googleでログイン］を押し、Googleアカウントにログインしてください。

4 あなたのウェブサイトが、あなたのGoogleアカウントに接続することを［許可］ボタンを押して許可します。

6 Site Kitのダッシュボードが表示されました。これでアクティベーションは完了です。

CHECK!
Googleアカウントが必要
このプラグインの利用にはGoogleアカウントが必須です。持っていない人は作成しておいてください。

Google Analyticsをセットアップしよう

Google Analyticsでサイトへのアクセスを解析するには、通常すべてのHTMLファイルの末尾にトラッキングコードを埋め込む必要があります。Site Kitを使えばすべてのページにこれを自動的に埋め込み、トラッキングデータをWordPressの管理画面上で確認することができます。あらかじめGoogle Analytics（ https://analytics.google.com/ ）の管理メニューで設定をおこない、あなたのウェブサイトのためのAnalyticsプロパティを準備しておきましょう。

1 Site Kitのダッシュボードから設定に入ります。［アナリティクスを設定］のリンクがあるボックスを探して、押してください。

2 今回のウェブサイトのためのプロパティをセレクトボックスで指定します。［VIEW］は［すべてのウェブサイトのデータ］でいいでしょう。指定できたら［CONFIGURE ANALYTICS］ボタンを押します。

3 Site Kitのダッシュボードに戻り、これで設定が完了しました。しばらくすると、解析データが表示されるようになります。

PageSpeed Insightsでサイトのパフォーマンスを測定しよう

Site Kitを使えば、Googleが提供するサイトパフォーマンスのスコアリングサービスである
「PageSpeed Insights」もワンクリックで簡単に管理画面に導入できます。

1 Site Kitダッシュボードの下にある［Activate Page Speed Insights］のボックスを探し、［ACTIVATE PAGESPEED INSIGHTS］ボタンを押します。

2 しばらく待つと、PageSpeed Insightsによって計測されたスコアが表示されます。

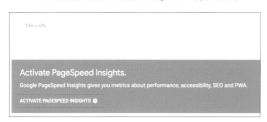

その他、Search Consoleの各種機能やAdsenseの広告レポートなど、
さまざまなGoogleサービスの情報をWordPressの管理画面で確認できるようになります。
そのためのタグをわざわざテンプレートファイルに書き込まなくてもいいため管理も楽になりますので、
Googleのサービスを利用する人はぜひこのプラグインを導入してみてください。

6-2 検索エンジン・SNS対策をプラグインで簡単に ～SEO SIMPLE PACK

検索エンジンに必要な情報を提供したり、SNSでシェアしてもらいやすくするためには、HTMLのMETA要素の編集が必要です。これを管理画面から簡単に編集・管理するためのプラグインがいくつかありますが、今回は機能を絞ったシンプルなものをご紹介します。

サイト全体の設定

一般設定

1 SEO SIMPLE PACKををインストール・有効化すると、管理画面画面左の管理メニューに [SEO PACK] が追加されますのでこれを押して [一般設定] に移動します。

2 [一般設定] ではサイト内の各種ページのtitle要素やMETA説明文の形式を指定したり、検索エンジンへのインデックスの許可の有無をまとめて指定できます。まずは [基本設定] タブ内、[ホームページの説明] に以下のサンプル文を加えてみましょう。

写真と旅を愛する写真家・山本徹のウェブサイトです。フォトギャラリーや日々の雑記を掲載。お仕事のご依頼やお問い合わせもお問い合わせフォームから承っております。

3 画面下部 [設定を保存する] ボタンを押して、編集内容を確定します。

COLUMN

その他のタブの設定

[投稿ページ] [タクソノミーアーカイブ] [その他アーカイブ] タブでは、今回はデフォルト設定のままとしますが、各タブの設定内容に目を通し、必要に応じて設定を変えてもいいでしょう。タイトルタグおよびディスクリプション（説明文）の形式を変更する場合は、管理メニュー [SEO PACK] → [HELP] に掲載されているスニペットタグを使用できますので、参照してください。

CHECK!

Site Kitを利用する設定

[Googleアナリティクス] については、すでに先ほどSite Kitにて設定しましたので、ここでは設定しないようにしてください（Site Kitを利用しない場合はここからトラッキングコードの設定が可能です）。[ウェブマスターツール] についても同様ですが、BingやBaiduなど、ほかの検索エンジンに向けての最適化をおこなう場合は設定してください。

OGPの設定

FacebookやGoogle・Slack等さまざまなサービスであなたのウェブページがシェアされるときに、
ページに紐づいた各種の情報（タイトルや画像・コンテンツの要約文など）を
閲覧者にわかりやすく提供するOGP（Open Graph Protocol）という仕組みがあります。
またTwitterには同様のTwitter Cardという仕組みがあります。
このOGPの設定も、SEO SIMPLE PACKでおこなうことが可能です。

1 管理メニュー［SEO PACK］→［OGP設定］を押して❶［SEO OGPタグ設定］画面に移動します。SNSでこのサイトがシェアされたときに表示される画像を設定しましょう。［og:image デフォルト画像］で、画像をアップロード・指定してください❷。［設定を保存する］ボタンを押して操作を確定します❸。

2 試しにFacebookであなたのサイトをシェアしたときにどのように表示されるか見てみましょう。Facebookの投稿作成画面で、あなたのウェブサイトのURLを入力してみてください。設定したとおりのタイトル・画像が表示されることを確認してください。

投稿ページの設定

それぞれの投稿ページに対して、SEOに関連するMETA要素の設定をおこなうことができます。
管理メニュー［投稿］から投稿一覧に移動し、任意の投稿の編集画面を開くと本文欄の下に［SEO SIMPLE PACK設定］というコーナーが追加されています。

このページのrobotsタグ

この投稿ページを検索エンジンにインデックスさせないなど、検索エンジンのクローラーに対する指示を設定することができます。

このページのタイトルタグを上書きする

一般設定で設定した形式とは異なるタイトル（META要素で使用されるもの）を指定したい場合に記入します。

このページのディスクリプション

ページごとにMETA要素のdiscription（説明文）をここに記入することで指定できます。

このページのキーワード

ページごとにMETA要素のkeywords（キーワード）をここに記入することで指定できます（なお、Googleはこの METAキーワードはサイト評価の材料にしていないことが明言されています）。

103

6-3 関連する記事を自動的に表示しよう〜Jetpack

「Jetpack by WordPress.com」(ジェットパック、以下 Jetpack) は
WordPress.com (61ページ参照) と連携することによって、
さまざまな WordPress の拡張機能を一気に導入できる多機能プラグインです。
その機能の中から関連記事の表示機能を設定します。

Jetpack のアクティベート

sample-data ▶ Lesson 06

関連記事を表示するには CHECK !

関連記事を表示するためには、いくつかの投稿が必要です。サンプルテキスト「Lesson06.txt」を用意していますので、これを使って記事を3つつくってください。いずれもカテゴリは「ジャズ」にし、サンプル画像を使ってアイキャッチ画像を登録してください。

1 まず、Akismet の有効化時に取得した「WordPress.com」のログイン情報を用意してください。Jetpack をインストール・有効化すると、Jetpack の設定画面が表示されますので [Jetpack を設定] ボタンを押します。

2 WordPress.com のログイン ID とパスワードを入力し、ログインします (すでにログインしている場合は自動的に次に進みます)。連携の承認を求める画面が出るので [承認する] を押します。

3 「Jetpack プランを見る」画面が表示されます。任意のプランを選択すれば、連携が完了します。無料ではじめる場合は画面下までスクロールし、[無料プランでスタート] ボタンを押します。

WordPress.com のプラン確認画面下部
本書で紹介する機能に関しては、無料プランで利用可能です。サイトのバックアップサービスである VaultPress など、一部有料プランでないと使えないサービスがあります。

ローカル環境では Jetpack の機能に制限がかかる CHECK !

このレッスンは公開されたレンタルサーバ上での作業を想定していますが、次の Lesson07 で登場するローカル開発環境で開発をおこなっている場合は WordPress.com との連携ができないため、Jetpack は「Development Mode (開発モード)」となり、一部の機能が利用できませんので注意してください。

関連投稿機能をオンにする

Jetpackの連携が完了したら、さっそく管理メニューに追加された [Jetpack] ❶ → [設定] ❷ に入りましょう。ここからJetpackのさまざまな機能の有効化・無効化・設定を管理することができます。

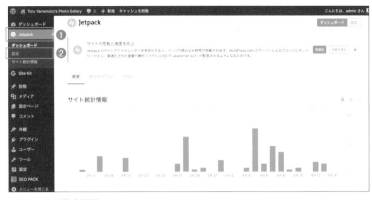

Jetpackの設定画面

[トラフィック] タブを押し ❶ [関連記事] ボックスを確認します❷。

[投稿の後に関連コンテンツを表示] スイッチをオンにします❶。プレビューを確認しながら❷、下の設定スイッチの設定を好みに応じて変えてください。自動的に投稿ページの本文の下に関連記事リストが表示されるようになります。

サイト表示で確認してみましょう。投稿ページを見ると関連した投稿が表示されるはずです。

と言われている。
この記事は、クリエイティブ・コモンズ・表示・継承ライセンス3.0 (http://creativecommons.org/licenses/by-sa/3.0/) のもとで公表されたウィキペディアの項目「チェット・ベイカー」
(https://ja.wikipedia.org/wiki/%E3%83%81%E3%82%A7%E3%83%83%E3%83%88%E3%83%BB%E3%83%99%E3%82%A4%E3%82%AB%E3%83%BC) を素材として二次利用しています。

関連

CHECK!

関連記事リストが表示されないときは

関連記事の表示にはある程度まとまった記事数が必要です。記事を4つつくったときに筆者の環境では最新の記事でのみ関連記事が表示されましたが、関連記事表示の判定基準は変更される可能性があります。どうしても表示されないときはいったん先に進み、Lesson07でサンプル記事をインポートした環境で試してみてください。

6-4 ギャラリーページを つくってみよう〜Jetpack

Jetpackで画像ギャラリーページをつくってみましょう。
WordPressには標準で記事中に画像ギャラリーを生成する機能がありますが、
Jetpackを使えば、より凝った見た目のギャラリーが簡単につくれます。

標準のギャラリーを作成してみよう

 sample-data ▶ Lesson 06

固定ページでギャラリーを作成する

固定ページ「ポートフォリオ」を作成し、そこに簡単なギャラリーを作成してみましょう。
なお、ギャラリー作成後も画像を追加したり並び順を変えることができますので、
ここではそれほど画像のセレクトに悩む必要はありません。

1 ［固定ページ］→［新規作成］で新しい固定ページを作成します。タイトルを「ポートフォリオ」❶、パーマリンクは「gallery」とし❷、本文に「フォトギャラリーです。風景写真を中心に撮っています。」と入力します❸。

2 Enterキーを押して新規段落を作成したあと［＋］アイコンを押してブロック挿入パネルを開きます。［すべて表示］を押して探すか、検索窓から検索し、［ギャラリー］ブロックを押して追加します。

3 ギャラリーブロックにサンプル画像をまとめてアップロードします。［アップロード］ボタンを押し、OSのファイル選択ダイアログからサンプル画像ファイルをすべて選択して開いてください。ブロックに複数の画像が展開されます。

sample-data → 6-4フォルダにある画像を利用してください。

ギャラリーを編集する

ギャラリーブロック内の画像にキャプションを加えたり、
順番を変更することができます。新たな画像の追加もできます。

1 ギャラリー内の画像をクリックすると、順番変更のためのボタン❶・編集および削除ボタン❷・キャプション入力欄❸が表示され、これを操作することでギャラリー内容を編集することができます。

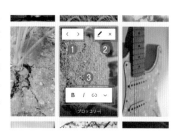

CHECK!

複数ファイルの選択

エクスプローラー（Win）やFinder（Mac）では、Shiftキーを押しながらファイルを選択することで複数ファイルの選択ができます。

2 ギャラリーブロック末尾の［アップロード］［メディアライブラリ］ボタンから画像を追加することができます。すでにメディアに上がっている画像を再利用する場合は［メディアライブラリ］ボタンを押して追加したい画像を選択・追加してください。

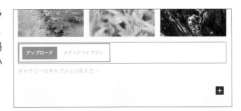

3 画面右側の［ギャラリー設定］では、ギャラリーのカラム（列）数・画像のトリミングの有無・画像のリンク先の設定が可能です。ここでは初期設定のままとして、画面右上の［公開する］ボタンを押します。

4 ［固定ページを表示］を押してギャラリーの見た目を確認してみましょう。これでまずはギャラリーの完成です。

画像を押してもリンクがないためなにも起こらないことを確認してください。

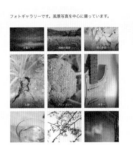

Jetpackでカルーセルギャラリーを適用しよう

カルーセルギャラリーをオンにする

Jetpackで、より洗練された見せ方にしてみます。管理メニュー［Jetpack］→［設定］から［執筆］タブが選択されていることを確認し❶、［画像を全画面のカルーセルギャラリーで表示する］のスイッチをオンにして❷、機能を有効化します。

その後「設定が更新されました。」というメッセージが出たことを確認しましょう。

カルーセルギャラリーを表示する

再び固定ページ「ポートフォリオ」に戻ってギャラリー画像を押してみましょう。フルスクリーンのカルーセルギャラリー画面に移動します。このギャラリー画面では画像それぞれにコメントができたり、写真のEXIF情報（写真のメタデータ。撮影したカメラの種類や撮影時の設定など）が確認できます（EXIF情報の表示の有無はJetpackで設定できます）。

以上でよりダイナミックなフォトギャラリーページが簡単に作成できました。

6-5 お問い合わせフォームを つくってみよう ~Contact Form 7

WordPressには標準機能としてのメールフォーム機能はありませんが、さまざまなメールフォーム作成プラグインを選んで導入することができます。Jetpackにもフォーム機能はありますが、ここでは世界中でもっとも広く用いられている「Contact Form 7」(コンタクト フォーム セブン)を利用して作成してみます。

どんなフォームをつくるか考えよう

フォームはテキストボックスやテキストエリア、ラジオボタン、セレクトボックス、送信ボタンなど、さまざまなインターフェイスの組み合わせで成り立っています。フォームをつくる前にどのような入力項目をつくるか、それは入力するユーザーにとって使いやすいものかをよくプランニングしてから作成をはじめます。

今回は
- **お名前 (テキストエリア)**
- **メールアドレス (テキストエリア)**
- **お問い合わせ項目 (セレクトボックス)**
- **題名 (テキストエリア)**
- **メッセージ本文 (テキストフィールド)**
の5つの入力項目を設けることにしました。

フォーム入力部の作成

sample-data ▶ Lesson 06

1 Contact Form 7をインストール・有効化したら、管理メニューに追加された [お問い合わせ] を押し❶、[コンタクトフォーム] 設定画面に移動します。すでにサンプルのフォーム「コンタクトフォーム1」が設定されています。これを編集してフォームを作成しましょう。[コンタクトフォーム1] の文字を押します❷。

2 「お名前」「メールアドレス」「題名」「メッセージ本文」は初期内容に含まれています。ここでは「お問い合わせ項目」のセレクトボックスを追加します。「メールアドレス」と「題名」の間に次のように入力します。

<label> お問い合わせ項目 </label>

入力した「お問い合わせ項目」の後ろにカーソルを合わせ❶、入力欄の上にある [ドロップダウンメニュー] ボタンを押します❷。

3 セレクトボックスの選択項目を［オプション］に記入していきます。次のとおり項目ごとに改行して入力します❶。

お仕事のご依頼
サービスについてのご質問
その他のご質問

［名前］欄もあとで見分けがつきやすいように「select-subject」と変えておきます❷。［タグを挿入］を押します❸。

4 カーソル位置にContact Form 7のセレクトボックスタグ（ショートコード）が挿入されます❶。タグの位置をほかの行と合わせて［保存］を押し❷、フォームの内容を保存します。

フォームから送られるメールの設定

サイト管理者へ送られるメールの設定

メールフォームから問い合わせがあったとき、管理者に送られるメールの内容を設定します。［メール］タブを選択してメールの設定画面へ移動します❶。送信先・送信元を確認してください❷。［メッセージ本文］入力欄の［題名］のあとに

お問い合わせ項目: [select-subject]

と入力し❸、選択されたお問い合わせ項目がメールに含まれるようにします。

CHECK!

メール設定画面の各項目にはメールタグを埋め込むことができます。このメールタグは先ほど設定した入力項目の名前（例：[select-subject]）に対応しており、入力された内容を動的に出力することができるものです。

送信者への送信確認用メールの設定

多くのウェブサイトでは、メールフォームからの送信者にも入力内容の確認と送信の成功を伝えるメールを送ることが一般的です。ここで送信者へのメールを設定しましょう。

メール設定画面の下部[メール (2) を使用]にチェックすると[メール(2)]の入力欄が現れます❶。今回は送信先が [your-email]（メールフォームへの入力者自身のメールアドレスを表すメールタグ）、送信元が管理者のメールアドレスになっていることを確認します❷。メッセージ本文を同様に必要に応じて編集して❸[保存]ボタンを押します。

作成したフォームを固定ページに埋め込む

固定ページ「お問い合わせ」に作成したフォームを埋め込みます。

1 [コンタクトフォームの編集]画面、タイトル入力欄の下にある青くハイライトされたショートコードをコピーします。

2 [固定ページ]→[新規作成]から新しい固定ページを作成し、タイトルを「お問い合わせ」❶、本文入力欄に「お問い合わせはこちらのメールフォームからどうぞ。」と入力します❷。つづいて、先ほどコピーしたショートコードをペーストします❸。これで[公開]を押してページを保存してください。

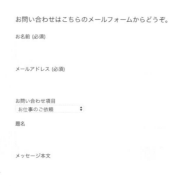

3 ツールバーの[固定ページを表示]を押して表示すると、作成したフォームが固定ページに埋め込まれていることが確認できます。

お問い合わせはこちらのメールフォームからどうぞ。

お名前 (必須)

メールアドレス (必須)

お問い合わせ項目
お仕事のご依頼

題名

メッセージ本文

送信

編集

エックスサーバなど多くのレンタルサーバでは試用期間中はメール送信ができないため、動作確認ができません。ご注意ください。

6-6 WordPressの セキュリティを高めよう

WordPressサイトへの悪意ある第三者の侵入を防ぐのにもプラグインが役に立ちます。
WordPress本体・プラグイン・テーマを絶えず最新版に保ち、
ログイン周りのセキュリティを強化します。

WordPressのセキュリティを高めるためには

ウェブサイトのセキュリティについて、専門家である徳丸浩氏は以下のように書いています。

> **WordPressに限らず、ウェブサイトへの侵入経路は2種類しかありません。**
> **それは以下の2つです。**
> ● **ソフトウェアの脆弱性を悪用される**
> ● **認証を突破される**

WordPressの侵入対策は脆弱性管理とパスワード管理を中心に考えよう | 徳丸浩の日記
http://blog.tokumaru.org/2015/12/wordpress-security.html

したがって、WordPressのセキュリティを高めるためには

1. （あなたがセキュリティに関する知識がない限り）ウェブサーバや
   PHPのアップデートはホスティング業者が代行してくれるところを選ぶ
2. WordPress本体・プラグイン・テーマを絶えず最新版に保つ
3. ログイン周りのセキュリティ強化

という3つのポイントから考えるとよさそうです。1に関してはレンタルサーバ選びの問題になりますが、2と3に関してはプラグインで手早く安全に対策することが可能です。

WordPress・プラグイン・テーマを絶えず最新に〜 Advanced Automatic Update

WordPressには最初から自動的にWordPress本体のアップデートをおこなう機能がついていますが、自動アップデートの対象は本体のマイナーリリース（メンテナンスやセキュリティ向上を目的としたバージョンアップ）と翻訳ファイルのみとなっています。この自動アップデートの対象を拡張できるプラグインが「Advanced Automatic Update」（アドバンスド自動更新）です。
Advanced Automatic Updateをインストール・有効化したら、管理メニュー［設定］→［アドバンスド自動更新］を押して設定画面へ移動します。［WordPress本体を自動的に更新しますか？］の［メジャーバージョン］にチェックし、同様にプラグインとテーマにもチェックします。これ

で本体とプラグイン・テーマを自動的に更新することが可能です。

Advanced Automatic Update 設定画面

111

COLUMN

プラグインとテーマの自動更新

執筆時点での最新バージョンであるWordPress 5.5からは、プラグイン
とテーマの自動更新がプラグインなしでもおこなえるようになりました。プラ
グインはプラグインの一覧から、テーマはテーマの詳細から、自動更新の
有無を個別に指定することができます。ただし「Advanced Automatic
Update」での設定は、この新機能と連動しており併用することができます。

ログイン周りのセキュリティを強化する
～SiteGuard WP Plugin

ログイン画面からの侵入対策には複雑なパスワードを設定するの
が基本となりますが、さらにセキュリティを強化できるのが「Site
Guard WP Plugin」（サイトガード ダブリュピー プラグイン）です。
SiteGuard WP Pluginをインストール・有効化します。これだけで
以下のようなセキュリティ強化策が実行されます。

- ● ログインURL変更
- ● 画像で表示された文字を入力させる画像認証
   （CAPTCHA）の追加
- ● ログイン失敗時のエラーメッセージを曖昧にする
- ● ログイン失敗を繰り返す接続元を一定期間ロックアウトする
- ● ログインがあった場合メールで管理者に通知する

さらに管理メニューに追加される［SiteGuard］→［ダッシュボード］
から設定することで

- ● ログインしていない接続元から管理ディレクトリ
   （/wp-admin/）を保護
- ● ログインに成功しても一度フェイクのエラーを返す

といった対策も実行されま
す。それぞれの機能の詳細
な設定画面には、管理メ
ニューに追加される［SiteG
uard］以下のメニューから
アクセスできるようになって
います。

CHECK!

ログインページを記録する

SiteGuard WP Pluginを有効化すると
「ログインページURLが変更されました。
新しいログインページURLをブックマーク
してください」と表示されます。リンクを押し
て表示されるURLを必ず記録して、ログア
ウト後に再度ログインするときにはその
URLを使用してください。

ローカル開発環境で利用しない

Lesson07で説明するローカル開発環境で
はSiteGuard WP Pluginを有効化すると
エラーを起こす場合があるので、有効化し
ないでください。

ダッシュボード

ドキュメント、FAQ、その他の情報は SiteGuard WP Plugin Page にあります。

設定状況

管理ページアクセス制限	ログインしていない接続元から管理ディレクトリ（/wp-admin/）を守ります。
ログインページ変更	ログインページ名を変更します。
画像認証	ログインページ、コメント投稿に画像認証を追加します。
ログイン詳細エラーメッセージの無効化	ログインエラー時の詳細なエラーメッセージに変えて、単一のメッセージを返します。
ログインロック	ログイン失敗を繰り返す接続元を一定期間ロックします。
ログインアラート	ログインがあったことを、メールで通知します。
フェールワンス	正しい入力を行っても、ログインを一回失敗します。
XMLRPC防御	XMLRPCの悪用を防ぎます。
更新通知	WordPress、プラグイン、テーマの更新が必要になった場合に、管理者にメールで通知します。
WAFチューニングサポート	WAF（SiteGuard Lite）の除外ルールを作成します。
詳細設定	IPアドレスの取得方法を設定します。
ログイン履歴	ログインの履歴が参照できます。

SiteGuard WP Plugin 設定画面

6-7 その他の便利なプラグイン

WordPressプラグインディレクトリには
世界のエンジニアが開発したさまざまなWordPressプラグインが公開されています。
その中から、とくにテーマ開発とコンテンツ管理に便利なプラグインを簡単にいくつかご紹介します。

Theme Check（テーマ チェック）

現在有効化しているテーマについて、WordPressのコーディング基準や慣例を満たしているかを簡易的にチェックできるプラグインです。たとえば推奨されていないテンプレートタグを用いていないか、セキュリティに不備のある

コードの書き方をしていないか、といったさまざまなチェックが可能です。自作テーマの開発時にはぜひ定期的にチェックしてみてください。

Theme Check

Show Current Template（ショウ カレント テンプレート）

ログイン時、あなたのサイトの現在表示しているページがどのテンプレートファイルを読み込んでいるかを読み取り、ツールバーに表示してくれます。テーマ開発のときに正しくテンプレートファイル（**10 -1**参照）が読み込まれているかどうかを判別したいときに便利なプラグインです。

Show Current Template

113

Regenerate Thumbnails（リジェネレイト サムネイルズ）

画像をアップロードしたとき、WordPressは同時に大・中・サムネイルの3つのサイズのリサイズ画像を自動的に生成します。これらの画像サイズの設定を途中で変更（［設定］→［メディア設定］）しても、すでに生成されているリサイズ画像のサイズは変更されません。このプラグインは過去にアップロードされた画像も含めて、まとめてリサイズ画像を再生成してくれます。

Regenerate Thumbnails

All done in 0.0 minutes.

Regeneration Log

42. Regenerated IGP0747_NExT
43. Regenerated DSC00021_NExT
44. Regenerated DSC00269_NExT
45. Regenerated DSC00855_NExT
46. Regenerated DSC01234_NExT
47. Regenerated DSC01254_NExT
48. Regenerated DSC01648_NExT
49. Regenerated DSC01939_NExT
50. Regenerated IGP0004_NExT-1
51. Regenerated IGP0005_NExT-2-1
52. Regenerated IGP0005_NExT-1
53. Regenerated IGP0744_NExT-1
54. Regenerated IGP0747_NExT-1
55. Regenerated DSC00021_NExT-1
56. Regenerated DSC00269_NExT-1
57. Regenerated DSC00855_NExT-1
58. Regenerated DSC01234_NExT-1
59. Regenerated DSC01254_NExT-1
60. Regenerated DSC01648_NExT-1
61. Regenerated DSC01939_NExT-1

Regenerate Thumbnails

Enable Media Replace（イネイブル メディア リプレイス）

WordPressでアップロードしたメディアをほかのものに変更したい場合、通常は新しい画像をメディアにアップロードして差し替えます。この方法だと同じ画像をサイトの複数箇所で使いまわしている場合には、いちいち個別にメディアの差し替え操作が必要になってしまいます。

このプラグインを使えば、すでにあるメディアのURLなどメタデータを変更せずに画像の内容だけを差し替えることができます。メディアの差し替えが1回で済むため管理がラクになります。

新しいメディアファイルをアップロード

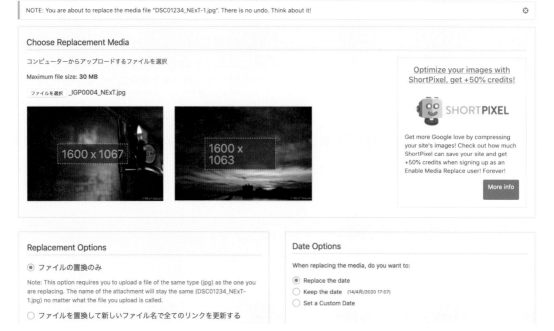

Enable Media Replace

Disable Comments（ディスエイブル コメンツ）

コーポレートサイト制作時などサイトにコメント機能がまったく必要ないとき、これを無効化できるプラグインです。コメント機能を無効化するのみならず、コメント機能にまつわる脆弱性を回避できるなどセキュリティ面でもメリットがあります。

Disable Comments

○ どこでも: WordPress 内のコメント関連のコントロールと設定をすべて無効化します。

警告: This option is global and will affect your entire site. Use it only if you want to disable comments everywhere. A complete description of what this option does is available here.

◉ 特定の投稿タイプに適用:

☑ 投稿
☐ 固定ページ
☐ メディア

コメントを無効化するとトラックバックとピンバックも無効化されます。コメント関連のすべてのフィールドも、影響する投稿の編集/クイック編集の画面で非表示となります。これらの設定を個別投稿に対して上書きすることはできません。

変更を保存

Disable Comments

UpdraftPlus（アップドラフト プラス）

WordPress サイトのバックアップはファイルだけでなく、あわせてデータベースも保存しておく必要があります。この作業を管理画面から簡単におこなえるようにしてくれるバックアップ用プラグインのひとつです。定期的な自動バックアップにも対応しているほか、バックアップデータの保存先も豊富な候補から選ぶことが可能です。

UpdraftPlus Backup/Restore

UpdraftPlus へようこそ！ バックアップを作成するには「今すぐバックアップ」ボタンをクリックしてください。バックアップされているもののデフォルト設定を変更、リモート・ストレージ（推奨）にバックアップを送信、スケジュールされたバックアップを構成などをするために［設定］タブに移動します。 ✕

UpdraftPlus.Com｜プレミアム｜ニュース｜Twitter｜サポート｜メールマガジン購読｜開発者のホームページ｜よくある質問｜他のプラグイン - バージョン: 1.16.23

バックアップ / 復元　移行 / 複製　設定　上級ツール　プレミアム / 拡張

次のバックアップスケジュール:

ファイル:　　　　**データベース:**
バックアップスケジュールが　バックアップスケジュールが
ありません　　　　　　　ありません

今すぐバックアップ

現在の時刻: Thu, April 16, 2020 17:16　　　Add changed files (incremental backup) ...

最後のログメッセージ:

(Nothing has been logged yet)

UpdraftPlus

Code Snippets（コード スニペッツ）

WordPress カスタマイズの際には、テーマ内の functions.php ファイルに PHP コードを書き込むことがよくあります（**8 - 4** 参照）。テーマを変更するとこれらのカスタマイズ内容は無効になってしまいます。テーマが変わっても残しておきたいカスタマイズ内容はこの Code Snippets に入力しておきましょう。ひとつの関数（function）ごとにコードを書き込み、個別に有効化・無効化するなどの管理ができるのでとても便利です。

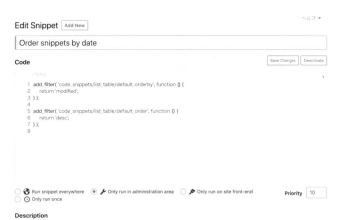

Code Snippets

Lesson 06　練習問題

Q WordPress サイトに不具合があったとき、
問題の切り分けのためにプラグインをいったんすべて無効化して
問題が解決するかを確認することが大切です。
［インストール済みプラグイン］一覧画面から、
現在有効化しているプラグインを一括で無効化したのちに有効化してみましょう。

プラグイン一覧テーブルの見出し部にあるチェックボックスにチェックすると、すべてのプラグインにチェックマークがつきます。

［一括操作］セレクトボックスから［無効化］を選択し❶、つづいて右の［適用］ボタンを押すと❷、すべてのプラグインが停止します。

同様の手順ですべてのプラグインを再び有効化します。すべてのプラグインをチェックし、［一括操作］セレクトボックスから［有効化］を選択❶、［適用］ボタンを押せば❷再有効化が完了します。再有効化時に、Akismet など初期設定をやり直さないといけないものもありますが、過去のレッスンを参考に再設定すれば元どおりになります。

ローカル開発環境を
つくろう

An easy-to-understand guide to WordPress

Lesson 07

このレッスンでは、WordPressのテーマやプラグイン開発で
必要になるローカル開発環境とは何か、その必要性や構築
方法について学びます。本書では初心者でも扱いやすい開
発環境構築ツールのひとつであるMAMPを利用し、インス
トール手順や設定方法からはじめ、最終的にはWordPress
がローカル開発環境で動くようになるまで詳しく解説します。

7-1 ローカル開発環境の必要性

ローカル開発環境を構築する前に、まずはそもそもローカル開発環境とは何か、
なぜ必要なのかについて見ていきましょう。
さらに、本書で実際に利用することになる
ローカル開発環境構築ツール「MAMP」(マンプ) についても少し触れておきます。

ローカル開発環境とは

ローカル開発環境とは、本番サーバにサイトを公開する前に、
手元のWindowsやMacなどの端末でサイトの表示や動作の確認をおこなうための環境です。
ローカルという言葉のとおり、基本的にインターネット上に公開するものではありませんが、
必要に応じて一時的にアクセス可能にすることはあります。

なぜローカルなのか

開発途中のサイトをインターネットに公開しないためには、本番環境とは別の開発環境が必要になります。
ローカル開発環境以外には、リモートサーバに開発環境を構築する方法やクラウドサービスを使う方法などがあります。
その中で、ローカルで開発環境をつくることにはいくつかのメリットがあります。

1. アップロードの時間が省略できる

リモート開発環境の場合、変更のたびにファイルをリモートサーバにアップロードする必要があります。しかし、ローカル開発環境では、ファイルを保存するだけで変更を確認することができます。これは開発のスピードアップに大いに貢献するでしょう。最近では多くのエディタが、ファイルを保存するだけで自動的に指定のサーバへファイルをアップロードする機能を備えていますが、ネットワークへの通信を考慮すれば、やはりローカル環境にはかなわないでしょう。

2. 無料でできて制限がない

開発環境を構築できるクラウドサービスにおいては、ブラウザから少ない操作で簡単に開発環境を構築できるメリットはありますが、有料であったり、無料プランでは構築できるサイトの数に制限があるなどのデメリットもあります。

3. オフラインでも開発可能

リモートやクラウドと違い、ローカル開発環境では、インターネットへアクセスできない環境でも、サイトの表示や基本的な開発が可能です。

さまざまなローカル開発環境構築ツール

先に説明したように、WordPressサイトをブラウザで表示可能にするためにはウェブサーバやMySQLなど、さまざまなツールが必要です。もちろんそれらを手動でひとつひとつ用意することも可能ですが、かなりの専門知識が必要です。今日では、その煩雑な構築作業を手助けしてくれるツールが数多く存在します。MAMP・XAMPP・Local by Flywheel・VVV・VCCW・Wockerなど、例をあげるときりがありませんが、本書ではWindowsとMacの両方で利用でき、かつ初心者でも扱いやすいMAMPを用いることにします。

MAMPとは

MAMPとは、ローカル上にウェブサーバやMySQLサーバなどを構築してくれるアプリケーションです。そのネーミングは元々Macintosh・Apache・MySQL・PHPの頭文字に由来しますが、いまではMac以外にWindows版も用意されており、さらに、ウェブサーバはApacheのほかにNGINXが、プログラミング言語はPHP以外にPythonやPerlも用意されています。

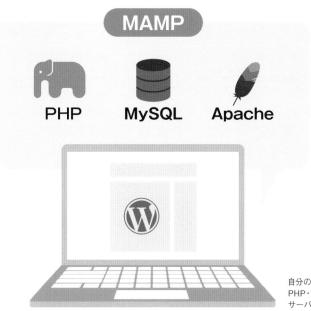

自分のマシンの中にApache・PHP・MySQLが入った仮想サーバを用意できます。

初心者に使いやすいMAMP

MAMPはWordPressを動かすのに最低限必要なツールをわかりやすいセットアップ画面経由でまとめて用意してくれます。もちろん、ほかの方法やツールで同様な環境を構築することも可能ですが、WindowsかMacのどちらかでしか利用できなかったり、それぞれのツールを個別でインストールする必要があったり、初心者にはとっつきにくい、いわゆる「黒い画面」と呼ばれているCUI（キャラクターユーザーインターフェイス）あるいはCLI（コマンドラインインターフェイス）を使う必要が生じるなどの懸念があります。WindowsとMacの両方で使えることとGUI（グラフィカルユーザーインターフェイス）が用意されており初心者に扱いやすい点から、本書ではMAMPを採用しました。また、MAMPと同様なツールとして、XAMPP（ザンプ）というものもあります。こちらもWindowsとMacのどちらでも利用できますが、本書ではインターフェイスのわかりやすさからMAMPを選択しました。

基本的にMAMPは無料で利用できますが、有料版のMAMP PROもあります。MAMP PROでは、簡単にバーチャルホストの設定ができ、複数サイトの管理などに便利な機能が加えられています。興味がある人は、まずは14日間の試用期間で試してみるといいでしょう。なお、本書で扱う内容としては無料版で十分です。

COLUMN

バーチャルホストとは

ひとつのサーバで複数のドメインを運用する技術のことです。MAMPによって構成されたローカルサーバにさまざまなドメインを割り当てることで、複数のサイトをローカル環境で運用することが可能になります。

7-2 MAMPのインストールと初期設定

あなたのマシンに実際にMAMPをインストールしてみましょう。
さらに、MAMPのさまざまな設定項目についても解説しますので、
もっと便利に使っていくためのヒントとして参考にしてください。

STEP 01　MAMPのインストール

まずはMAMPの公式サイトのダウンロードページ（https://www.mamp.info/en/downloads/）にアクセスしてください。使用環境のOSに合わせてインストーラをダウンロードしてください❶。最低限必要なシステム構成は下記のとおりです。インストール前に条件を満たしているかどうか確認しておきましょう。

- Mac：OS X 10.10（Yosemite）以上、かつ64ビットプロセッサ（Intel）
- Windows：Windows 10, Windows 8.1 もしくは Windows 7

MacとWindowsのどちらにも日本語版は用意されていません（一部日本語訳されています）が、普段の利用で困ることはほとんどないでしょう。ダウンロードが完了したらインストーラを起動してください（Windowsでユーザーアカウント制御の画面が出たら［はい］を押します）。以下にMacでのインストール手順を例に示します。Windowsでは英語表記になりますが、注釈を参考に進めてください。

MAMP 公式サイトダウンロードページ

MAMPのインストール手順

1　インストーラを起動すると、インストールウィンドウが表示されますので［続ける］を押します。

Windowsでは［Next］を押します。

2 ［大切な情報］を確認し［続ける］を押します。「この
インストーラはMAMPとMAMP PROをアプリケー
ションフォルダにインストールします。MAMPフォル
ダを移動したり、名前を変更したりしないでください。」
と記載されていますので注意してください。

Windowsでは MAMP PROを同時にインストールするかを選択
するステップがあります。

3 「使用許諾契約」（英語またはドイツ語）が表示されま
す。問題がなければ［続ける］を押したあと❶、［同意
する］を押します❷。

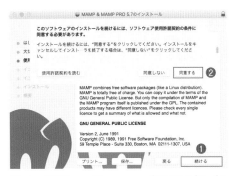

Windowsでは［I accept the agreement］を選択して［Next］を
押します。

4 「インストール先」では「Macintosh HD」が選択され
ている状態を確認し［続ける］を押します。

この手順がスキップされる場合もあります。Macではインストール
先に選べるのは起動ディスクのみです。Windowsでは任意のイ
ンストール先が選べます。

5 最後に「インストールの種類」の内容を確認し、問題
がなければ［インストール］ボタンを押します。

Windowsではスタートメニューに「MAMP」ショートカットをつく
るステップと、デスクトップ上にアイコンをつくるかを選択するス
テップがあります。

6 インストールを許可するために、Mac ユーザーのアカ
ウント名とパスワードを入力し❶、［ソフトウェアをイン
ストール］❷ボタンを押すとインストールが始まります。

![インストーラが新しいソフトウェアをインストールしようとしています。許可するにはパスワードを入力してください。ユーザ名／パスワード入力欄、キャンセル・ソフトウェアをインストールボタン]

［ユーザ名］には Macにログイン中のアカウントがあらかじめ表示
されます。Windowsではこのステップはありません。

7 インストールが完了すると「インストールが完了しまし
た。」と表示されますので、［閉じる］を押してインストー
ル画面を閉じます。以上でMAMPのインストールが
完了しました。

Windowsでは［Finish］を押して完了です。

STEP **02**　MAMPの起動

MAMPのインストールが完了したら、さっそく起動してみましょう。Macの場合はFinderで［アプリケーション］→［MAMP］フォルダから「MAMP（.app）」を起動します。

Windowsの場合はスタートメニューから［MAMP］→［MAMP］を選ぶか、デスクトップにできた「MAMP」アイコンをダブルクリックします。

1 はじめて起動すると、「Warning」画面が表示される場合があります。次回から表示されないよう［Check for MAMP PRO when starting MAMP］（MAMP起動時にMAMP PROを確認）のチェックを外し❶、［Launch MAMP］（MAMPを起動）ボタンを押します❷。

この画面は設定画面でいつでも再表示／非表示にできます。

2 MAMPが起動したら、下記のようなウィンドウが表示されます。

❶［Cloud］
本書では利用しません。
❷［Open WebStart page］
ローカルサーバのスタートページを開きます。
❸［Start Servers/Stop Servers］
Apache/NGINX、MySQLのサーバを起動、もしくは停止します。

STEP **03**　MAMPの初期設定をしよう

左上の［MAMP］メニューから［Preferences...］を押して初期設定をしましょう。
Windowsでは項目名や配置が異なる場合がありますが、設定内容は同じです。

［Preferences...］メニュー Mac

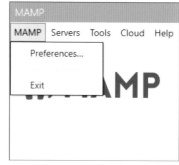

［Preferences...］メニュー Windows

1.Genaralタブ

MAMPの起動時と終了時の動きの設定ができます。

When starting MAMP

❶[Start servers]

MAMPの起動時にウェブサーバとMySQLサーバを自動的に
起動します。こちらは便利なのでチェックしておくといいでしょう。

❷[Check for updates]
（Check for MAMP PRO）

MAMPの起動時にアップデートがあるかどうかを確認します。
チェックしておくといいでしょう。もしここの項目が「Check for
MAMP PRO」の場合は、先ほど非表示にしたMAMPか
MAMP PROかを選択する「Warning」画面ですので、チェッ
クを外したままにしておきましょう。

❸[Open WebStart page]
（At startup open）

MAMPの起動時にWebStartページを自動的にブラウザで
開きます。詳細は後述する「Open WebStart page」（125
ページ）を参照してください。

When quitting MAMP

❹[Stop servers]

MAMPを終了するときにウェブサーバとMySQLサーバを自
動的に停止します。こちらはチェックしておきましょう。

❺[My favorite link]

ここに入力したURLはWebStartページのトップメニューに「私のお気に
入りのリンク」として表示されます。後述するドキュメントルート内のサブフォ
ルダ名を入力することによって、MAMPが自動的にローカルサーバのアド
レスとポートを追加します（例：「wordpress」と入力すると、すべてデフォル
ト設定の場合、リンク先が http://localhost:8888/wordpress になりま
す）。後述するポート変更の際も、こちらを変更する必要がなくなりますの
で、サブフォルダのみ入力するといいでしょう。

2.Portsタブ

ネットワーク通信では、サーバプログラムは特定のポー
トを割り当てる必要があります。

こうすることによって、1つのサーバで複数のサーバ
プログラムを動かすことができます。

❶ローカル環境の構築にあたって、これらのポートをMAMP
の設定画面から設定する必要があります。MAMP設定画面→
[Ports]タブからポートの設定に入り、Apacheを8888、
NGINXを7888、MySQLを3306に変更してください。
ポートを使い分けることであなたのマシンにインストールされた
別のサーバと同時にMAMPを動かすこともできます。もしもほ
かのアプリケーションやファイアウォールなどでポート8888が
使用されている場合は、MAMP側のApacheのポートを
7888、8889のいずれかに変更することで回避することが可能
です。

❷[Set MAMP ports to default]ボタン

Apache、NGINX、そしてMySQLのポートをMAMPの初期
値に戻すことができます。

❸[Set Web & MySQL ports
to 80 & 3306]ボタン

ポート番号をインターネットで一般的に使われている80と3306に
設定することができます。

Windows版MAMPの
ポート設定について

CHECK!

Windowsでは初期設定でポート設定が80、80、3306になって
います。8888、7888、3306に設定してください。またファイア
ウォールやセキュリティソフトの設定によってはこれらのポートへ
のアクセスがブロックされている場合があります。そのときはこれ
らの設定を見直すか、ほかに使用可能なポート（Apacheなど
ウェブサーバなら80、7888、8889など）を探す必要があります。

ブラウザでポート指定を省略する

通常、ブラウザからサーバのプログラムにアクセスする場合、アドレスと一緒にポート番号を指定する必要があります。たとえばMAMPのApacheでポート8888を指定してアクセスする場合、http://localhost:8888と入力しなければいけません。ポート番号を指定しなかった場合は、ポート80が指定されたとみなされます。実は、あなたが何気なしにブラウザのアドレスバーにアドレスを入力してアクセスしているときは、このポート80が省略されています。もし、あなたのマシンでポート80と3306を使った別のサーバをMAMPと同時に立ち上げる予定がなく、アドレスからポート番号を取り除きたい場合は、[Set Web & MySQL ports to 80 & 3306]を押してインターネットで一般的に使われているポートを設定するといいでしょう。ただし、この設定の短所として、サーバを起動するたびにパスワードを求められることになります。

COLUMN

3.PHPタブ

MAMPが使用するPHPのバージョンの変更とキャッシュの設定をおこなうことができます。

❶ [Standard Version]
PHPのバージョンを選択することができます。特別な理由がないかぎり最新のまま変更する必要はないでしょう。

❷ [Cache]
キャッシュは PHP コードの実行を高速化することができますが、ソースコードを変更した際にその変更がすぐに反映されない場合があるので、[off]のままにしておきましょう。

4.Web Serverタブ

ウェブサーバの種類とルートフォルダの場所を設定します。

❶ [Web Server]
ウェブサーバとしてApacheかNGINXを選択することができます。日本のレンタルサーバの多くはウェブサーバにApacheを採用しているので、それに合わせてMAMPのウェブサーバもApacheにしておくといいでしょう。

❷ [Document Root]
あなたのHTML・PHPファイルや画像などを格納する場所です。MAMPのウェブサーバを立ち上げたあと、http://localhost:8888にアクセスしたときに表示されるのがドキュメントルートです。初期設定では「MAMP」内の「htdocs」フォルダに設定されていますが、マシン内の任意のフォルダに変更することもできます。本書では初期設定のままで説明を進めます。

5.MySQLタブ

MAMPが利用中のMySQLのバージョンが表示されます。とくに変更する箇所はありません。

Cloudタブの設定は本書では使いません。

7-3 サーバの起動とデータベースの作成

MAMPのインストールと初期設定が完了しましたが、
WordPressをインストールする前にもう少し準備が必要です。
WordPressを動かすのに必要となる
MySQLデータベースの作成方法について解説します。

STEP 01　MAMPでサーバを起動しよう

MAMPの初期設定がひととおり
完了したら、サーバを起動してみまし
ょう。起動画面の[Start Servers]
を押します。[Start Servers]が
[Stop Servers]に変わり❶、右上
の[Apache Server][MySQL
Server]の右の○が緑色に点灯し
たら❷、サーバが正常に起動したこ
とになります。

CHECK!

MySQLへの接続の設定

初回の起動時には、「アプリケーション"mysqld"へのネットワーク受信接続を許可しますか?」という警告が表示されますので[拒否]を押してください。Windowsでファイアウォールの警告が出たら[アクセスを許可する]を押してください。

STEP 02　データベースを作成しよう

WebStartページを表示する

MAMPのサーバが起動している状態で、起動画面の[Open WebStart
page]を押すと、WebStartページにアクセスすることができます。WebStart
ページはphpMyAdmin、phpinfoなどの便利ツールへのリンクを提供します。

[Preferences…] → [Start/Stop] の [My favorite link]を設定している場合は、「My Favorite Link」としてトップメニューに現れます。

データベースを作成する

WebStartページの[MySQL]セクションにある[phpMyAdmin]リンクを
押してphpMyAdminを開きます。phpMyAdminの[データベース](Data
bases)タブを開き❶、「データベースを作成する」(Create database)の
下にある入力欄にデータベース名を入力し❷、[照合順序]で[utf8_general
_ci]を指定❸[作成](Create)ボタンを押します❹。データベース名は任

意ですが、ここではわ
かりやすいよう「word
press」と入力します。
のちほど必要になりま
すので覚えておきましょ
う。作成に成功すると、
サイドバーに「word
press」が現れます❺。

CHECK!

phpMyAdminとは

ブラウザ上でMySQLサーバを管理するためにつくられたツールです。名前のとおりPHPで実装されていますが、使用するにあたり、PHPもSQL文も記述することなく、MySQLのデータベースに対してさまざまな操作がおこなえます。SQL文を記述してphpMyAdminに実行させることも可能です。

125

7-4 WordPressの ダウンロードとインストール

これでローカル開発環境の準備がすべて整いましたので、
そこにWordPressをインストールしていきましょう。
今回はレンタルサーバにあるような管理画面からのインストール機能はありませんので、
手動でのインストールとなります。

STEP 01 WordPressのダウンロード

MAMPで作成したローカル開発環境にWordPressをインストールするためには、
まず手元のマシンにインストール型のWordPress本体をダウンロードする必要があります。

1 WordPress.orgの日本語ローカルサイト（https://ja.wordpress.org/download/）にアクセスし、［WordPress x.x をダウンロード］ボタンを押して、WordPressの日本語最新版をダウンロードします。

2 ダウンロードしたZIPファイルを展開すると「wordpress」という名前のフォルダが生成されます。もしそれ以外の名前になっている場合は、のちほどの手順のために「wordpress」に変更しておきましょう。また、「wordpress」フォルダ直下に「index.php」や「wp-admin」といったファイルやフォルダが入っていることも確認しておきましょう。

STEP 02 WordPressのインストール

さあ、始めましょう!

1 先ほど展開した「wordpress」フォルダをMAMPのドキュメントルートである「htdocs」フォルダの中に移動します。

2 ブラウザで http://localhost:8888/wordpress にアクセスし、表示された内容を確認し画面下部の［さあ、始めましょう!］ボタンを押します。

データベースに接続する

1 データベース接続のセットアップ画面で下記を参照のうえ必要情報を入力し、[送信] ボタンを押します。

❶**データベース名**：wordpress
（phpMyAdminで作成したデータベース名）
❷**ユーザー名**：root
❸**パスワード**：root
（MAMPにインストールされているMySQLのユーザー名とパスワードの初期設定はそれぞれ「root/root」になります。また、それらはMAMPのWebStartページのMySQLセクションでいつでも確認することができます。）
❹**データベースのホスト名**：localhost
❺**テーブル接頭辞**：wp_

2 「この部分のインストールは無事完了しました。…」と表示されたら、[インストール実行] ボタンを押します。

以下にデータベース接続のための詳細を入力してください。これらのデータについて分からない点があれば、ホストに連絡を取ってください。

データベース名	wordpress	❶	WordPress で使用したいデータベース名。
ユーザー名	root	❷	データベースのユーザー名。
パスワード	root	❸	データベースのパスワード。
データベースのホスト名	localhost	❹	localhost が動作しない場合には Web ホストからこの情報を取得することができます。
テーブル接頭辞	wp_	❺	ひとつのデータベースに複数の WordPress をインストールしたい場合、これを変えてください。

送信

この部分のインストールは無事完了しました。WordPress は現在データベースと通信できる状態にあります。準備ができているなら…

インストール実行

WordPressのインストール

1 サイトのタイトル、管理者のユーザー名やメールアドレスなどを入力します❶。すべての入力が完了したら、[WordPress をインストール] ボタンを押します❷。

ようこそ

WordPress の有名な5分間インストールプロセスへようこそ！以下に情報を記入するだけで、世界一拡張性が高くパワフルなパーソナル・パブリッシング・プラットフォームを使い始めることができます。

必要情報

次の情報を入力してください。ご心配なく、これらの情報は後からいつでも変更できます。

サイトタイトルはあとで変えられるので任意でかまいませんが、これから作成するサンプルサイトに合わせるなら「Toru Yamamoto's Photo Gallery」としてください。

> **CHECK!**
>
> **パスワードを忘れない**
>
> 自動的に強力なパスワードが生成されていますが、変更することも可能です。なお、このパスワードを忘れた際、MAMPでは通常のパスワードリセットフローが利用できず、かなり煩雑な手順を踏まないといけませんので、必ずパスワードを安全な場所に保管し忘れないようにしてください。
>
> **ログイン情報をリモートサイトに合わせよう**
>
> 初期ユーザー名とパスワードはLesson06までの学習で利用していたリモートサイトに合わせておくと、のちほどリモートサーバに公開したときにログイン情報が混乱しにくくなります。

2 「成功しました!」の画面で [ログイン] ボタンを押すと、WordPressのログイン画面が表示されます。先ほどのユーザー名とパスワードで問題なくWordPressの管理画面にログインできれば、インストールが無事完了したことになります。

7-5 ローカル開発環境の設定

ローカル環境でWordPressを使う準備ができました。
リモートサーバと同様に環境設定をして、これから本書でレッスン用のウェブサイトを構築するための
サンプルデータをあなたのWordPressにインポートしましょう。
この手順は、将来WordPressサイトの引越しをするときにも役立ちます。

STEP 01 サイトの設定をしよう

Lesson03の手順をもう一度確認しながら、以下のようにローカル環境上のWordPressを設定してください。

一般設定

サイト名：Toru Yamamoto's Photo Gallery
キャッチフレーズ：写真家・山本徹のウェブサイトです。

パーマリンク設定

共通設定：[投稿名]を選択

STEP 02 サンプルデータをインポートしよう import-data ▶ samplesite.xml

管理画面で管理メニュー[ツール]→[インポート]を押してインポート
画面に移動します。ここでは、Blogger・Movable Type・Tumblrといっ
た各種のブログサービスや、ほかのWordPressからエクスポート（書
き出し）したブログの投稿記事やコメント・カテゴリー・タグなどのデータ
をあなたのWordPressにインポート（取り込み）することができます。

インポーターのインストール

1 はじめにWordPressのインポーター（プラグイン「WordPress
Importer」）をインストールします。[インポート]画面で[Word
Press]の下にある[今すぐインストール]を押してください。

2 インストールが終了すると[今すぐインス
トール]が[インポーターの実行]に変わり
ます。[インポーターの実行]を押します。

インポートの実行

サンプルサイトとして作成する、架空のフォトグラファーのポートフォリオサイトの記事データをインポートします。

1　［WordPressのインポート］画面で［ファイルを選択］を押します❶。ファイルの選択画面で、import-dataフォルダの中にある「samplesite.xml」を選択します。ボタンの右にファイル名が表示されますので❷、［ファイルをアップロードしてインポート］を押します❸。

［WordPressのインポート］画面

2　［投稿者の割り当て］では、インポートするデータに入っている投稿者をどう扱うかを決定します。ここでは初期設定（空欄）のまま、つまり投稿者をそのままインポートすることにします。［添付ファイルをダウンロードしてインポートする］にチェックしておくと❶引越し前の元サイトから、メディアファイルを自動的にダウンロードして一括で引越し後のサイトにも登録します。これもチェックして［実行］を押しましょう❷。

3　しばらく待つとインポートが完了します。その際にエラーなどがあればあわせて表示されます。

4　管理画面の管理メニューから、投稿・固定ページ・カテゴリー・タグ・コメント・メディア・ユーザーがインポートされていることを確認してください。

STEP **03**　プラグインの設定

インポートではプラグインとその設定は引き継がれません。Lesson06と同じ手順で
- **Jetpackのインストールと設定**
- **Contact Form 7のインストールと設定**

をあわせておこなっておくと、より完成度の高いサンプルサイトになります
（ただしこれからおこなうテーマ開発のレッスンにはそれほど影響はありません）。
ここまでできたら次のレッスンに進んでください。

インポートに 失敗するときは　CHECK!

途中まで追加された投稿データなどを削除してからやり直すことができます。どうしてもインポートができない場合は、少し手間ですが、最低限のデータを手作業で入力することになります。
- 最新の投稿11件
- 固定ページ「ポートフォリオ」「プロフィール」「お問い合わせ」
- カテゴリーとタグをそれぞれの投稿に割り振る
ダウンロードデータに入力用のテキストデータと写真ファイルが用意されています（import-data ▶ import.txt、uploads）。テキストはコピー&ペーストで入力してください。写真ファイルは［メディア］にアップロードします。

Lesson 07　練習問題

Q

Lesson06まで扱っていたリモートサイトから
投稿・固定ページ・メディアデータを一括でエクスポートしてみましょう。

A

❶リモートサイトの管理画面にアクセスし、管理メニュー[ツール]→[エクスポート]を押し、[エクスポート]画面に移動します❶。
❷ラジオボタン[すべてのコンテンツ]にチェックがついていることを確認し❷、[エクスポートファイルをダウンロード]ボタンを押すと❸、xmlファイルのダウンロードがはじまります。これがリモートサーバ上のWordPressのエクスポートデータです。PCの任意の場所に保存してください。

❸このエクスポートデータをほかのWordPressサイトにインポートするときは、先ほどのレッスン（**7-5** Step2サンプルデータをインポートしよう）と同様の手順を踏んでください。

ヘルプ ▼

エクスポート

下のボタンをクリックすると、WordPress がローカルに保存するための XML ファイルを作成します。

WordPress eXtended RSS もしくは WXR と呼んでいるこのフォーマットには、投稿、固定ページ、コメント、カスタムフィールド、カテゴリー、タグが含まれます。

ファイルをダウンロードして保存すると、別の WordPress インストールにこのサイトのコンテンツをインポートできます。

エクスポートする内容を選択

◉ すべてのコンテンツ ❷

これにはすべての投稿、固定ページ、コメント、カスタムフィールド、カテゴリー、タグ、ナビゲーションメニュー、カスタム投稿が含まれます。

○ 投稿

○ 固定ページ

○ メディア

[エクスポートファイルをダウンロード] ❸

COLUMN

エクスポートデータに含まれる内容

エクスポート・インポートの対象になるデータは右の項目です。サイトタイトルやキャッチフレーズ・パーマリンク設定といったサイト全体の設定は引き継がれません。引越しできる情報に限りがあること、引越し先にすでに投稿・固定ページ・カテゴリーなどがある場合はこれを上書き削除せず、追加されるということを覚えておいてください。同じ名称がすでにあったとしたら二重に登録されることになります。

- ●投稿
- ●固定ページ
- ●コメント
- ●カテゴリー
- ●タグ
- ●ナビゲーション（カスタム）メニュー
- ●カスタムフィールド（Lesson15で紹介します）
- ●カスタム投稿タイプ（Lesson15で紹介します）

テーマ作成の第一歩
～PHPと
テーマの基礎

An easy-to-understand guide to WordPress

Lesson 08

WordPressを使ううえで、オリジナルテーマをつくってみたいという人は多いと思います。ここからは4回のレッスンに渡り、オリジナルテーマの作成方法を学んでいきましょう。このレッスンでは、PHPとオリジナルテーマ作成の基礎知識について学びます。なおHTMLやCSSについては、すでに基礎知識を持っているという前提で解説を進めます。

8-1 テーマ制作のための事前準備

いよいよオリジナルテーマの作成に入ります。
この節では、テーマ作成の前準備をおこないます。
サンプルの静的サイトデータから、これから新しく作成するテーマの元になるHTMLとCSSを準備し、
その内容を確認してみましょう。

STEP 01 テキストエディタを用意しよう

コーディングにおすすめのテキストエディタ

HTMLやCSSについての基礎知識があるなら、テキストエディタとはどういうものかについては、おそらくわかっているでしょう。言葉のとおり、テキストを編集するためのソフトウェアです。簡易的なテキストエディタであれば、パソコンにあらかじめインストールされていることが多いですが、そういったものはコーディングやプログラミングに向いていない可能性もあります。すでに使い慣れたテキストエディタがある場合はそのままでかまいませんが、もしとくになければ本書ではVisual Studio Code (https://code.visualstudio.com/) かAtom (https://atom.io/) をおすすめします。どちらもプログラミング向けに開発されたテキストエディタであるため、初期設定の状態でもコーディングがかなり捗るでしょう。どちらのテキストエディタにもさまざまなパッケージ（いわゆるプラグインのようなもの）を追加することで、自分に合わせてカスタマイズし、さらに便利に使うことができます。

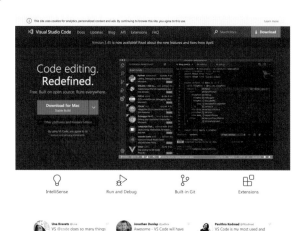

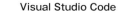

Visual Studio Code

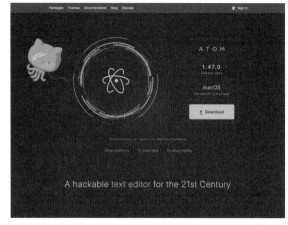

Atom

HTMLとCSSの知識は前提に CHECK!

ここからはテーマを構成しているファイルと、そこに書かれているコードを自分で編集してテーマをつくっていきます。ウェブサイトの制作にはHTMLとCSSが使われていることはご存知でしょう。WordPressではそれに加えてPHPやテンプレートタグと呼ばれるものを使って動的なサイトを実現します。前提となるHTMLやCSSまで説明すると紙面が足りなくなってしまいますので、HTMLとCSSの理解が浅い人は別の本であわせて勉強することをおすすめします。

STEP 02　デバッグモードを有効化しよう

デバッグモードとは

WordPressでテーマやプラグインの開発をおこなう際、画面が真っ白になったり、途中までしか表示されなかったりすることがあります。それはコードに何かしらのエラーがあり、サーバがそれをうまく処理できず、プログラムの実行が中止されたためです。エラーなどを解決するためには、その詳細を確認する必要がありますが、通常それらはサーバのログに記録されます。しかし、デバッグモードを有効化すれば、ブラウザでアクセスした際にエラーの詳細が表示されるようになります。

デバッグモードの有効化

デバッグモードの有効化はとても簡単です。WordPressをインストールしたフォルダ直下にあるwp-config.phpファイルをテキストエディタで開き、84行目あたりの `define('WP_DEBUG', false);` を `define('WP_DEBUG', true);` に変更し保存するだけです。

```
∨ 2 ■■■ wp-config.php

    @@ -81,7 +81,7 @@
      * @link https://ja.wordpress.org/support/article/debugging-in-wordpress/
      */
-   define( 'WP_DEBUG', false );

    /* 編集が必要なのはここまでです ！ WordPress でのパブリッシングをお楽しみください。 */
```
```
    @@
      * @link https://ja.wordpress.org/support/article/debugging-in-wordpress/
      */
+   define( 'WP_DEBUG', true );

    /* 編集が必要なのはここまでです ！ WordPress でのパブリッシングをお楽しみください。 */
```

ソースコード Before

```
 */
define('WP_DEBUG', false);

/* 編集が必要なのはここまでです ！ WordPress でパブリッシングをお楽しみください。 */
```

ソースコード After

```
 */
define('WP_DEBUG', true);

/* 編集が必要なのはここまでです ！ WordPress でパブリッシングをお楽しみください。 */
```

こうすることで、エラーや警告などがあった際はブラウザ上に表示されるようになり、問題の解決が容易になるでしょう。

CHECK!

本番環境ではデバッグモードを使わない

開発にはとても便利なデバッグモードですが、本番環境ではかならず無効化しておきましょう。なぜならエラーや警告メッセージは悪意のある攻撃者にとって攻撃のヒントになる可能性があるからです。通常は意図的に有効化しない限りデバッグモードは有効化されません。また、Lesson12で紹介する本番環境へのデプロイ（開発環境での作業結果を本番環境に反映すること）も、本番のデバッグモードには影響を与えませんので、実際に本番環境でデバッグモードを無効化する作業が発生することはほとんどありませんが、本番環境でデバッグモードを有効化しないということは覚えておきましょう。

STEP 03　静的サイトを用意しよう

⬇ easiest-wp-html

オリジナルテーマを作成する際、いきなりPHPを使って
コーディングしていくにはテーマ作成にかなり慣れている
必要があります。本書では初心者にもわかりやすいように、
まずはHTML・CSS・JavaScriptなどでコーディングされ
た静的サイトをサンプルとして用意し、それをテーマ化して
いく方法を採用します。

静的サイトのデータはダウンロードしたサンプルデータの
中に含まれています。ご自身のテーマ化したいサイトを用
いてもかまいませんが、WordPress テーマにはいくつか
のルールがあるので、はじめての場合はサンプルデータを
利用した方が混乱が少ないでしょう。

サイトイメージの確認

まず、テーマ化する前に、どういうサイトになるかイメージしやすい
よう、完成時のものを確認してみましょう。サンプルサイトはフォト
グラファーのポートフォリオサイトをイメージしています。ヘッダー
にサイトタイトルとグローバルナビゲーションがあり、メインは2カ
ラムで右側にサイドバー、フッターにはコピーライトが入ります。ヘッ
ダー、フッター、サイドバーは基本的にすべてのページで共通とし
ます。

ファイル構成

サイトのイメージを確認できたら、基になる静的サイトのデータが
入っている「easiest-wp-html」フォルダを開いてファイル構成を
見てみましょう。画像は「images」フォルダにまとめられており、
投稿ページ、アーカイブページなどを想定したHTMLファイルと
スタイルシートの「style.css」が入っています。

HTMLとCSSのファイル名は、
混乱を避けるため、WordPress
テーマのテンプレート名に合わせ
たものになっています。今後、自
分でオリジナルな静的サイトを用
意してそこからテーマを作成する
際も参考にするとよいでしょう。

静的サイトのファイル構成

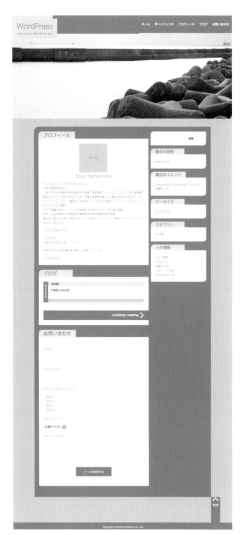

サンプルサイト完成イメージ

本書テーマのサンプルサイト

CHECK!

サンプルテーマの完成イメージとして、ダウンロードファイルとは
別にサンプルサイトを用意しています。Lesson 15 まで終えた状態
のオリジナルテーマが公開されていますので、参考にしてください。
https://easiest-wp.com

8-2 PHPの基礎知識

PHPを扱うにあたっての基礎知識を学習しましょう。
プログラミングにはじめてふれる人は難しく感じることと思いますが、
はじめからすべてを理解する必要はありません。
あとのレッスンで困ったときに、ここに戻ってきてください。

PHPの概要

PHPは、広く使われているオープンソースの汎用プログラミング言語です。HTMLに埋め込む形で記述することができ、とくにウェブ開発に適しています。PHPという名称は、"PHP: Hypertext Preprocessor"の頭文字で、「ハ

イパーテキスト（HTML）のプリプロセッサ」という意味です。つまり、PHPファイルは読み込まれたときにHTMLを動的に生成するものであると考えてください。

基本構文

PHPタグ

PHPのコードをHTMLに埋め込むことができるとはどういう感じなのでしょうか。試しに「hello.php」という名前のファイルを作成して次のようにコードを記載し、MAMPの「htdocs」フォルダ直下に置いてください。
PHPはファイルを解析して、PHPの開始タグ**<?php**と終了タグ**?>**を探します。タグが見つかると、PHPはコードの実行を開始したり終了したりします。
ブラウザでhttp://localhost:8888/hello.phpにアクセスすると、「Hello, world!」が表示されているのが確認できます。上記ファイルのPHPタグに囲まれた部分では、**echo命令**により**<p>Hello, world!</p>**が出力され、それ以外の部分は通常のHTMLとして解釈されます。
ブラウザからソースを確認すると、下の内容のHTMLがPHPによって出力されたことが確認できます。すべての確認が終わったら、hello.phpは削除してかまいません。

ソースコード hello.php

```
<html>
<head>
  <title>PHP Test</title>
</head>
<body>
  <?php echo '<p>Hello, world!</p>'; ?>
</body>
</html>
```

ソースコード hello.phpで出力されるHTML

```
<html>
<head>
  <title>PHP Test</title>
</head>
<body>
  <p>Hello, world!</p>
</body>
</html>
```

CHECK!

ファイル終端における PHP終了タグ

ファイル終端におけるPHP終了タグはオプション（任意）ですが、省略することが推奨されています。終了タグのあとに余分な空白や改行があると、予期せぬ挙動を引き起こす場合があるので、これを防ぐためです。本書ではファイル終端のPHP終了タグをすべて省略します。

COLUMN

ブラウザでソースを確認するには

ブラウザにより異なりますが、ページを右クリックして表示される［(ページの)ソースを表示］をクリックするか、Macの場合は command + option + U 、Windowsの場合は Ctrl + U あるいは F12 （開発者ツール）で表示されます。

改行・インデントとセミコロン

HTML同様、PHPにおいても改行やインデントにはほとんど意味がありませんが、コードの見栄えをよくするためにも適宜入れておくとよいでしょう。命令を区切るにはセミコロン（ ; ）を使います（CSSと似ていますね）。右の2つのPHPコードブロックはまったく同じ処理をします。

ソースコード

```php
<?php echo 'Hello world'; echo ' from PHP.'; ?>

<?php
  echo 'Hello world';
  echo ' from PHP.';
?>
```

コメント

PHPのコメントには一行コメントと複数行コメントの記法があります。一行コメントは // あるいは # でコメントを開始し、改行またはPHP終了タグで終了します。複数行コメントはCSSと同様、 /* で開始し、最初に */ が現れた時点で終了します。

ソースコード コメントの例

```php
<?php
// 一行コメント
# もう1つの一行コメント
/* 複数行コメント
もう一行分のコメント */
?>
```

文字列の出力

いままでの例でも登場しましたが、何らかの処理の結果を文字列として出力することは頻繁にあります。PHPで文字列を出力するには **echo** と **print** を用います。**echo** と **print** の唯一の違いは、**echo** は複数の文字列をカンマ区切りで出力できるという点です。この利便性から、WordPressのテーマでは **echo** が用いられることがほとんどです。

ソースコード echoの書式

```php
<?php
echo 'こんにちは世界。';
echo 'Hello', ' world!'; // 出力結果：Hello world!
?>
```

ソースコード printの書式

```php
<?php
print 'こんにちは世界。';
print 'Hello world!';
?>
```

データ型

データ型とはPHP内で扱う値の種類に関する分類であり、PHPは9種類の型をサポートします。「値の種類」といってもピンとこないかもしれませんが、1234という数字を「文字列」として扱うのか、計算の対象になる「数値」として扱うかによってプログラムの実行結果が変わることはよくあります（たとえばMicrosoft Excelなどの表計算ソフトにもデータの型は登場しますね）。PHPを扱っているときに思いどおりに動かないときは値のデータ型を意識してみましょう。これらのうち、本書で使うものについて紹介しておきます。

論理値

論理値（boolean）は真偽の値を表します。真偽値、真理値ともいいます。真の場合は **true**、偽の場合は **false** という値をとります。どちらも大文字小文字に依存しません（ **TRUE・FALSE** と記述しても構いません）。「条件Aに合うときはこうする、合わないときはこうする」といった、プログラム上の条件分岐処理で多く使われます。

数値

正確には整数（integer）と浮動小数点数（float）に分かれますが、本書ではそれほど意識しなくてもかまいません。特徴として代数演算子（ +, -, *, / など）による計算に利用することができます。

文字列

文字列（string）は、文字が連結されたものです。文字列を指定する最も簡単な方法は、シングルクォート（`'`）あるいはダブルクォート（`"`）で括ることです。両者の大きな違いとして、ダブルクォートは変数といくつかの特殊文字を文字列内で展開します。本書では意図しない文字の展開を避けるため、基本的にはシングルクォートを使います。なお、数値を`'`や`"`で括ると、データ型は文字列に変換されることを注意してください。文字列に対して代数演算子を用いて計算をおこなうと、自動的に数値に変換されることも注意が必要です。たとえば、「`'2020年' + '1'`」という計算は、文字列から数値の部分のみを取り出して計算し、結果として2021という整数が返ってきます。

配列

配列（array）とは、複数のデータを扱いやすいようまとめたものと考えてください。それぞれのデータは自動的に自然数の添え字がつけられます。これらはキーと呼ばれ、特別に指定しない限り、キーは0から始まり1ずつ増えます。PHPでは`array()`関数を使って配列をつくることができます。

上のように書くと「`0`（キー）と`'apple'`」「`1`（キー）と`'banana'`」「`2`（キー）と`'cherry'`」という3つの自然数と文字列のペアがまとまったデータを表すことになります。

さらに、このキーに文字列など自然数以外のものを使った配列を連想配列と呼びます。`array`の中で値の前にキーと`=>`を追加することでつくることができます。次のような記法となります。

ソースコード 配列

```
array( 'apple', 'banana', 'cherry' );
```

ソースコード 連想配列

```
array(
  'a' => 'apple',
  'b' => 'banana',
  'c' => 'cherry',
);
```

NULL

`NULL`は値を持たないことを表します。いわゆる「空っぽ」「何もない」を意味します。大文字小文字を区別しない定数`NULL`が、null型の唯一の値です。

変数

プログラミングにおける変数とは、上に挙げた各種のデータを一定期間記憶し必要なときに利用できるよう、名前を与えたものです。いろいろな値をいれるための名前の付いた箱のようなものと考えてください。PHPではドル記号（`$`）のあとに変数名が続く形式で表されます。変数名は大文字小文字を区別します。変数にデータを代入するにはイコール（`=`）を使います。コメントをつけて例を示します。

ソースコード

```php
<?php
$a = 'apple'; // $aという箱に'apple'という「文字列」が入る
$this_year = 2020; // $this_yearという箱に2020という「数値」が入る
$next_year = $this_year + 1; // $next_yearという箱に計算の結果2021という「数値」が入る
$fruits = array(
  'a' => 'apple',
  'b' => 'banana',
  'c' => 'cherry',
); // $fruitsに「'a'は'apple'・'b'は'banana'・'c'は'cherry'」という「配列」が入る
?>
```

関数

プログラミングにおいて関数とは、繰り返し使う一定の処理をまとめて名前をつけたものを表します。プログラムの中の任意の場所に記述して使用することができます。Word Pressにはあらかじめ動的サイトの作成に便利な関数がたくさん定義（登録）されており、これらを使いこなすことがオリジナルテーマの作成に必要なスキルとなってきます。

関数を定義する

PHPでは次のような構文で定義（登録）します。関数名にはPHPのほかのラベル（変数名など）と同じ規則に従い、文字かアンダースコアで始まり、その後に任意の数の文字・数字・アンダースコアが続きます。

ソースコード 関数の定義

```php
<?php
function 関数名() {
    // ここに関数の中身を記述
}
?>
```

関数を実行する

関数の実行（呼び出しあるいはコールと呼びます）は次のようにおこないます。

ソースコード 関数のコール

```php
<?php
    関数名();
?>
```

変数のスコープ

スコープとは可視範囲を意味し、変数や関数を参照できる範囲のことです。PHPでは、関数の中の変数の初期設定のスコープは関数内部に制限されるため、左のコードは何も出力しません。

この例で、関数内部で変数**$hello**と$aを利用するためには、**global**キーワードを使い明示的にグローバル変数（どこからでも参照できる変数）として宣言する必要があります。右のように書き換えれば「Hello, world!apple」が出力されます。

ソースコード

```php
<?php
$hello = 'Hello, world!';
function say_hello() {
  echo $hello;
}
say_hello();

function set_apple() {
  $a = 'apple';
}
set_apple();
echo $a;
?>
```

ソースコード

```php
<?php
$hello = 'Hello, world!';
function say_hello() {
  global $hello;
  echo $hello;
}
say_hello();

function set_apple() {
  global $a;
  $a = 'apple';
}
set_apple();
echo $a;
?>
```

引数（ひきすう）

関数の多くにはそのふるまいをさらに細かく指定する引数というパラメーター（設定値）を設定できるようになっていて、関数を書くときはその中に引数を指定することが多くあります。引数は関数を呼び出すときに、次のような記法で記述されます。

関数名（引数1，引数2，引数3，… ）;

関数に書き込める引数の種類は関数ごとにあらかじめ決まっており、入力が必須であるものと入力を省略してもよい（省略すると自動的に初期設定の値が与えられる）ものと

があります。なお引数の評価は左から右の順番でおこなわれるため、上記の引数3を省略せずに引数2を省略することはできません。WordPressの関数ごとに対応する引数をすべて覚えることは困難ですが、Codexの関数リファレンス（https://wpdocs.osdn.jp/関数リファレンス）などで確認することができます。また巻末付録に本書で使用したWordPress関数を逆引きできるようにしてありますので、そちらも参照してください。

返り値

関数では、**return**文により配列やオブジェクトを含むあらゆる型の値を返すことができます。これにより、関数の実行を任意の箇所で終了し、その関数の呼び出し元に戻ることが出来ます。関数内で**return**文が呼び出されると、即座にその関数の実行は停止され、値を呼び出し元に返します。たとえ複数の**return**文があっても、最初の**return**文が実行された時点でその関数は停止されます。なお、**return**を省略した場合は**NULL**を返します。**return**の使用例を示します。

ソースコード

```php
<?php
// 2乗を計算する関数を作成します
function square( $num ) {
  return $num * $num;
}
$result = square( 4 ); // return文
を使うと、関数の処理結果をいったん変数な
どに代入することができます。この時点では
まだ何も出力されません。
echo $result; // '16'を出力
?>
```

if文を用いた条件分岐

if文はさまざまな条件に応じて、PHPの処理を変えたい場合に用いる構文です。もっとも簡単な形は次のようなものです。条件式を満たす場合のみ、「**<p>条件式を満たしています</p>**」というHTMLが出力されます。

ソースコード

```php
<?php if (条件式) : ?>
  <p>条件式を満たしています</p>
<?php endif; ?>
```

バリエーションとして、このような書き方もできます。

ソースコード

```php
<?php if (条件式) {
  echo '<p>条件式を満たす場合はここが表示される</p>';
} ?>
```

さらに**else**を用いて「条件を満たさない」場合の処理も書き加えることができます。

ソースコード

```php
<?php if (条件式) : ?>
  <p>条件式を満たしています</p>
<?php else : ?>
  <p>条件式を満たしていません</p>
<?php endif; ?>
```

elseifを用いて評価する条件式を増やすこともできます。この場合、条件式1を満たしていれば、「**<p>条件式1を満たしています</p>**」がHTMLとして出力され処理は終了します。条件式1を満たしていないときにはじめて条件式2が満たされているか評価される…という流れになります。

ソースコード

```php
<?php if (条件式1) : ?>
  <p>条件式1を満たしています</p>
<?php elseif (条件式2) : ?>
  <p>条件式1は満たしていないけど条件式2は満たしています</p>
<?php else : ?>
  <p>どちらの条件式も満たしていません</p>
<?php endif; ?>
```

具体例をいくつか示しましょう。条件式としてはただ**$fruit**という変数名のみが書かれています。これは「変数**$fruit**に**NULL**・**false**・**0**（整数のゼロ）・**'0'**（文字列のゼロ）・**''**（空の文字列）・**array()**（空の配列）以外のなんらかの値が入っているならば」という意味になります。**$fruit**には**'banana'**という文字列の値が入っているので、HTMLとして**<p>変数 $fruit に値が入っています</p>**が出力されます。仮に**$fruit**に値が入っていないならば、何の処理もおこなわれません。

ソースコード

```php
<?php
$fruit = 'banana';
if ( $fruit ):
?>
  <p>変数 $fruit に値が入っています</p>
<?php endif; ?>
```

ソースコード

```php
<?php
$fruit = 'banana';
if ( $fruit == 'apple' ):
?>
  <p>変数 $fruit に'apple'が入っています</p>
<?php elseif ( $fruit == 'banana' ) : ?>
  <p>変数 $fruit に'banana'が入っています</p>
<?php else : ?>
  <p>変数 $fruit に'apple'も'banana'も入っていません</p>
<?php endif; ?>
```

こうすると、**$fruit**には文字列**'banana'**が入っているので、「**<p>変数 $fruit に 'banana' が入っています</p>**」がHTMLとして出力される、という流れになります。

「＝」と「＝＝」・「＝＝＝」の違い CHECK!

PHPにおいて、演算のための記号（演算子と呼びます）＝は「左辺（変数）に右辺の値を入れる（代入する、といいます）」という意味をもちます（代入演算子と呼びます）。学校で習ったような「左右の値は等しい」という意味を持ちません。代わりに左右の辺が等価であることを示すには＝＝・＝＝＝という演算子（比較演算子と呼びます）を用います。条件式などで「変数`$fruit`は文字列`'banana'`と等しい」という書き方をしたい場合、例文のように`$fruit == 'banana'`と書きます。＝＝と＝＝＝はどちらも左辺と右辺が等しいかを比較しますが、特徴的な違いがあります。＝＝は型の相互変換をしたうえで比較しますが、＝＝＝は同じデータ型であるかどうかも判定します。たとえば、`0 == '0'`は真ですが、`0 === '0'`は偽です。

PHP プログラミングで困った時

var_dump()関数で変数の型や値などを見る

プログラミングをするうえで、必ずといっていいほど思ったとおりに動かなかったり、または正しく処理されているかどうかを確認したいケースに出会うと思います。その際のデバッグや検証技術を身につけることはとても重要です。PHPでは、`var_dump()`関数を利用することをおすすめします。`var_dump()`とは、引数に指定した変数の型や値を含む構造化された情報を出力する関数です。

ソースコード var_dump()の使用例

```php
<?php
$a = true;
$b = 3;
$c = 1.5;
$d = 'dog';
$e = ['elephant', 80];
$fruits = array(
  'a' => 'apple',
  'b' => 'banana',
  'c' => 'cherry',
);
var_dump( $a, $b, $c, $d, $e, $f, $fruits );
?>
```

ここで注目したいのが、値が何も代入されていない変数`$f`でも、`NULL`を出力するところです。もし`var_dump()`を実行しても何も出力されない場合は、その前にプログラムが停止していた、あるいは条件分岐などによってスキップされたことを意味します。

出力結果

```
bool(true)
int(3)
float(1.5)
string(3) "dog"
array(2) {
  [0]=>
  string(8) "elephant"
  [1]=>
  int(80)
}
NULL
array(3) {
  ["a"]=>
  string(5) "apple"
  ["b"]=>
  string(6) "banana"
  ["c"]=>
  string(6) "cherry"
}
```

出力結果はページのソースを表示すると見やすくなります。

PHP公式マニュアルで調べる

PHPには公式のオンラインマニュアルがあり、そのほとんどはすでに日本語に翻訳されており、https://secure.php.net/manual/ja/index.phpにアクセスすると確認することができます。PHPに対するさらなる理解を深めたい場合は参照してみるといいでしょう。

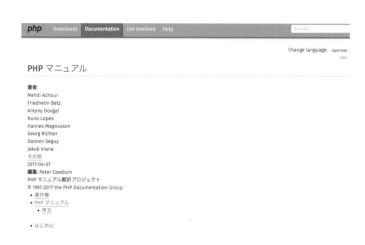

8-3 オリジナルテーマを WordPress に認識させよう

サンプルファイルの静的サイトのデータを、
WordPress のテーマとして WordPress に認識させるための作業をおこないます。
データを正しく配置し、テーマに必須のphpファイルを作成、
style.cssにテーマの情報を書き込みましょう。

テーマ作成の第一歩～PHPとテーマの基礎 Lesson 08 09 10 11 12 13 14 15

STEP 01 テーマフォルダの作成

easiest-wp-html

テーマの格納場所に新しいテーマフォルダを作成する

WordPressのテーマは「wp-content/themes」フォルダ内に格納します。まずはMAMPにインストールしたWordPressのwp-content/themesフォルダを覗いてみましょう。「twenty…」というフォルダが3つあると思います。これはWordPressにあらかじめインストールされているデフォルトテーマで、http://localhost：8888/wordpress/にアクセスすると、そのうちの最新のものが有効化されています。

それでは、オリジナルテーマをWordPressに認識させてみましょう。まずwp-content/themesフォルダ内にオリジナルテーマ用のフォルダを作成します。例としてここでは「easiest-wp」という名前のフォルダを作成します。

wp-content/themes 内にオリジナルテーマのフォルダを作成

必要最低限のファイルをコピー、名前を変更する

子テーマ（**15-4**参照）ではない独立したテーマとして、WordPressに正しく認識させるには、最低限「index.php」と「style.css」の2つのファイルが必要です。基になる「easiest-wp-html」フォルダからindex.htmlとstyle.cssをeasiest-wpフォルダにコピーし、index.htmlのファイル名をindex.phpに変更してください。

これによりWordPressがテーマとして認識し、管理画面の［テーマ］一覧にオリジナルテーマが表示されるようになります。

index.php と style.cssを追加
easiest-wpフォルダにindex.htmlとstyle.cssをコピーして、index.htmlをindex.phpにリネームします。

STEP 02 オリジナルテーマを有効化しよう

WordPressの管理画面にログインし、管理メニュー［外観］→［テーマ］画面に移動します。Step01で作成したフォルダ名と同じ名前の「easiest-wp」というテーマが追加されています。さっそく［有効化］ボタンを押して有効化し、［サイトを表示］リンクを押してサイトを確認してみましょう。

まだテーマ画像はないためサムネイルは表示されません。

ブラウザでサイトを確認すると、スタイルシートがまったくあたっていないことに驚くかもしれません。しかし、index.phpの中身がきちんと表示されているのを確認できるかと思います。現時点ではこの状態で問題ありませんので、ここからWordPressテーマに最低限必要なindex.phpとstyle.cssについてもう少し詳しく見ていきましょう。

easiest-wpテーマの表示
現時点ではこれで問題ありません。

STEP 03　style.cssを編集する

子テーマを含めて、すべてのWordPressテーマにはstyle.cssが必要です。
WordPressにおいてstyle.cssはサイトの見た目をコントロールするだけではなく、このファイル群が正しくテーマであると認識されるために必須なのです。style.cssはテーマフォルダの直下に配置する必要があります。

ヘッダーコメントの役割と項目

style.cssの見本として、Twenty Twentyのstyle.cssを見てみましょう。最初にコメントが記述されています。これはヘッダーコメントと呼ばれます。WordPressはこれを使い[テーマの詳細]画面でテーマに関する情報を表示しています。

ソースコード Twenty Twenty テーマの style.css のヘッダーコメント

```
/*
Theme Name: Twenty Twenty
Text Domain: twentytwenty
Version: 1.3
Requires at least: 4.7
Requires PHP: 5.2.4
Description: Our default theme for 2020 is designed to take full advantage of the flexibility of the
block editor. Organizations and businesses have the ability to create dynamic landing pages with
endless layouts using the group and column blocks. The centered content column and fine-tuned
typography also makes it perfect for traditional blogs. Complete editor styles give you a good idea of
what your content will look like, even before you publish. You can give your site a personal touch by
changing the background colors and the accent color in the Customizer. The colors of all elements on
your site are automatically calculated based on the colors you pick, ensuring a high, accessible color
contrast for your visitors.
Tags: blog, one-column, custom-background, custom-colors, custom-logo, custom-menu, editor-style,
featured-images, footer-widgets, full-width-template, rtl-language-support, sticky-post, theme-
options, threaded-comments, translation-ready, block-styles, wide-blocks, accessibility-ready
Author: the WordPress team
Author URI: https://wordpress.org/
Theme URI: https://wordpress.org/themes/twentytwenty/
License: GNU General Public License v2 or later
License URI: http://www.gnu.org/licenses/gpl-2.0.html

All files, unless otherwise stated, are released under the GNU General Public
License version 2.0 (http://www.gnu.org/licenses/gpl-2.0.html)

This theme, like WordPress, is licensed under the GPL.
Use it to make something cool, have fun, and share what you've learned
with others.
*/
```

以下はヘッダーコメントの一覧です。゛マークがある項目は、WordPress.org公式のテーマディレクトリに公開するためには必須です。WordPress の公式テーマリポジトリはヘッダーコメントの「Version」の番号から、新しいバージョンがあるかどうかを判定します。

Twenty Twentyの[テーマの詳細]画面で表示される情報。

Theme Name：テーマ名。*

Theme URI：テーマの詳細情報が掲載されているURL。

Author：テーマの開発者名もしくは組織名。WordPress.org
　のユーザー名が推奨されています。

Author URI：開発者もしくは組織のURL。

Description：テーマの簡単な説明。*

Version：バージョン。フォーマットはX.XもしくはX.X.X。*

License：テーマのライセンス。*

License URI：テーマのライセンスのURL。*

Text Domain：翻訳用のテキストドメインの文字列。

Tags：タグフィルタを使ってテーマを探すための単語もしくは
　フレーズ。タグの一覧はTheme Review Handbook
　（https://make.wordpress.org/themes/handbook/
　review/required/theme-tags/）で確認できます。

オリジナルテーマのヘッダーコメントを追加する

ヘッダーコメントがなくても、テーマとしては問題なく機能しますが、［テーマの詳細］画面でわかりやすいように、
いくつかの項目を追加してみましょう。easiest-wpフォルダに入れたstyle.cssをエディタで開き、
次のように先頭にヘッダーコメントを追加します。

`ソースコード` **style.css**

```
/*
Theme Name: Easiest WP
Author:      「世界一わかりやすいWordPress導入とサイト制作の教科書」著者チーム
Description:  「世界一わかりやすいWordPress導入とサイト制作の教科書」サンプルテーマ
Version: 1.0
Text Domain: easiest-wp
*/
```

編集が完了したらファイルを保存し、［外観］→［テーマ］画面を開きます。すると、テーマ名がフォルダ名ではなく、ヘッダーコメントのTheme Nameに記述した「Easiest WP」になっているのが確認できます。さらに、［テーマの詳細］を押すと、バージョン・作成者・説明文なども確認できます。

ファイル名と位置は重要　`CHECK!`

WordPressテーマ内のファイル名は重要です。WordPressはファイル名をもとに各ファイルの役割を理解し処理しています。ヘッダーコメントが書き込まれてWordPressが読み込むのは「style.css」と決まっており「base.css」など、ほかのファイル名ではいけません（style.cssからほかのCSSをインポートする・style.cssと並行してほかのCSSを読み込むならば問題ありません）。またこれはWordPressのテーマフォルダ直下に置かれていないと正しく解釈されません。以後テーマファイル内のファイル名には「お決まりのネーミング」が頻出します。

STEP **04** imagesフォルダをコピーする

`easiest-wp-html ▶ images`

今回のテーマではアイコンや背景に画像を使用しており、スタイルシートでそれらを指定してあります。style.cssとの相対位置が変わらないよう、easiest-wp-htmlフォルダ内の「images」フォルダをコピーし、style.cssと同じ階層であるオリジナルテーマの「easiest-wp」フォルダ直下に配置してください。

images フォルダ

COLUMN

index.phpの役割

静的サイトでは、通常index.htmlはサイトのトップページを表します。しかし、WordPressテーマのindex.phpは別の意味を持っています。前述のとおり、独立したテーマではindex.phpは必須であり、後述するテンプレート階層（**10-1**参照）において、ほかのテンプレートが見つからない場合に最終的に適用されるテンプレートです。

8-4 オリジナルテーマに スタイルシートを適用させよう

テーマにスタイルシートを正しく読み込ませるためには、
いくつか WordPress 独特の振る舞いを理解する必要があります。
少し難しい知識も出てきますが、まずは実例の手順を踏んでから読み返してもかまいません。
実際にコードを書いてブラウザで表示させながら、学習を進めていきましょう。

静的サイトとテーマ上の CSS の取扱いの違い

WordPress にオリジナルテーマを認識させて有効化することができました。しかし、サイトにはまだスタイルシートが適用されていません。なぜスタイルシートが効かなくなったかというと、CSS ファイルへのパスが変わったからです。まずはブラウザで http://localhost:8888/wordpress/ にアクセスし、右クリックなどでページのソースを表示して確認してみましょう。**<head>** タグ内に **<link rel= "stylesheet" href="style.css" />** という一行があると思います。スタイルシートへのパスには「style.css」のみが記述されています。これは現在アクセスしているページからの相対パスなので、http://localhost:8888/wordpress/style.css を意味します。しかし、実際に

はそこに style.css はありません。オリジナルテーマの style.css は wp-content/themes のオリジナルテーマフォルダ内に格納してあるので、ブラウザから見た絶対パスは http://localhost:8888/wordpress/wp-content/themes/easiest-wp/style.css です。

では、現在の style.css の記述を正しい絶対パスに変更すればいいのかというと、そうではありません。WordPress には現在有効化しているテーマのメインスタイルシートへのパスを取得するための PHP 関数が存在し、さらにそれを正しく読み込むための方法があります。それをおこなう前にまずは「functions.php」と「フック」について説明しなければいけません。

functions.php の役割を理解しよう

functions.php とは、個別テーマのための PHP 関数をまとめて管理するためのファイルです。テーマで使うオリジナルの関数はこのファイルの中で定義することになります。テーマフォルダの直下に functions.php を配置し、その中に PHP のコードを記述することによって、プラグイン同様、WordPress サイトのデフォルトの動作を変更した

り、新しい機能を追加したりすることができます。
実際に functions.php を作成し、その動きを確認してみましょう。エディタで functions.php ファイルを新規作成して、easiest-wp フォルダの直下に保存します。
functions.php の先頭には PHP の開始タグ **<?php** を記述します。これ以降は任意の PHP コードを記述することで、WordPress は自動的にそれを実行してくれます。試しに、改行後 **echo 'Hello, world!';** と入れて、保存してみましょう。

```
themes
    easiest-wp
        functions.php
        index.php
        style.css
    twentynineteen
    twentyseventeen
    twentytwenty
```

オリジナルテーマの functions.php を新規作成
テキストエディタで新規ファイルを作成して、名前を functions.php として easiest-wp フォルダに保存します。

ソースコード functions.php

```php
<?php
echo 'Hello, world!';
```

保存後、http://localhost:8888/wordpress/にアクセスすると、ページの先頭に「Hello, world!」が追加されているのがわかります。さらに、管理画面（http://localhost:8888/wordpress/wp-admin/）にもアクセスしてみましょう。管理メニューに隠れて見えませんが、右クリックしてページのソースを表示すると、「Hello, world!」がソースの先頭に追加されているのが確認できます。

このように、functions.phpに記述されたPHPコードは、サイトの表側と管理画面のどちらでも実行されます。

functions.phpが問題なく機能していることが確認できたら2行目の`echo 'Hello, world!';`を削除してください。

フックとは

コアファイルを編集せずに
デフォルトの動きを変える

WordPressを使っていくうえで、デフォルトの振る舞いを変更したい場合があります。デフォルトの動きは基本的に「wp-content」フォルダ以外のコアファイルと呼ばれている部分に書かれています。それを変更するために直接コアファイルを書き換えることも可能です（実際そのように解説しているブログなどもあります）が、しかしこのやり方ではWordPressをアップデートすると、変更した内容はすべて上書きされ消え去ります。そこで、WordPressにはほかのファイルからデフォルトの動きを変更できる仕組みが用意されています。それがフックです。

フックはWordPressコアファイルのほか、さまざまなテーマやプラグインにもあらかじめ複数用意されています。functions.phpなどのファイルから、これらのフックがあるポイントを任意に指定してコードを実行させることで、WordPressのさまざまな動きをカスタマイズできます。

フックを完全に理解しうまく扱えるようになるには、中級以上の熟練度が必要かもしれません。本書ではなるべく早いうちにフックに触れ、慣れていくことをおすすめします。少し難しい内容ですが、あとのレッスンで具体的に解説していきますので、まず概念だけでもつかんでください。

アクションフックとフィルターフック

フックには2種類あります。

●**アクションフック**：特定のポイントもしくは特定のイベント発生時に起動されるフックです。そのタイミングで任意のPHP関数を実行させることができます。
●**フィルターフック**：データベースへの保存時や読み出し時にその値を改造するためのフックです。

もっとも適したフックの選択にはWordPressの構造をある程度理解する必要があります。初心者のうちは本書やデフォルトテーマなどを参考に利用するといいでしょう。

フックの使い方

フックの基本的な利用方法はとてもシンプルです。

❶実行させたいPHP関数を作成します。テーマ作成において多くの場合はfunctions.phpに記述します。
❷アクションの場合は`add_action()`、フィルターの場合は`add_filter()`を呼び出して、特定のフックに作成した関数を登録します。

こうすることで、指定したタイミングで作成した関数が実行され、WordPressに対してさまざまな変更をおこなうことができます。

フックを探すには

どのタイミングにどのフックが起動されるかを知りたいとき、通常はWordPress Codexのアクションフック一覧（https://wpdocs.osdn.jp/プラグイン_API/アクションフック一覧）とフィルターフック一覧（https://wpdocs.osdn.jp/プラグイン_API/フィルターフック一覧）を参照します。しかし、WordPressには何千ものフックが存在し、ここにすべてが載っているわけではありませんし、そのすべてを把握し使いこなす必要もありません。最初のうちはよく使われるものをある程度把握し、お決まりとして覚えてもいいでしょう。中級者以上になったら、Codexにも載っていないようなフックをWordPressのコアファイルから探してみてもいいかもしれません。

COLUMN

WordPress テーマでの正しいスタイルシートの読み込み方法

functions.php の役割とフックを理解したところで、
それを利用して実際にオリジナルテーマで正しくスタイルシートを読み込みましょう。

index.php に wp_head()、wp_footer()、wp_body_open() を記述する

まず、オリジナルテーマの index.php をエディタで開き編集しましょう。**\<head\>** タグ内にあるスタイルシートを読み込む **\<link /\>** 行を削除して、代わりに関数 **wp_head()** を記述します。この関数は **wp_head** という名前のアクションを呼び出し、HTML の **\<head\>** 内に必要なスタイル・スクリプト・メタなどの HTML タグを、functions.php などのファイルやデータベースから取得して挿入します。WordPress 本体や多くのプラグインがこの **wp_head()** を利用するため、基本的にテーマをつくるにあたっては必ず **\</head\>** タグ直前に記述する必要があります。同様に、関数 **wp_footer()** はフッターの方に欠かせません。**wp_footer** という名前のアクションを呼び出し、**\</body\>** の直前にスクリプトなどを追加します。こちらは **\</body\>** の直前に記述する必要があります。さらに、WordPress 5.2 から **wp_body_open()** というタグが追加されました。**wp_body_open** というアクションを呼び出し、**\<body\>** 開始タグの直後にスクリプトなどを追加する場合に用いられます。

1　**\</head\>** タグの直前にある **\<link rel="stylesheet" href="style.css" /\>** の行を削除し、代わりに **\<?php wp_head(); ?\>** を追加します。
さらに **\<body\>** 開始タグの直後に **\<?php wp_body_open(); ?\>** を追加します。

ソースコード Before　index.php

```
  <title>Easiest WP</title>
  <link rel="stylesheet" href="style.css" />
</head>
<body class="home">
  <header class="page-header">
```

ソースコード After　index.php

```
  <title>Easiest WP</title>
  <?php wp_head(); ?>
</head>
<body class="home">
  <?php wp_body_open(); ?>
  <header class="page-header">
```

2　**\</body\>** の直前に **\<?php wp_footer(); ?\>** を追加します。

ソースコード After　index.php

```
    <p>Copyright ©  Gijutsu-Hyohron Co., Ltd.</p>
    </div>
  </footer>
  <?php wp_footer(); ?>
</body>
</html>
```

functions.php にてスタイルシートを読み込ませる関数を作成

次に、作成した functions.php をエディタで開き、スタイルシートを読み込ませるための PHP 関数を作成しましょう。関数名は任意につけてかまいませんが、WordPress コアファイルやほかのプラグインに定義されたものとかぶらないようにするために、テーマ固有のプレフィックス（接頭語）をつけることをおすすめします。今回はスタイルやスクリプトを読み込む関数なので名前は「scripts」にテーマのフォルダ名「easiestwp」（関数名にハイフンは使えませんので取り除きます）をアンダースコアでつなげ「**easiestwp_scripts**」という関数名にします。

ソースコード After　index.php

```
<?php
function easiestwp_scripts() {
    // ここに関数の中身を記述
}
```

wp_enqueue_style()とget_stylesheet_uri()でスタイルシートを読み込む

関数の中でWordPressが用意しているスタイルシートを読み込むための関数 **wp_enqueue_style()** を呼び出します。この関数は5つの引数を取ることができます。1つめの引数（必須）は各スタイルシートを識別するハンドル（ニックネームのようなもの）を文字列で登録します。ここでは「**easiestwp-style**」とします。2つめの引数にはスタイルシートのURLを指定します。必須ではありませ

んが、ほとんどの場合必要になるでしょう。ここでこの節の最初に触れたように、直接スタイルシートのURLを書き込むのではなく、WordPressに用意されているテーマのメインスタイルシートのURLを取得する関数 **get_stylesheet_uri()** を使います。残りの3つの引数はオプションで、ここでは省略します。次のように記述して関数の定義は完成です。

ソースコード After　functions.php

```php
function easiestwp_scripts() {
  wp_enqueue_style( 'easiestwp-style', get_stylesheet_uri() );
}
```

作成した関数のフックへの登録

作成した関数 **easiestwp_scripts()** をフックに登録し、**<head>** タグ内に追加されるようにします。スタイルシートやスクリプトの登録には **wp_enqueue_scripts** というアクションフックを使います。アクションフックなので **add_action()** を呼び出して、作成した関数を登録します。**add_action()** は4つの引数を取ることができ、最

初の2つは必須です。1つめの引数にはフックされるアクション名、2つめにはフックに登録する関数名をそれぞれ記述します。残り2つの引数はここでは省略します。すべてを合わせると、この時点でのfunctions.phpの中身はこのようになります。

ソースコード functions.php

```php
<?php
function easiestwp_scripts() {
  wp_enqueue_style( 'easiestwp-style', get_stylesheet_uri() );
}
add_action( 'wp_enqueue_scripts', 'easiestwp_scripts' );
```

functions.phpを保存し、http://localhost:8888/wordpress/をブラウザで開き確認してみましょう。いくつかの画像は表示されていませんが、スタイルシートはきちんと読み込まれたと思います。

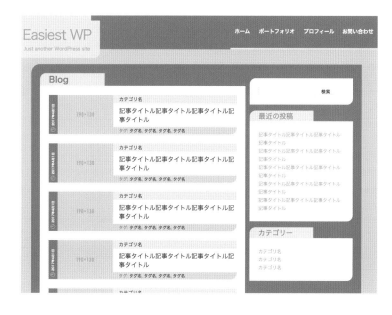

Lesson 08　練習問題

Q エラーメッセージからデバッグをおこなう練習をしましょう。
オリジナルテーマ内のfunctions.phpをエディタで開き、
ファイルの最後に改行のあと、下記の1行を追加してください。

```
echo 'hello'
```

ブラウザでhttp://localhost:8888/wordpressにアクセスしてみましょう。

Parse error: syntax error, unexpected end of file, expecting ',' or ';' in **/Applications/MAMP/htdocs/wordpress/wp-content/themes/easiest-wp/functions.php** on line **8**

画像のようにエラー文が表示され（wp-config.phpにてデバッグモードをtrueにしている場合）、
どこかで処理に失敗していることがわかります。
このコードを修正して、図のように出力されるようにしてみましょう。

（完成図）

A エラー文は基本的に英語で表示されます。Google翻訳などを利用すれば、理解するにはそこまで難しくないでしょう。

❶前半部分ではエラーの種類やどのようなエラーが起きたのかが書かれています。「Parse error: syntax error」とは構文解析エラーを意味します。さらに詳しい内容として、「unexpected end of file（予期しないファイルの終了）」と続きます。

❷後半部分ではエラーがあるファイルとその行番号が記されています。「expecting ',' or ';' in /Applications/MAMP/htdocs/wordpress/wp-content/themes/easiest-wp/functions.php on line 8」とは、「ファイル/Applications/MAMP/htdocs/wordpress/wp-content/themes/easiest-wp/functions.phpの8行目に ','（カンマ）もしくは ';'（セミコロン）が必要」と予想されているということです（行番号は最後

に改行をしていなければ7になります）。

❸functions.phpを確認するとわかるように、最後に区切りとしての;（セミコロン）が抜けていますので追加してあげましょう。

```
echo 'hello';
```

以上で完成図のようにページの先頭に「hello」が出力されるでしょう。無事に出力されたことを確認できたら、`echo 'hello';`の1行は削除しておいてください。

テンプレートファイル
の作成

Lesson 09

CSSが無事読み込まれれば、いよいよindex.phpをテンプ
レートファイルとして仕上げていきます。データベースに格
納されたさまざまな情報が動的にテンプレートから出力でき
るよう、テンプレートタグの埋め込みやループの作成など、
テーマ作成に欠かせないステップを学習していきましょう。

9-1 ヘッダーを完成させよう

index.phpの**\<head\>**タグ内と**\<body\>**タグ内のヘッダー部分に関数を書き込み、
さまざまな情報を動的に出力できるようにしましょう。
WordPressにはさまざまな便利な関数が用意されていることがわかると思います。

STEP 01　言語属性の設定

オリジナルテーマのindex.phpをエディタで開いてください。
\<html\>タグの言語属性をWordPressの設定に合わせて自動的に出力されるようにしましょう。
lang="ja"の部分を**\<?php language_attributes(); ?\>**に書き換えます。

ソースコード Before

```
<!DOCTYPE HTML>
<html lang="ja">
<head>
  <meta charset="UTF-8">
  <meta name="viewport" content="width=device-width,
    initial-scale=1">
```

これで、WordPressを日本語で使っている
場合は**\<html lang="ja"\>**、英語にし
ている場合は**\<html lang="en-US"\>**
と出力されます。ほかの言語に変更すれば
それに合わせた内容が出力されます。言語
属性を途中で変更することはほとんどないと
思いますが、WordPress.orgの公式ディレ
クトリにテーマを公開する場合**language_
attributes()**の利用は必須になります。

ソースコード After

```
<!DOCTYPE HTML>
<html <?php language_attributes(); ?>>
<head>
  <meta charset="UTF-8">
  <meta name="viewport" content="width=device-width,
    initial-scale=1">
```

STEP 02　文字エンコーディングの設定

次に**\<head\>**タグ内の**charset**属性もWordPressに合わせましょう。
\<meta charset="UTF-8"\>のUTF-8の部分を**\<?php bloginfo('charset'); ?\>**に書き換えます。

ソースコード Before

```
<!DOCTYPE HTML>
<html <?php language_attributes(); ?>>
<head>
  <meta charset="UTF-8">
  <meta name="viewport" content="width=device-width, initial-scale=1">
      <title>Easiest WP</title>
      <?php wp_head(); ?>
```

ソースコード **After**

```html
<!DOCTYPE HTML>
<html <?php language_attributes(); ?>>
<head>
  <meta charset="<?php bloginfo( 'charset' ); ?>">
  <meta name="viewport" content="width=device-width, initial-scale=1">
    <title>Easiest WP</title>
    <?php wp_head(); ?>
```

WordPressのデフォルトの文字エンコーディングは UTF-8です。いまのところ、WordPress 3.5以降で `bloginfo( 'charset' )` は常に**UTF-8**を出力しま すが、文字エンコーディングが合わないと文字化けが起き る恐れがありますので、WordPressの文字エンコーディン グを自動的に出力するようにしておきましょう。

STEP 03　タイトルタグの設定

静的サイトでは、ページ内容に合わせて**`<head>`**内のドキュメントのタイトルタグを記述する必要がありますが、 WordPressにはそれを自動的に処理してくれる機能が用意されています。

タイトルタグを削除する

この機能を利用するためには、まず index.phpを開き**`<title>Easiest WP</title>`**を削除します。

```
1 ■■■■■■ index.php

      例 -3,7 +3,6 例
   3    <head>
   4      <meta charset="<?php bloginfo( 'charset' ); ?>">
   5      <meta name="viewport" content="width=device-width, initial-scale=1">
   6  -   <title>Easiest WP</title>
   7      <?php wp_head(); ?>
   8    </head>
   9    <body>
```

テーマサポートを追加する

テーマ作者によって任意に有効化することができるテー マサポート（テーマ機能）を追加するにはWordPressに 用意されている**`add_theme_support()`**関数を利用 します。これは引数を与えて実行することによってさまざ まな機能をテーマに追加することができる関数です。この関 数はfunctions.phpの中で呼び出す必要があります。ま たは**`after_setup_theme`**というフックに登録して実 行することも可能です。今回のテーマではタイトルタグ以 外でも**`add_theme_support()`**を利用する予定なの でまとめてフックに登録する方法で解説を進めます。

1 functions.phpを開き、テーマサポートを追加するた めの関数を作成します。ここではテーマのプレフィッ クスを冠して「easiestwp_setup」と名づけます。

ソースコード **After　functions.php**

```php
function easiestwp_setup() {
    // ここに関数の中身を記述
}
```

2 関数内では**`add_theme_support()`**を実行し、あ らかじめ用意されているドキュメントのタイトルタグを 追加する **`'title-tag'`** を引数に与えます。

ソースコード **After**

```php
function easiestwp_setup() {
    add_theme_support( 'title-tag' );
}
```

151

3 最後に、作成した関数を`after_setup_theme`アクションフックに登録します。

ソースコード After

```
function easiestwp_setup() {
  add_theme_support( 'title-tag' );
}
add_action( 'after_setup_theme', 'easiestwp_setup' );
```

以上で、すでに`</head>`の直前に追加した`wp_head()`の位置にタイトルタグが自動的に挿入されます。ブラウザでサイトを表示し、ページのソースを表示して確認してみるといいでしょう。

```
← → C  ⓘ view-source:localhost:8888/wordpress/
1  <!DOCTYPE HTML>
2  <html lang="ja">
3  <head>
4    <meta charset="UTF-8">
5    <meta name="viewport" content="width=device-width, initial-scale=1">
6    <title>Toru Yamamoto&#039;s Photo Gallery &#8211; 写真家・山本徹のウェブサイトです。</title>
7  <meta name='robots' content='noindex,follow' />
```

STEP 04 body_class()の設定

WordPressにはより効果的にCSSで装飾できるよう、ページによってbody要素に異なるclass属性を自動的に付与するテンプレートタグ`body_class()`が用意されています。さらにカスタマイズすることで任意のCSSクラスを追加することもできます。index.phpを開き、body要素の開始タグを下記のように書き換えます。

ソースコード Before index.php

```
    <meta name="viewport" content="width=device-width, initial-scale=1">
    <?php wp_head(); ?>
  </head>
  <body>
    <?php wp_body_open(); ?>
    <header class="page-header">
      <div class="header-area">
```

ソースコード After index.php

```
    <meta name="viewport" content="width=device-width, initial-scale=1">
    <?php wp_head(); ?>
  </head>
  <body <?php body_class(); ?>>
    <?php wp_body_open(); ?>
    <header class="page-header">
      <div class="header-area">
```

サイトのホームでは、実際のHTMLは以下のように出力されます。

`<body class="home blog">`

WordPressの新規インストールでつくられるサンプルページでは、以下のように出力されます。

`<body class="page-template-default page page-id-2">`

> **自動でつくclass名** CHECK!
>
> WordPressにログインしているときにのみclass名に`logged-in admin-bar no-customize-support`も出力されます。

STEP 05 サイトのタイトルとキャッチフレーズの設定

現在のサイトタイトルとキャッチフレーズはindex.php上に直接コーディングされていますが、
管理画面で設定されているものを出力するようにします。

1 サイトタイトルとキャッチフレーズの出力にはそれぞれ`bloginfo( 'name' )`と`bloginfo( 'description' )`
を使用します。index.phpの12行目あたりを次のように変更します。

`ソースコード` **Before index.php**

```
<header class="page-header">
  <div class="header-area">
    <div class="panel-site-title">
      <p class="site-title"><a href="index.html">Easiest WP</a></p>
      <p class="site-subtitle">Just another WordPress site</p>
    </div>
    <nav class="global-nav">
      <ul id="global-menu" class="menu">
```

`ソースコード` **After index.php**

```
<header class="page-header">
  <div class="header-area">
    <div class="panel-site-title">
      <p class="site-title"><a href="index.html"><?php bloginfo( 'name' ); ?></a></p>
      <p class="site-subtitle"><?php bloginfo( 'description' ); ?></p>
    </div>
    <nav class="global-nav">
      <ul id="global-menu" class="menu">
```

2 サイトタイトルのリンク先がindex.htmlとなっていますが、これをサイトのホームにリンクするよう変更します。サイトのホームURLの取得には`home_url()`関数を使います。この関数は値を返すのみでHTMLに直接出力はしませんので、`<?php echo home_url(); ?>`のように echoで出力してあげる必要があります。echo文を使う際はセキュリティのために`esc_url()`関数と組み合わせ、サイトのホームURLの出力は`<?php echo esc_ url( home_url() ); ?>`という形になります。

`ソースコード` **Before**

```
<p class="site-title"><a href="index.html"><?php bloginfo( 'name' ); ?></a></p>
```

`ソースコード` **After**

```
<p class="site-title"><a href="<?php echo esc_url( home_url() ); ?>">
  <?php bloginfo( 'name' ); ?></a></p>
```

以上でヘッダー部分のテーマ化が完了しました。

> **echo文を使うときの注意―URLのエスケープ** < **CHECK!**
>
> WordPressからデータを取得し**echo**などを使って出力する際、そこがテーマのセキュリティ脆弱性につながることがあります。第三者が**echo**で出力されるデータに悪意のあるコードを紛れ込ませることがあるのです。その対策として、出力されるデータを適切にエスケープする（万一悪意のあるコードが出力されてもそれがプログラムとして実行されないようにする）必要があります。WordPress にはさまざまなエスケープ関数が用意されています。今回の場合URLに悪意のあるパラメータが渡されないようにするために**esc_url()**関数を使います。使い方はとても簡単で、エスケープしたいURLを第一引数に与えることで無害化されたURLが返されます。

9-2 記事の一覧を表示させよう

記事の一覧を表示するにはWordPressのループを利用します。
実際にオリジナルテーマを書き換える前に、
まずはループとはどういう仕組みなのかについて理解しましょう。

ループを理解しよう

ループとは、テンプレートファイル（**10-1**参照）内で投稿内容を表示するためにWordPressが用意している仕組みです。記事の一覧ページや記事の詳細ページなど、記事内容を出力するページでは必ず使用されます。ループ内では指定された条件に従って管理画面から投稿された投稿内容を出力することができ、ループ内に書き込ん

だHTMLやPHPなどのコードは、繰り返し処理されます。ループの繰り返す回数は、表示設定ページの「1ページに表示する最大投稿数」やテンプレートファイルの種類などによって変わります。まずはもっともシンプルなループの例を見てみましょう。

ソースコード

```php
<?php if ( have_posts() ) : ?>// ❶
  ここは投稿がある場合、ループ前に一度だけ処理されます。
  <?php while ( have_posts() ) : ?>// ❷
    <?php the_post(); ?>// ❸
    ここは繰り返し処理されます。
  <?php endwhile; ?>// ❹
  ここは投稿がある場合、ループ後に一度のみ処理されます。
<?php else : ?> // ❺
  ここは投稿がない場合、一度のみ処理されます。
<?php endif; ?> // ❻
```

❶if (have_posts()) :
最初の行はWordPressの`have_posts()`関数を使った基本的なPHPの`if`文です。`have_posts()`関数は真偽値を返す関数であり、要求にマッチする投稿がある場合は`true`（真）を、投稿がない場合は`false`（偽）を返します。したがって、もし投稿がある場合は`else`までのコードが実行されますが、投稿がない場合は`else`から`endif`までのコードが実行されます。次の行は`if`文の「投稿がある場合」の中かつループの前です。ループの開始前に一度だけ処理されます。たとえば、投稿の一覧に`ul`、`li`を使う場合、ここに`<ul>`を入れるといいでしょう。

❷while (have_posts()) :
次の行ではPHPの`while`文を利用しています。`while`は与えられた条件が真である限り、`endwhile`までのコードを繰り返し処理します。つまり投稿がある場合、WordPress

の投稿設定「1ページに表示する最大投稿数」の設定がデフォルトの「10」であれば、ループの中身が最大で10回処理されます。

❸the_post();
`the_post()`はループ内で参照する投稿を順番にセットアップしてくれるWordPress関数です。この関数をループ内で実行することにより、投稿のあらゆるデータを取得できるようになります。WordPressにはループ内でのみ使用できるテンプレートタグ（投稿したさまざまな記事データを出力するためのWordPress関数をとくにこう呼びます）が数多くあります。たとえば、タイトルを出力する`the_title()`、投稿内容を出力する`the_content()`、投稿ページへのURLを出力する`the_permalink()`など。これらをループ内で正しく機能させるには、`while ( have_posts() )`によってループを開始したあと必ず`the_post()`を実行しましょう。

❹endwhile;
`endwhile`でループを終了したあと`else`までの間は、ループ後に一度のみ処理されますので、ループ前に`<ul>`を開始している場合はここに`</ul>`を入れるといいでしょう。

❺else:
`else`から`endif`の間は表示する投稿がない場合に一度のみ処理されますので、ここに「投稿がありません」などと記述するといいでしょう。

❻endif;
最後に`endif`で`if`文を閉じます。忘れるとエラーが生じてページが表示されなくなるので気をつけましょう。

STEP 01 オリジナルテーマの記事一覧をループに書き換えよう

ループについて理解したところで、実際にオリジナルテーマにループを実装しましょう。

テーマのindex.phpを開き記事一覧の場所を探します。

サンプルテーマでは35行目あたりの**<ul class="archive">**から91行目あたりの**</ul>**までが記事一覧です。

1　まずは**<ul class="archive">**の上に**<?php if (have_posts()) : ?>**を追加します。この際、**<ul class="archive" />**全体のインデントを1つ下げると見やすくなります。

ソースコード After

```
<div class="main-column">
  <h1 class="box-heading box-heading-main-col">Blog</h1>
  <div class="box-content">

    <?php if ( have_posts() ) : ?>

      <ul class="archive">
        <li class="item-archive">
          <div class="time-and-thumb-archive">
```

2　93行目あたりの**</ul>**の下に、**<?php else : ?>**と**<?php endif; ?>**を追加します。これで、記事がある場合はこれまでどおり**<ul class="archive" />**の中身が表示され、記事がない場合は「投稿がありません」と表示されます。

ソースコード After

```
      </ul>

    <?php else : ?>

      <p>投稿がありません。</p>

    <?php endif; ?>

  </div>
  <nav class="pagination">
```

3　続いて、33行目あたりの**<ul class="archive">**の下の**<li />**は、同じものが5回繰り返されていますので4つを削除し、1つのみを残した状態で全体的にインデントを1つ下げましょう。その上に**<?php while (have_posts()) : ?>**を追加し、さらにその下に**<?php the_post(); ?>**を追加します。最後に**</li>**と**</ul>**の間に**<?php endwhile; ?>**を追加します。

ソースコード After

```
<?php if ( have_posts() ) : ?>

  <ul class="archive">

    <?php while ( have_posts() ) : ?>

      <?php the_post(); ?>

      <li class="item-archive">
        <div class="time-and-thumb-archive">
          <time class="pub-date" datetime="2017-04-01T23:59:99+09:00">2017年4月1日</time>
          <p class="thumb thumb-archive"><a href="single.html"><img src="http://placehold.it/
            190x130"></a></p>
        </div>
        <div class="data-archive">
          <p class="list-categories-archive"><a href="archive.html">カテゴリー名</a></p>
          <h2 class="title-archive"><a href="single.html">記事タイトル記事タイトル
            記事タイトル記事タイトル</a></h2>
          <p class="list-tags-archive">タグ: <a href="archive.html">タグ名</a>,
            <a href="archive.html">タグ名</a>, <a href="archive.html">タグ名</a>,
            <a href="archive.html">タグ名</a></p>
        </div>
      </li>

    <?php endwhile; ?>

  </ul>

<?php else : ?>
```

WordPress の投稿の内容を出力しよう

現在ループ内に表示されている内容はWordPressのサンプル投稿ではなく、index.phpに直接書き込まれたダミー投稿がただ繰り返されている状態になっています。テ

ンプレートタグを使って、WordPressに投稿された記事の内容を出力してみましょう。

1 まずダミーの記事タイトルを`<?php the_title(); ?>`に書き換えます。

ソースコード **Before**

```
<h2 class="title-archive"><a href="single.html">記事タイトル記事タイトル記事タイトル
  記事タイトル</a></h2>
```

ソースコード **After**

```
<h2 class="title-archive"><a href="single.html"><?php the_title(); ?></a></h2>
```

2 次に投稿の個別ページへのリンクの部分を`<?php the_permalink(); ?>`に書き換えます。

ソースコード **Before**

```
    <p class="thumb thumb-archive"><a href="single.html">
      <img src="http://placehold.it/190x130"></a></p>
  </div>
  <div class="data-archive">
    <p class="list-categories-archive"><a href="archive.html">カテゴリ名</a></p>
    <h2 class="title-archive"><a href="single.html"><?php the_title(); ?></a></h2>
```

ソースコード **After**

```
    <p class="thumb thumb-archive"><a href="<?php the_permalink(); ?>">
      <img src="http://placehold.it/190x130"></a></p>
  </div>
  <div class="data-archive">
    <p class="list-categories-archive"><a href="archive.html">カテゴリ名</a></p>
    <h2 class="title-archive"><a href="<?php the_permalink(); ?>"><?php the_title(); ?></a>
      </h2>
```

3 記事のカテゴリーとタグを`the_category()`と`the_tags()`に書き換えましょう。こちらはタイトルと違い、リンクつきのカテゴリーとタグを出力するので、`<a>`タグも含めて、`<p class="list-categories-archive" />`と`<p class="list-tags-archive" />`の中をすべて書き換えます。

ソースコード **Before**

```
  <div class="data-archive">
    <p class="list-categories-archive"><a href="archive.html">カテゴリー名</a></p>
    <h2 class="title-archive"><a href="<?php the_permalink(); ?>"><?php the_title(); ?></a>
      </h2>
    <p class="list-tags-archive">タグ: <a href="archive.html">タグ名</a>,
      <a href="archive.html">タグ名</a>, <a href="archive.html">タグ名</a>,
        <a href="archive.html">タグ名</a></p>
  </div>
```

テンプレートファイルの作成 Lesson 09 | 10 | 11 | 12 | 13 | 14 | 15

ソースコード After

```html
<div class="data-archive">
  <p class="list-categories-archive"><?php the_category( ', ' ); ?></p>
  <h2 class="title-archive"><a href="<?php the_permalink(); ?>"><?php the_title(); ?></a>
    </h2>
  <p class="list-tags-archive"><?php the_tags(); ?></p>
</div>
```

the_category()の区切り文字を引数で指定する

CHECK!

the_tags()は初期設定で複数のタグをカンマと半角スペースで区切りますが、一方the_category()の初期設定では区切り文字が指定されていませんので、カテゴリーが複数ある場合はつながって表示されます。第一引数に区切り文字を指定することができますので、今回はthe_tags()に合わせてカンマと半角スペースを区切り文字として指定します。

4 WordPressには the_date() という投稿日を出力するテンプレートタグがありますが、少し特徴があります。投稿一覧などで、同じ投稿日が複数ある場合は最初に一度のみ投稿日が出力されます。今回のデザインでは、同じ投稿日でもそれぞれの投稿に投稿日を表示したいので、get_the_date() 関数を使います。こちらは the_date() と違い、投稿日をPHP内部で処理される値として返すのみで出力はしませんので、echoで出力する必要があります。下記のようにすることで、すべての投稿に投稿日を出力することができます。

ソースコード Before

```html
<time class="pub-date" datetime="2017-04-01T23:59:99+09:00">2017年4月1日</time>
```

ソースコード After

```html
<time class="pub-date" datetime="<?php echo get_the_date( DATE_W3C ); ?>">
  <?php echo get_the_date(); ?></time>
```

the_…関数とget_…関数の違い

COLUMN

WordPressには the_date() と get_the_date() のように同じようなデータを扱いながら機能が異なる関数がたくさんあります。ほとんどの場合、get_…のほうが値を返すのみで、the_…のほうがget_…のほうの値を出力するようになっています。the_date() に関しても、同じ投稿日を出力しないよう処理していますが、内部的には get_the_date() を出力しています。なお、the_ のほうは先述したエスケープなど、セキュリティの対策がきちんとされている場合が多いので、特別な理由がないかぎりはなるべくthe_ のほうを使うようにしましょう。

以上、index.phpにループとテンプレートタグを埋め込みました。
ブラウザでサイトの表示を確認し、正しく記事一覧が表示されているかどうかを確認してください。

STEP 02　ページネーションを表示しよう

記事一覧が問題なく表示されたら、次はページネーションを実装しましょう。WordPressでは、投稿数が「1ページに表示する最大投稿数」より多くなると、投稿一覧は自動的に複数ページに分割されます。分割されたそれぞれのページにアクセスするためにはページネーションが必要ですが、WordPress 4.1からはページネーションを簡単に出力できる関数 `the_posts_pagination()` が用意されました。

the_posts_pagination()を使う

現在HTMLで記述しているページネーションを `the_posts_pagination()` に書き換えてみましょう。

ソースコード Before

```
<nav class="pagination">
  <div class="nav-links">
    <span class="current">1</span>
    <a href="index.html">2</a>
    <a href="index.html"><img class="arrow" src="images/arrow-right.png"
      srcset="images/arrow-right@2x.png 2x" alt="次へ"></a>
  </div>
</nav>
```

ソースコード After

```
<?php the_posts_pagination(); ?>
```

書き換えが完了したら実際に記事の一覧（http://localhost:8888/wordpress）の下にある
ページ送り機能を確認してみましょう。問題なく2ページ目（http://localhost:8888/wordpress/page/2/）に
遷移できるようになっていると思います。このように、PHPのコードを1行書くだけで、
書き換え前のような複雑なHTMLが出力されます。

ページ送りボタンを画像にする

ページネーションが問題なく表示されたら、次は「前へ」「次へ」ボタンを画像にしましょう。`the_posts_pagination()` には、配列を引数として与え、キー `'prev_text'` と `'next_text'` に対して値を指定することで、ページ送りのテキストを変更できるオプションが用意されています。実はこのオプションにHTMLの `<img>` タグを指定することで、画像を表示させることが可能です。

1 次のように先ほど削除した`<img>`タグを指定します。このとき、`<img>`内で`"`（ダブルクォート）を使用していますので、`<img>`全体は`'`（シングルクォート）で囲むよう注意しましょう。

ソースコード Before

```php
<?php the_posts_pagination(); ?>
```

ソースコード After

```php
<?php the_posts_pagination( array(
  'prev_text' => '<img class="arrow" src="images/arrow-left.png"
    srcset="images/arrow-left@2x.png 2x" alt="前へ">',
  'next_text' => '<img class="arrow" src="images/arrow-right.png"
    srcset="images/arrow-right@2x.png 2x" alt="次へ">',
) ); ?>
```

しかし、これだけでは画像はまだ表示されません。なぜなら画像へのパスが間違っているからです。たとえばローカルサイトのホームから、上記コードの画像へのパスはhttp://localhost:8888/wordpress/images/arrow-left.pngなどです。しかし、実際の画像はテーマフォルダ内にあるため、http://localhost:8888/wordpress/wp-content/themes/esiest-wp/images/arrow-left.pngなどが正しいパスです。

もちろんこれもstyle.css同様、このまま記述するのではなく、WordPress関数を使ってURLを取得するのが正しいやり方です。現在のテーマフォルダのURLを取得するには**get_theme_file_uri()**を利用します。これを**images/arrow-left.png**などの直前につけ足せばいいわけです。

> **COLUMN**
>
> ### 文字列の結合演算子
>
> PHPでは文字列を別の何かと連結するには、結合演算子である.（ドット）を使います。
> 例：
> `$a = 'world';`
> `$b = 'Hello ' . $a . ' from PHP!';`
> `// $b は、"Hello world from PHP!" となります。`
> 例では変数を文字列と結合しましたが、これが関数であっても同様です。

2 前後に結合演算子の.（ドット）をつけて**get_theme_file_uri()**を画像へのパスの直前に挿入します。挿入前後の文字列は`'`で閉じます。なお、**get_theme_file_uri()**で取得するURLの末尾に`/`（スラッシュ）はついていないので、**images**の前に`/`を追加するよう注意しましょう。挿入部分は`' . get_theme_file_uri() . '/`となります。最終的なコードは下記のように記述します。

ソースコード After

```php
<?php the_posts_pagination( array(
  'prev_text' => '<img class="arrow" src="' . get_theme_file_uri() . '/
    images/arrow-left.png" srcset="' . get_theme_file_uri() . '/
      images/arrow-left@2x.png 2x" alt="前へ">',
  'next_text' => '<img class="arrow" src="' . get_theme_file_uri() . '/
    images/arrow-right.png" srcset="' . get_theme_file_uri() . '/
      images/arrow-right@2x.png 2x" alt="次へ">',
) ); ?>
```

以上で問題なく左右矢印の画像が表示されました。

テンプレートファイルの作成 Lesson 09 10 11 12 13 14 15

9-3 アイキャッチ画像を有効化しよう

デフォルトテーマで扱ってきたアイキャッチ画像機能を
オリジナルテーマでも使えるように設定しましょう。
ここではアイキャッチ画像の有効化から表示までを解説します。

STEP 01　アイキャッチ画像と画像サイズの設定

テーマにアイキャッチ画像機能をサポートさせる

オリジナルテーマで投稿の編集画面を見てみると、アイキャッチ画像ボックスが表示されていないことに気づきます。テーマでアイキャッチ画像機能を有効にするには、functions.phpで`add_theme_support()`関数に`'post-thumbnails'`を引数として渡して呼び出す必要があります。functions.phpを開き、先ほど作成した`easiestwp_setup()`関数内にこれを追加しましょう。

ソースコード After　functions.php

```php
function easiestwp_setup() {
  add_theme_support( 'title-tag' );

  add_theme_support( 'post-thumbnails' );
}
add_action( 'after_setup_theme', 'easiestwp_setup' );
```

テーマ専用の画像サイズの追加

さらに、今回のテーマでは、アイキャッチ画像のサムネイルサイズは幅190ピクセル、高さ130ピクセルですので、画像のアップロード時に自動的にこのサイズが生成されるように設定しましょう。また、のちほどヒーローイメージ（トップページや記事ページの先頭に大きく表示される画像のこと。幅1200ピクセル×高さ630ピクセル）で使用されるサイズについても、あらかじめここで設定しておきましょう。

ソースコード After　functions.php

```php
function easiestwp_setup() {
  add_theme_support( 'title-tag' );

  add_theme_support( 'post-thumbnails' );

  add_image_size( 'easiestwp-thumbnail', 190, 130,
    true );

  add_image_size( 'easiestwp-hero', 1200, 630,
    true );
}
```

`add_image_size()`とは新しい画像サイズを登録する関数です。「メディア設定」画面のサイズ（大・中・サムネイル）以外にテーマ専用の画像サイズを登録することができます。この関数は4つの引数を取ることができます。1つめの引数は必須で、画像サイズの名前を設定します。ここではそれぞれ`'easiestwp-thumbnail'`、`'easiestwp-hero'`という名前をつけます。2つめは画像の幅、3つめは画像の高さをピクセル数で表すもの。最後の引数は画像を切り抜くかどうかを指定します。切り抜かない場合、画像の縦横比が変わってしまう可能性がありますので、ここでは`true`で切り抜きを有効にします。

サムネイルの再作成

新たに設定したサイズの画像の生成は、設定後に追加される画像でのみおこなわれます。よってすでにインポート済の画像はまだ新サイズに対応できていません。そこで**6-7**で紹介した「Regenerate Thumbnails」プラグインを利用して既存の画像から新サイズ画像の書き出しをおこないます。

「Regenerate Thumbnails」を**5-4**を参考にしてインス

トール・有効化しましょう。［ツール］→［Regen. Thumbnails］を押して❶［Regenerate Thumbnails］画面に移動します。あとは［すべてのサムネイルを再生成する］ボタンを押せば❷、自動的に画像の書き出しがおこなわれます。処理が終了するまで数分かかることがありますので処理途中で画面遷移しないように気をつけてください。

STEP 02　投稿一覧にアイキャッチ画像を表示しよう

アイキャッチ画像の表示には**the_post_thumbnail()**テンプレートタグを使います。このタグはループ内でのみ使用可能です。index.phpを開き、ループ内のアイキャッチ画像の**img**タグを**the_post_thumbnail()**に書き換えます。1つ目の引数に表示する画像サイズを指定できますので、アイキャッチ画像用に登録した画像

サイズ**'easiestwp-thumbnail'**を指定します。さらに、**has_post_thumbnail()**関数を利用することで、投稿にアイキャッチ画像が設定されているかどうかを判定できます。これを利用して**if**文で囲みアイキャッチ画像が設定されていない場合、無駄なHTMLが出力されないようにしましょう。

ソースコード **Before**

```
<p class="thumb thumb-archive">
  <a href="<?php the_permalink(); ?>">
    <img src="http://placehold.it/190x130">
      </a></p>
```

ソースコード **After**

```
<?php if ( has_post_thumbnail() ) : ?>
  <p class="thumb thumb-archive">
    <a href="<?php the_permalink(); ?>">
    <?php the_post_thumbnail
      ( 'easiestwp-thumbnail' ); ?></a></p>
<?php endif; ?>
```

投稿一覧にアイキャッチ画像が表示されました。

9-4 カスタムメニューを有効化しよう

カスタムメニューはテーマ内で有効化しないかぎり利用できません。
さらに、サイト上で表示されるメニューの位置はテーマによってさまざまです。
オリジナルテーマでカスタムメニューを有効化し、グローバルナビゲーションとして利用できるようにします。

STEP 01　ナビゲーションメニューを利用する

Lesson04でも紹介したように、WordPressには管理画面から自由にメニューを編集できる「ナビゲーションメニュー（カスタムメニュー）」（**4-5**参照）という機能が用意されています。この機能をオリジナルテーマで利用できるようにするためには `register_nav_menu()`

もしくは `register_nav_menus()` を使ってナビゲーションメニューを登録する必要があります。両者の違いは登録するメニューの種類が単一か複数かですが、今回は汎用性の高い `register_nav_menus()` を使用します。

1 functions.phpを開き、先ほど作成した `easiestwp_setup()` 関数内に `register_nav_menus();` を追加します。こうすることでメニューが有効化されます。

CHECK!

register_nav_menus(); 関数

この関数はテーマ内にカスタムメニューサポートを自動的に登録しますので、タイトルタグのように `add_theme_support( 'menus' );` を呼び出す必要はありません。

ソースコード　After　functions.php

```php
function easiestwp_setup() {
  add_theme_support( 'title-tag' );

  add_theme_support( 'post-thumbnails' );

  add_image_size( 'easiestwp-thumbnail', 190, 130,
    true );

  add_image_size( 'easiestwp-hero', 1200, 630, true );

  register_nav_menus();
}
```

2 さらにメニューのスラッグ（キー）とそれに対する説明（値）が対になっている連想配列（**8-2**参照）を `register_nav_menus()` に引数として与えます。それぞれ任意に名づけてかまいませんが、今回はグローバルメニューを作成するのでスラッグは `'global'`、説明は `'Global Menu'` とします。

ソースコード　After　functions.php

```php
  add_image_size( 'easiestwp-hero', 1200, 630, true );
  register_nav_menus( array(
    'global' => 'Global Menu',
  ) );
}
```

STEP **02** メニューを作成しよう

これで WordPress の管理画面からメニューを作成し、
「Global Menu」というメニュー位置にカスタムメニューを
登録することができるようになりました。さっそく試してみましょう。

すでにメニューがあるときは

テーマを作成する前にローカル環境の
Twenty Twentyなどで先にメニューを
作成していたときは、既存のメニューの
編集画面になります。その場合は［新規
メニューを作成］リンクを押してメニュー
名を「グローバルメニュー」として新規
メニューを作成し、図のようにメニュー
構造を追加してください。

1 管理画面に入り［外観］→［メニュー］画面を開きます。メ
ニュー名が「Menu 1」となっているところをわかりやすく
「グローバルメニュー」に変更します❶。メニュー構造には
「ホーム」と公開済みの固定ページがすでに入っています
が、「サンプルページ」を削除し、図のように順番を並び
替えたあと❷、［メニューを作成］ボタンを押します❸。

「グローバルメニュー」の作成
メニュー構造に何も入っていない場合は**4-4**を参考にしてメニューを追加してください。

2 いったんメニューを作成すると下に［メニュー設定］が表
示されますので、［メニューの位置］の［Global Menu］に
チェックを入れ❶、［メニューを保存］ボタンを押してメ
ニューを保存します❷。

メニュー位置の設定

テンプレートファイルの作成　Lesson 09 | 10 | 11 | 12 | 13 | 14 | 15

STEP 03　メニューを表示しよう

次はさっそく作成したメニューをサイトに表示してみましょう。index.phpを開き、
`<nav class="global-nav">`要素全体を下記のようにWordPressのテンプレートタグに書き換えます。

ソースコード Before　index.php

```
<nav class="global-nav">
  <ul id="global-menu" class="menu">
    <li class="current-menu-item"><a href="index.html">ホーム</a></li>
    <li><a href="portfolio.html">ポートフォリオ</a></li>
    <li><a href="profile.html">プロフィール</a></li>
    <li><a href="contact.html">お問い合わせ</a></li>
  </ul>
</nav>
```

ソースコード After　index.php

```
<?php if ( has_nav_menu( 'global' ) ) : ?> ❶
  <?php wp_nav_menu( array( ❷
    'theme_location'  => 'global', ❸
    'menu_id'         => 'global-menu', ❹
    'container'       => 'nav', ❺
    'container_class' => 'global-nav', ❻
  ) ); ?>
<?php endif; ?>
```

このコードが何をしているかについて少し解説します。

❶ 最初の行では、WordPress関数`has_nav_menu()`を使って、メニュー位置「Global Menu」に登録されたメニューがあるかどうかを調べます。

❷ メニューがある場合はテンプレートタグ`wp_nav_menu()`を使ってメニューを出力します。この関数も連想配列を引数に取ります。配列のキーはあらかじめ決められており、すべてがオプションですが、ほとんどの場合`'theme_location'`は指定することになります。

❸ `'theme_location'`は、どのメニュー位置に登録されたメニューを利用するか指定するものです。今回の場合は`register_nav_menus()`で登録した`'global'`を指定します。

❹ `'menu_id'`は、メニューを構成する`ul`要素のIDを指定します。任意の名前でかまいませんが、今回は`'global-menu'`というIDを付与します。

❺ `'container'`は、そのメニューの`ul`要素をラップするかどうかを指定できます。使えるタグは`div`と`nav`。コンテナをなしにする場合は`false`。今回は`nav`でラップするよう指定します。

❻ さらに`'container_class'`でコンテナ（`nav`）のCSSのクラスを指定できますので、今回はあらかじめCSSでスタイルを設定している`'global-nav'`クラスをコンテナに付与します。

以上でメニューが問題なく表示され、管理画面で簡単にカスタマイズできるようになりました。

グローバルメニュー

9-5 ウィジェットを有効化しよう

オリジナルテーマでは、サイドバーにWordPressのウィジェット（4-6参照）の利用を想定しています。
ウィジェットを利用することで、管理画面から簡単にサイドバーをカスタマイズすることができます。

STEP 01 サイドバーを登録する

ウィジェットを利用するためには、まず`register_side bar()`関数を使ってウィジェットを表示するポイントを登録する必要があります。ここでいうサイドバー（sidebar）とはWordPress上での呼称であり、必ずしもサイトレイアウト上のサイドバーに位置していなくてもかまいません。また、サイドバーは複数登録することができます。
`register_sidebar()`は`widgets_init`アクション

で呼び出す必要があります。まずはfunctions.phpを開き、呼び出し用の関数を作成します。ここでは関数名を`'easiestwp_widgets_init'`とします。次に、関数内で`register_sidebar()`を呼び出します。最後に`add_action()`を使って`widgets_init`アクションフックに作成した関数を登録します。

```
8 ■■■■■ functions.php

 ⊕      @@ -18,3 +18,11 @@ function easiestwp_setup() {
18   18        ) );
19   19    }
20   20    add_action( 'after_setup_theme', 'easiestwp_setup' );
     21
     22    function easiestwp_widgets_init() {
     23        register_sidebar( array(
     24            'name' => 'Sidebar',
     25            'id' => 'sidebar',
     26        ) );
     27    }
     28    add_action( 'widgets_init', 'easiestwp_widgets_init' );
```

ソースコード After functions.php

```
function easiestwp_widgets_init() {
  register_sidebar( array(  ❶
    'name' => 'Sidebar',  ❷
    'id' => 'sidebar',  ❸
  ) );
}
add_action( 'widgets_init', 'easiestwp_widgets_init' );
```

❶ `register_sidebar()`は文字列もしくは配列を引数に取ることができますが、配列のほうが見やすいのでここでは配列を引数として渡します。

❷ `'name'`は、管理画面で表示される名前です。テーマのサイドバーに表示するためのものとして`'Sidebar'`という名前をつけます。

❸ `'id'`は、呼び出すときなどにサイドバーを識別するためのIDです。すべて小文字の半角英数字（空白を除く）である必要があります。`'id'`を指定しないとデバッグモード（128ページ参照）でエラーメッセージが表示されますので、ここでは名前に合わせて`'sidebar'`とします。

165

STEP 02　サイドバーを表示しよう

Sidebarエリアに ウィジェットを追加する

以上の作業で管理メニューの[外観]に[ウィジェット]が表示されます。まず**4-6**を参考に先ほど登録した「Sidebar」に好きなウィジェットを追加してみましょう。例としてここでは[検索][最近の投稿][カテゴリー]の3つを「Sidebar」に登録します。

ウィジェットの登録例

サイドバーを表示する

1 サイドバーの表示はとても簡単です。`dynamic_sidebar()`関数にサイドバーのIDもしくは名前を引数に与えるだけです。index.phpの`<div class="side-column">`の中身を下記のように書き換えましょう。

ソースコード **Before index.php**

```html
<ul class="side-column">
  <li class="widget">
    <form class="searchform">
      <div>
        <input type="text">
        <input value="検索" type="submit">
      </div>
    </form>
  </li>
  <li class="widget">
    <h2 class="widgettitle">最近の投稿</h2>
    <ul>
      <li><a href="single.html">記事タイトル記事タイトル記事タイトル記事タイトル</a></li>
      <li><a href="single.html">記事タイトル記事タイトル記事タイトル記事タイトル</a></li>
      <li><a href="single.html">記事タイトル記事タイトル記事タイトル記事タイトル</a></li>
      <li><a href="single.html">記事タイトル記事タイトル記事タイトル記事タイトル</a></li>
      <li><a href="single.html">記事タイトル記事タイトル記事タイトル記事タイトル</a></li>
    </ul>
  </li>
  <li class="widget">
    <h2 class="widgettitle">カテゴリー</h2>
    <ul>
      <li><a href="archive.html">カテゴリ名</a></li>
      <li><a href="archive.html">カテゴリ名</a></li>
      <li><a href="archive.html">カテゴリ名</a></li>
    </ul>
  </li>
</ul>
```

ソースコード **After index.php**

```php
<ul class="side-column">
  <?php dynamic_sidebar( 'sidebar' ); ?>
</ul>
```

2 これでサイドバーは表示されますが、設定ミスなどによるエラーを防ぐため、条件分岐用のWordPress関数 `is_active_sidebar()` を使い、表示しようとしているサイドバーが利用可能かどうかをあらかじめ判定しましょう。もしもサイドバーが利用可能になっていなければ、`dynamic_sidebar()` 関数の処理はスキップされるようになります。

```
2          index.php

           @@ -69,9 +69,11 @@
 69   69
 70   70                </div>
 71   71
      72                <?php if ( is_active_sidebar( 'sidebar' ) ) : ?>
 72   73                    <ul class="side-column">
 73   74                        <?php dynamic_sidebar( 'sidebar' ); ?>
 74   75                    </ul>
      76                <?php endif; ?>
 75   77
 76   78            </div>
 77   79
```

ソースコード Before　index.php

```php
<div class="side-column">
  <?php dynamic_sidebar( 'sidebar' ); ?>
</div>
```

ソースコード After　index.php

```php
<?php if ( is_active_sidebar( 'sidebar' ) ) : ?>
  <div class="side-column">
    <?php dynamic_sidebar( 'sidebar' ); ?>
  </div>
<?php endif; ?>
```

以上でサイドバーにウィジェットが表示されます。

オリジナルテーマのサイドバー

Lesson 09　練 習 問 題

Q 9-5ではサイドバーウィジェットを登録・表示しました。
これを参考にして、フッター部分の .footer-widgets に
ウィジェットを新しく登録してみましょう。

❶ functions.phpを開き、**easiestwp_wid
gets_init()** 内に **'footer'** サイドバーを
登録します。
❷ index.phpを開き、85行目あたりを次のよう
に書き換えます。

ソースコード After functions.php

```php
function easiestwp_widgets_init() {
  register_sidebar( array(
    'name' => 'Sidebar',
    'id' => 'sidebar',
  ) );

  register_sidebar( array(
    'name' => 'Footer',
    'id' => 'footer',
  ) );
}
```

ソースコード Before index.php

```html
<ul class="footer-widgets">
  <li><a href="#"><img src="http://placehold.it/320x80"></a></li>
  <li><a href="#"><img src="http://placehold.it/320x80"></a></li>
  <li><a href="#"><img src="http://placehold.it/320x80"></a></li>
</ul>
```

ソースコード After index.php

```php
<?php if ( is_active_sidebar( 'footer' ) ) : ?>
  <ul class="footer-widgets">
    <?php dynamic_sidebar( 'footer' ); ?>
  </ul>
<?php endif; ?>
```

Q 154ページでページネーションの矢印画像を表示させ
た方法を参考に、**get_theme_file_uri()** を使っ
て、フッター部分にあるページトップへ戻るボタンの
矢印画像を正しく表示させましょう。

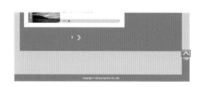

❶ index.phpを開き、91行目あたりの **images
/arrow-up.php** と **images/arrow-up@
2x.png** の 前 に **<?php echo esc_url(
get_theme_file_uri()); ?>/** を追加し
ます。
❷ ポイントとして、**get_theme_file_uri()**
の末尾に **/** (スラッシュ) が含まれていないため
images 直前に追加する必要があります。
❸ **get_theme_file_uri()** は出力をしない
ため、**echo** を使って出力する必要があります。
このとき **esc_url()** を使ってエスケープをして
おくとさらに完璧でしょう。

ソースコード After index.php

```php
<a href="#"><img src="<?php echo esc_url( get_theme_file_uri() ); ?>
  /images/arrow-up.png" srcset="<?php echo esc_url( get_theme_file_uri() ); ?>
  /images/arrow-up@2x.png 2x" alt="">TOP</a>
```

各種テンプレート
ファイルの作成

An easy-to-understand guide to WordPress

Lesson 10

Lesson09では管理画面内のさまざまな情報を基本的なテンプレートであるindex.phpで出力しました。このレッスンではヘッダーやフッターといったサイト全体の共通パーツや記事の一覧ページ・個別投稿ページ・固定ページといったさまざまなページのテンプレートファイルを作成していきます。

10-1 テンプレート階層について

Lesson09でサイトのトップページはほぼ完成しました。
しかし、まだ記事一覧からリンクを押して個別投稿ページを表示しても、
見た目はトップページとまったく同じです。ほかのページのテンプレートを作成していくには、
まずWordPressの「テンプレート階層」を理解する必要があります。

テンプレート階層とは

WordPressのテンプレート階層とは、テーマのテンプレートファイルを出力する優先順位のことです。一部のテンプレート（例:ヘッダー・フッターテンプレート）はすべてのページ内で使用される一方、ほかのテンプレートはある条件の下でのみ使用されます。ではさっそくテンプレート階層の概観図（https://wpdocs.osdn.jp/wiki/images/wp-template-hierarchy.jpg）を見てみましょう。

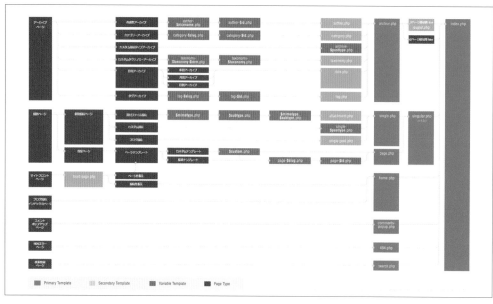

テンプレート階層概観図

たとえば、今回の個別投稿ページの見た目がなぜトップページとまったく同じなのかについて、テンプレート階層の概観図を辿ってみましょう。まずは表示しようとしているページを左から順に探し出します。WordPressデフォルトの個別投稿ページの場合は、「個別ページ」＞「個別投稿ページ」＞「ブログ投稿」に該当します。その次に、テンプレートが「single-post.php」＞「single.php」＞「singular.php」＞「index.php」の順番で続きます。WordPressは「どのページを表示するか」というリクエストに応じて、この順番でテンプレートを探し、見つかった場

合そのテンプレートを適用してページを表示します。今回の場合、single-post.phpもsingle.phpもsingular.phpも存在しないので、最終的にindex.phpをテンプレートとして利用するため、トップページと同じような内容が表示されています。

テンプレート階層概観図を確認するとわかるように、WordPressテーマのindex.phpはディレクトリ内の目次の役割を担うのではなく、優先的に表示するテンプレートが存在しない場合に最終的に表示されるテンプレート、という位置づけになります。

10-2 ヘッダー・フッター・サイドバーのテンプレートをつくる

ページテンプレートを追加する前に、ほとんどのテンプレートで共通するであろう
ヘッダー・フッター・サイドバーをindex.phpから切り出し、
ほかのテンプレートでも使いまわせるようにしましょう。
index.phpでは切り出した部分を呼び出し用の関数で置き換えます。

テンプレートパーツを作成しよう

複数のテンプレートから読み込まれる（インクルードされるといいます）小さなテンプレートをテンプレートパーツと呼ぶことがあります。中でもヘッダー・フッター・サイドバーは少し特別で、専用のテンプレートファイル名と、専用の呼び出し用の関数が用意されています。ファイル名は header.php・footer.php・sidebar.phpになります。それぞれ **get_header()・get_footer()・get_sidebar()** 関数で各テンプレートファイルから簡単にインクルードすることができます。

STEP 01 header.php の作成

header.phpの新規作成

まずはオリジナルテーマフォルダ内に header.phpをエディタで新規作成します。どこまでをheader.phpに切り出すかについてはテーマによって変わりますが、今回の場合はHTML冒頭のDOCTYPE宣言からグローバルメニューを含む**<header class="page-header">**の閉じタグまでをindex.phpから切り取り、header.phpに貼りつけます。

ソースコード header.php

```html
<!DOCTYPE HTML>
<html <?php language_attributes(); ?>>
<head>
  <meta charset="<?php bloginfo( 'charset' ); ?>">
  <meta name="viewport" content="width=device-width,
    initial-scale=1">
  <?php wp_head(); ?>
</head>
<body <?php body_class(); ?>>
  <?php wp_body_open(); ?>
  <header class="page-header">
    <div class="header-area">
      <div class="panel-site-title">
        <p class="site-title">
        <a href="<?php echo esc_url( home_url() );
          ?>"><?php bloginfo( 'name' ); ?></a></p>
        <p class="site-subtitle">
          <?php bloginfo( 'description' ); ?></p>

      <?php if ( has_nav_menu( 'global' ) ) : ?>
      <?php wp_nav_menu( array(
        'theme_location' => 'global',
        'menu_id'        => 'global-menu',
        'container'      => 'nav',
        'container_class' => 'global-nav',
      ) ); ?>
      <?php endif; ?>

    </div>
  </header>
```

index.phpのヘッダーを置き換える

つづいてテンプレートからheader.phpを読み込みます。index.phpで切り取ったヘッダーがあった先頭の位置に**`<?php get_header(); ?>`**と書き込んでみましょう。サイトのトップページを確認して、問題なくヘッダーが表示されていれば成功です。

`ソースコード` **Before　index.php**

```
<!DOCTYPE HTML>
（中略）
  </header>
```

`ソースコード` **After　index.php**

```
<?php get_header(); ?>
```

STEP 02　footer.php の作成

footer.phpの新規作成

header.php同様、オリジナルテーマ内にfooter.phpを作成します。今回はindex.phpの
`<footer class="page-footer">`の開始タグ以降すべてを切り取り、footer.phpに貼りつけるといいでしょう。

`ソースコード` **footer.php**

```
  <footer class="page-footer">
    <div class="footer-widget-area">

      <?php if ( is_active_sidebar( 'footer' ) ) : ?>
        <ul class="footer-widgets">
          <?php dynamic_sidebar( 'footer' ); ?>
        </ul>
      <?php endif; ?>

      <div class="back-to-top">
        <a href="#"><img src="<?php echo esc_url( get_theme_file_uri() );
          ?>/images/arrow-up.png" srcset="<?php echo esc_url( get_theme_file_uri() );
          ?>/images/arrow-up@2x.png 2x" alt="">TOP</a>
      </div>
    </div>
    <div class="copyright">
      <p>Copyright ©  Gijutsu-Hyohron Co., Ltd.</p>
    </div>
  </footer>
  <?php wp_footer(); ?>
</body>
</html>
```

index.phpのフッターを置き換える

テンプレートからの読み込みもheader.php同様、**`get_footer()`**を呼び出すだけです。
index.phpの最後に**`<?php get_footer(); ?>`**を追加しましょう。

`ソースコード` **Before　index.php**

```
  <footer class="page-footer">
（中略）
</html>
```

`ソースコード` **After　index.php**

```
  <?php get_footer();
```

ファイル終端のPHP終了タグは省略します。

各種テンプレートファイルの作成　Lesson 10 11 12 13 14 15

> **ヘッダーとフッターの　　CHECK！**
> **どこまでを共通パーツ化するか**
>
> header.php・footer.phpについて、どこからどこまでを切り出すかは
> テーマによりますが、header.phpとfooter.phpでHTML上のネスト
> 階層の深さを合わせることをおすすめします。たとえば、ページのヘッ
> ダーとフッター以外の部分をdivで囲むことがあります。もしheader.
> php内にその開始タグを含んでいるとしたら、footer.phpにはそれの
> 閉じタグを含むようにしましょう。このようにしないと、header.phpと
> footer.phpを読み込んでいるテンプレートで常にペアになっていない
> タグを記述することになり、タグの閉じ忘れなどのリスクが生じます。

STEP 03　sidebar.php の作成

sidebar.php の新規作成

最後にsidebar.phpを作成し、index.phpから以下の部分を切り取り、sidebar.phpに貼りつけましょう。

```
5 ■■■■■ sidebar.php

...  ...  @@ -0,0 +1,5 @@
1    <?php if ( is_active_sidebar( 'sidebar' ) ) : ?>
2        <ul class="side-column">
3            <?php dynamic_sidebar( 'sidebar' ); ?>
4        </ul>
5    <?php endif;
```

ソースコード sidebar.php

```php
<?php if ( is_active_sidebar( 'sidebar' ) ) : ?>
  <ul class="side-column">
    <?php dynamic_sidebar( 'sidebar' ); ?>
  </ul>
<?php endif;
```

ファイル終端のPHP終了タグは省略します。

index.php のサイドバーを置き換える

index.phpでは、切り取られたコードの部分に`<?php get_sidebar(); ?>`を追加します。

```
6 ■■■■ index.php

        </div>
-       <?php if ( is_active_sidebar( 'sidebar' ) ) : ?>
-           <ul class="side-column">
-               <?php dynamic_sidebar( 'sidebar' ); ?>
-           </ul>
-       <?php endif; ?>

        </div>
```

```
        </div>
+       <?php get_sidebar(); ?>



        </div>
```

ソースコード Before index.php

```php
<?php if ( is_active_sidebar( 'sidebar' ) ) : ?>
  <ul class="side-column">
    <?php dynamic_sidebar( 'sidebar' ); ?>
  </ul>
<?php endif; ?>
```

ソースコード After index.php

```php
<?php get_sidebar(); ?>
```

以上でヘッダー・フッター・サイドバーをテンプレートパーツとして切り出し、
テンプレートからインクルードすることができましたので、
問題なく動作しているかどうかhttp://localhost:8888/wordpress/を開いて確認してみましょう。

10-3 個別投稿ページを表示しよう

個別投稿ページを表示できるようにしましょう。
テンプレート階層を確認するとわかるように、
あらゆるタイプの個別投稿ページを表示できるテンプレートは single.php です。

STEP 01　single.php の作成

sample-data ▶ easiest-wp-html ▶ single.html

single.phpを想定したsingle.htmlがeasiest-wp-html
フォルダにありますので、これをコピーしオリジナルテーマ
フォルダの直下にコピーしたあと、名前をsingle.phpに
変更します。

ヘッダー・フッター・サイドバーをインクルードする

single.phpを開き、ヘッダー・フッター・サイドバーの部分を以下のように書き換え、
テンプレートパーツを読み込むようにします。

ソースコード Before　single.phpヘッダー

```html
<!DOCTYPE HTML>
<html lang="ja">
<head>
  <meta charset="UTF-8">
  <meta name="viewport" content="width=device-width, initial-scale=1">
  <title>Easiest WP</title>
  <link rel="stylesheet" href="style.css" />
</head>
<body>
  <header class="page-header">
    <div class="header-area">
      <div class="panel-site-title">
        <p class="site-title"><a href="index.html">Easiest WP</a></p>
        <p class="site-subtitle">Just another WordPress site</p>
      </div>

      <nav class="global-nav">
        <ul id="global-menu" class="menu">
          <li class="current-menu-item"><a href="index.html">ホーム</a></li>
          <li><a href="portfolio.html">ポートフォリオ</a></li>
          <li><a href="profile.html">プロフィール</a></li>
          <li><a href="contact.html">お問い合わせ</a></li>
        </ul>
      </nav>

    </div>
  </header>
```

ソースコード After　single.phpヘッダー

```php
<?php get_header(); ?>
```

ソースコード Before　single.php サイドバー

```html
<ul class="side-column">
  <li class="widget">
    <form class="searchform">
      <div>
        <input type="text">
        <input value="検索" type="submit">
      </div>
    </form>
  </li>
  <li class="widget">
    <h2 class="widgettitle">最近の投稿</h2>
    <ul>
      <li><a href="single.html">記事タイトル記事タイトル記事タイトル記事タイトル</a></li>
      <li><a href="single.html">記事タイトル記事タイトル記事タイトル記事タイトル</a></li>
      <li><a href="single.html">記事タイトル記事タイトル記事タイトル記事タイトル</a></li>
      <li><a href="single.html">記事タイトル記事タイトル記事タイトル記事タイトル</a></li>
      <li><a href="single.html">記事タイトル記事タイトル記事タイトル記事タイトル</a></li>
    </ul>
  </li>
  <li class="widget">
    <h2 class="widgettitle">カテゴリー</h2>
    <ul>
      <li><a href="archive.html">カテゴリ名</a></li>
      <li><a href="archive.html">カテゴリ名</a></li>
      <li><a href="archive.html">カテゴリ名</a></li>
    </ul>
  </li>
</ul>
```

ソースコード After　single.php サイドバー

```php
<?php get_sidebar(); ?>
```

ソースコード Before　single.php フッター

```html
  <footer class="page-footer">
    <div class="footer-widget-area">
      <ul class="banner-list">
        <li><a href="#"><img src="http://placehold.it/320x80"></a></li>
        <li><a href="#"><img src="http://placehold.it/320x80"></a></li>
        <li><a href="#"><img src="http://placehold.it/320x80"></a></li>
      </ul>
      <div class="back-to-top">
        <a href="#"><img src="images/arrow-up.png" srcset="images/arrow-up@2x.png 2x"
          alt="">TOP</a>
      </div>
    </div>
    <div class="copyright">
      <p>Copyright © Gijutsu-Hyohron Co., Ltd.</p>
    </div>
  </footer>
</body>
</html>
```

ソースコード After　single.php フッター

```php
<?php get_footer();
```

ファイル終端のPHP終了タグは省略します。

STEP 02　ループを記述しよう

index.phpでは投稿を繰り返し処理して一覧表示するためループを利用しました。ループというと何回も繰り返すイメージですが、WordPressでは個別ページでもループを利用して投稿を取得します。

投稿一覧では次のように`if ( have_posts() )`を使って投稿があるかどうかを判定していましたが、個別ページではその必要はありません。なぜなら投稿がない場合ページ自体が表示されないからです。

ソースコード 投稿一覧の場合

```php
<?php if ( have_posts() ) : ?>
  <!-- 投稿がある場合 -->
<?php else : ?>
  <!-- 投稿がない場合 -->
<?php endif; ?>
```

1 個別ページでのループのタイミングはテーマによって異なりますが、今回のテーマではヘッダー部分`<?php get_header(); ?>`の直後に次のように記述してループを開始します。

ソースコード single.php

```php
<?php get_header(); ?>

<?php while ( have_posts() ) : ?>

  <?php the_post(); ?>
```

2 フッター部分、`<?php get_footer(); ?>`の直前でループを終了します。こうすることでループ内でテンプレートタグを使って必要なデータを表示することができます。

ソースコード single.php

```php
<?php endwhile; ?>

<?php get_footer();
```

STEP 03　個別投稿の表示

1 まず、投稿一覧でも利用した`the_post_thumbnail()`でアイキャッチ画像を表示しましょう。画像サイズは**9-3**で設定したヒーローイメージのサイズ（`'easiestwp-hero'`）を指定します。同時に`has_post_thumb` `nail()`を利用して、アイキャッチ画像が設定されていない場合、不要な`<div class="hero eyecatch">`を出力しないようにするとなおよいでしょう。

ソースコード Before

```html
<div class="hero eyecatch">
  <img src="http://placehold.it
    /1200x630">
</div>
```

ソースコード After

```php
<?php if ( has_post_thumbnail() ) : ?>
  <div class="hero eyecatch">
    <?php the_post_thumbnail( 'easiestwp-hero' ); ?>
  </div>
<?php endif; ?>
```

2 次に、投稿タイトルを`<?php the_title(); ?>`に書き換えます。

ソースコード Before

```html
<h1 class="box-heading box-heading-article">吾輩は猫である。名前はまだ無い。</h1>
```

ソースコード After

```php
<h1 class="box-heading box-heading-article"><?php the_title(); ?></h1>
```

3 投稿本文を表示するには`the_content()`テンプレートタグを使います。投稿本文に該当する部分をすべて`<?php the_content(); ?>`に書き換えます。

ソースコード Before

```
<article class="entry">
  （中略）
</article>
```

ソースコード After

```
<article class="entry">
  <?php the_content(); ?>
</article>
```

4 最後に、投稿一覧のループ内でも使用した`get_the_date()`、`the_category()`、`the_tags()`を利用して投稿のメタ情報を表示します。なお`the_author_posts_link()`は、投稿者によるすべての投稿のアーカイブページへのリンクを表示します。リンクテキストは投稿者の「表示名」になります。

ソースコード Before

```
<div class="meta-data">
  <time class="meta meta-entry-date" datetime="2017-04-01T23:59:99+09:00">2017年4月1日</time>
  <p class="meta meta-author"><a href="archive.html">著者名</a></p>
  <p class="meta meta-cat"><a href="archive.html">カテゴリ名</a></p>
  <p class="meta meta-tag">タグ: <a href="archive.html">タグ名</a>,
    <a href="archive.html">タグ名</a>, <a href="archive.html">タグ名</a>,
      <a href="archive.html">タグ名</a></p>
</div>
```

ソースコード After

```
<div class="meta-data">
  <time class="meta meta-entry-date" datetime="<?php echo get_the_date( DATE_W3C ); ?>">
    <?php echo get_the_date(); ?></time>
  <p class="meta meta-author"><?php the_author_posts_link(); ?></p>
  <p class="meta meta-cat"><?php the_category( ',' ); ?></p>
  <p class="meta meta-tag"><?php the_tags(); ?></p>
</div>
```

STEP **04** 前後の投稿へのリンク

前後の投稿へのリンクを表示させましょう。前後の投稿へのリンクは`the_post_navigation()`で出力することができます。記事一覧のページネーションで使用した`the_posts_pagination()`同様、引数に配列を与え、キー`'prev_text'`と`'next_text'`に値を指定することで、リンクのテキストを変更することができます。初期設定は記事タイトルである`'%title'`ですので、タイトルの前にそれぞれ「前の記事：」「次の記事：」を追加しましょう。

ソースコード Before

```
<nav class="navigation post-navigation" role="navigation">
  <div class="nav-links">
    <div class="nav-previous"><a href="single.html">前の記事：
      記事タイトル記事タイトル記事タイトル記事タイトル</a></div>
    <div class="nav-next"><a href="single.html">次の記事：
      記事タイトル記事タイトル記事タイトル記事タイトル</a></div>
  </div>
</nav>
```

ソースコード After

```
<?php the_post_navigation( array(
  'prev_text' => '前の記事：%title',
  'next_text' => '次の記事：%title',
) ); ?>
```

個別投稿ページ

すべての編集が完了したら、http://localhost:8888/wordpress/ から投稿のリンクを押し、個別投稿ページを開いて確認してみましょう。WordPressに投稿された内容が表示されるようになりました。

177

10-4 コメントテンプレートを作成しよう

コメント部分についてもヘッダーなどと同様、テンプレートパーツに切り出しましょう。
ファイル名は通常 comments.php とします。
コメントテンプレートの読み込みには専用の関数 `comment_template()` を用います。

STEP 01 comments.php の作成

まずはエディタで comments.php を新規作成し、
single.php からコメント部分のコードを切り取り、comments.php に貼りつけます。

ソースコード comments.php

```html
<div class="box-generic">
  <div class="box-content box-comment-display">
    <h2>コメントとトラックバック</h2>
    <ul class="comment-list">
      <li id="comment-1" class="comment even thread-even depth-1 parent">
        <article id="div-comment-1" class="comment-body">
          <footer class="comment-meta">
            <div class="comment-author vcard">
              <img class="avatar" src="http://placehold.it/130x130">
              <b class="fn"><a href="#" rel="external nofollow" class="url">WordPress
                コメントの投稿者</a></b> <span class="says">より:</span>
            </div><!-- .comment-author -->
            <div class="comment-metadata">
              <a href="#">
                <time datetime="2017-04-16T23:40:30+00:00">2017年4月16日 11:40 PM  </time>
              </a>
              <span class="edit-link"><a class="comment-edit-link" href="#">編集</a></span>
            </div><!-- .comment-metadata -->
          </footer><!-- .comment-meta -->
          <div class="comment-content">
            <p>こんにちは、これはコメントです。<br>
            コメントの承認、編集、削除を始めるにはダッシュボードの「コメント画面」に
            アクセスしてください。<br>
            コメントのアバターは「<a href="https://gravatar.com">Gravatar</a>」から
            取得されます。</p>
          </div><!-- .comment-content -->
          <div class="reply"><a rel="nofollow" class="comment-reply-link" href="#"
            aria-label="WordPress コメントの投稿者 に返信">返信</a></div>
        </article><!-- .comment-body -->
        <ul class="children">
          <li id="comment-3" class="comment byuser comment-author-admin bypostauthor
            odd alt depth-2">
            <article id="div-comment-3" class="comment-body">
              <footer class="comment-meta">
                <div class="comment-author vcard">
                  <img class="avatar" src="http://placehold.it/130x130">
                  <b class="fn">admin</b> <span class="says">より:</span>
                </div><!-- .comment-author -->
                <div class="comment-metadata">
                  <a href="#">
                    <time datetime="2017-04-18T17:45:33+00:00">2017年4月18日 5:45 PM</time>
                  </a>
                  <span class="edit-link"><a class="comment-edit-link" href="#">編集</a>
                  </span>
```

```
                </div><!-- .comment-metadata -->
              </footer><!-- .comment-meta -->
              <div class="comment-content">
                <p>こんにちは、これはコメントです。<br />
                コメントの承認、編集、削除を始めるにはダッシュボードの「コメント画面」に
                アクセスしてください。<br />
                コメントのアバターは「Gravatar」から取得されます。</p>
              </div><!-- .comment-content -->
              <div class="reply"><a rel="nofollow" class="comment-reply-link" href="#"
                aria-label="admin に返信">返信</a></div>
            </article><!-- .comment-body -->
          </li><!-- #comment-## -->
        </ul><!-- .children -->
      </li><!-- #comment-## -->
    </ul>
  </div>
</div>
<div class="box-generic">
  <div class="box-content box-comment-input">
    <h3 id="reply-title" class="comment-reply-title">コメントを残す</h3>
    <p class="comment-notes">メールアドレスが公開されることはありません。
    * が付いている欄は必須項目です</p>
    <form action="#" class="comment-form">
      <p class="comment-notes"></p>
    </form>
  </div>
</div>
```

single.phpにコメントテンプレートを読み込む

single.phpの切り取ったコメント部分には次のコードを追加します。これはコメントテンプレートを読み込む際の定型文で、投稿に対してコメントが許可されている、もしくは1つ以上のコメントが投稿されている場合に、コメントテンプレートを読み込むことを意味します。

ソースコード After　single.php

```php
<?php if ( comments_open() ||
  get_comments_number() ) :
  comments_template();
endif; ?>
```

STEP 02　コメント一覧の表示

作成したcomments.phpで、現在PHP上に直接コーディングされているコメントリストをWordPressのテンプレートタグに書き換えます。

1 コメント一覧の表示には`wp_list_comments()`を使用します。このテンプレートタグにはさまざまな引数を取ることができますが詳細は割愛します。ここではコメント投稿者のアバターのサイズのみを、初期設定の32ピクセルから130ピクセルに変更します。

ソースコード Before　comments.php

```
<li class="item-comment comment depth-1 parent">
（中略）
</li>
```

ソースコード After　comments.php

```php
<?php
  wp_list_comments( array(
    'avatar_size' => 130,
  ) );
?>
```

2 さらに、`have_comments()`関数を使ってコメントがあるかどうかを判定し、
コメントがない場合は不要なHTMLを出力しないようにします。

ソースコード Before　comments.php

```
<div class="box-generic">
  <div class="box-content
  box-comment-display">
    <h2>コメントとトラックバック</h2>
    <ul class="comment-list">
      <?php wp_list_comments( array(
        'avatar_size' => 130,
      ) ); ?>
    </ul>
  </div>
</div>
```

ソースコード After　comments.php

```
<?php if ( have_comments() ) : ?>
  <div class="box-generic">
    <div class="box-content
    box-comment-display">
      <h2>コメントとトラックバック</h2>
      <ul class="comment-list">
        <?php wp_list_comments( array(
          'avatar_size' => 130,
        ) ); ?>
      </ul>
    </div>
  </div>
<?php endif; ?>
```

STEP 03　コメントフォームの出力

1 続いて`comment_form()`関数を使ってWordPressのコメントフォームを出力します。

ソースコード Before　single.php

```
<div class="box-generic">
  <div class="box-content box-comment-input">
    <h3 id="reply-title" class="comment-reply-title">コメントを残す</h3>
    <p class="comment-notes">メールアドレスが公開されることはありません。
     * が付いている欄は必須項目です</p>
    <form action="#" class="comment-form">
      <p class="comment-notes"></p>
    </form>
  </div>
</div>
```

ソースコード After　single.php

```
<div class="box-generic">
  <div class="box-content box-comment-input">
    <?php comment_form(); ?>
  </div>
</div>
```

2 さらに、`comments_open()`関数でコメントが許可されているかどうかを判定できますので、
コメントが許可されている場合のみコメントフォームのエリアを出力するようにします。

ソースコード After　single.php

```
<?php if ( comments_open() ) : ?>
  <div class="box-generic">
    <div class="box-content box-comment-input">
      <?php comment_form(); ?>
    </div>
  </div>
<?php endif;
```

ファイル終端のPHP終了タグは省略します。

STEP 04　コメント機能の制御

パスワードを必要とする投稿ではコメントテンプレートを表示しない

WordPressでは、投稿に対して閲覧制限のためのパス
ワードをかけることができます。パスワードによって保護さ
れた投稿では、コメント一覧とコメントフォームを表示させ
ないようにする必要があります。そこで、条件分岐の
post_password_required() 関数を使って、comm
ents.phpの先頭に次のコードを追加することで、パスワー
ド保護された状態ではコメントは表示されず、解除した場
合のみコメントが表示されます。

ソースコード After　comments.php

```php
<?php
if ( post_password_required() ) {
    return;
}
?>
```

コメント一覧とコメントフォームにHTML5のマークアップを適用する

WordPressでは、HTML5機能に対応していない旧テー
マが動作しないことを防ぐため、検索・コメントフォーム・コ
メント一覧・ギャラリー・キャプションにHTML5のマーク
アップを適用させるようテーマ内で明示する必要がありま
す。これはテーママークアップと呼ばれ、**add_theme_
support()** で追加できるテーマ機能の1つです。

今回のオリジナルテーマではHTML5マークアップに対し
てスタイリングしていますので、コメントフォームとコメント一
覧にHTML5のマークアップを適用しましょう。functions.
phpを開き、**easiestwp_setup()** 関数内に下記のコ
ードを追加します。これでHTML5に対応したマークアッ
プがコメント部に出力されることになります。

```
S ===== functions.php
    ✤
            register_nav_menus( array(
                'global' => 'Global Menu',
            ) );

            add_theme_support( 'html5', array(
                'comment-form',
                'comment-list',
            ) );
        }
        add_action( 'after_setup_theme', 'easiestwp_setup' );
    ✤
```

ソースコード functions.php

```php
add_theme_support( 'html5', array(
    'comment-form',
    'comment-list',
) );
```

以上でコメント表示に関する作業が
完了しましたので、実際にコメントを
投稿するなどして問題なく動作してい
るかどうか確認してみましょう。

コメントのテスト

10-5 固定ページを表示しよう

WordPressのもうひとつのデフォルト投稿タイプ「固定ページ」も、
おそらくほとんどのサイトに利用されているでしょう。
基本的な部分はsingle.phpとほとんど変わりませんので、
ここの手順に従えば問題なく固定ページを表示できるでしょう。

STEP 01　テンプレートパーツのインクルード

sample-data ▶ easiest-wp-html
▶ page.html

WordPress 4.3より、投稿と固定ページが共通で利用できるsingular.phpが導入されましたが、このテーマでは両者のデザインを別々のものにしているため、これまで固定ページによく使われていたpage.phpテンプレートを利用します。easiest-wp-htmlフォルダのpage.htmlをオリジナルテーマフォルダの直下にコピーし、ファイル名をpage.phpに変更して編集します。

ヘッダー・フッター・コメントをインクルードする

1　single.php同様、`</header>`までを`get_header()`に書き換えます。

ソースコード Before　page.php

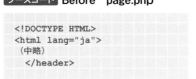

```
<!DOCTYPE HTML>
<html lang="ja">
 （中略）
  </header>
```

ソースコード After

```
<?php get_header(); ?>
```

2　`<footer class="page-footer">`以降を`get_footer()`に書き換えます。

ソースコード Before　page.php

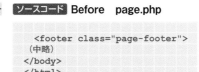

```
  <footer class="page-footer">
 （中略）
</body>
</html>
```

ソースコード After

```
<?php get_footer();
```

ファイル終端のPHP終了タグは省略します。

3　通常、固定ページではコメントは有効化されていません。しかし、管理画面で固定ページに対して個別に、もしくは一括でコメントを有効化することができます。その際にちゃんとコメント一覧とコメントフォームが表示されるよう、次の位置にコメントフォームをインクルードします。

ソースコード After　page.php

```
    <?php if ( comments_open() || get_comments_number() ) :
    comments_template();
    endif; ?>

  </div>

<?php get_footer();
```

CHECK!

サイドバーなしデザイン

このテーマの固定ページはサイドバーを表示しないデザインであるため、ここではあえてsidebar.phpのインクルードをしません。

STEP 02　ページ内容の表示

1　page.phpでも、index.phpやsingle.php同様、ページ内容を表示するためには
　まずWordPressのループを利用してページ情報をセットする必要があります。

`ソースコード` **Before　page.php**

```php
<?php get_header(); ?>

  <div class="page-title">
    <h1>プロフィール</h1>
  </div>
  <div class="content-area content-area-profile">
（中略）
  </div>

<?php get_footer();
```

`ソースコード` **After　page.php**

```php
<?php get_header(); ?>

<?php while ( have_posts() ) : ?>

  <?php the_post(); ?>

  <div class="page-title">
    <h1>プロフィール</h1>
  </div>
  <div class="content-area content-area-profile">
（中略）
  </div>

<?php endwhile; ?>

<?php get_footer();
```

2　ページタイトルを `the_title()` に、本文を `the_content()` に書き換えれば完了です。

`ソースコード` **Before　page.php**

```php
<?php get_header(); ?>

<?php while ( have_posts() ) : ?>

  <?php the_post(); ?>

  <div class="page-title">
    <h1>プロフィール</h1>
  </div>
  <div class="content-area content-area-profile">
    <div class="main-column">
      <div class="box-content radius-tl">
        <article>
          <header class="profile-header">
            <p class="pic-profile"><img src="http://placehold.it/180x180"></p>
            <h2>Toru Yamamoto</h2>
          </header>
          <div class="text-body">
            <p>1979年　奈良県生まれ。<br>
            平成美術大学カメラ研究会を経て、2002年から　アサオカフォトスタジオにて
            浅岡豊氏に師事。<br>
```

```
                    2008年12月にフリーランスとして活動を開始、ファミリーポートレイトから
                    風景写真まで幅広い写真を手がける。<br>
                    2009年、山本徹写真事務所を開設、広告撮影を中心に活動中。
                </p>
                <address class="profile-address">
                  <p class="studio-name">ヤマモト写真スタジオ</p>
                  <p>123-4567<br>
                    大阪市淀川区十三東1-17-13-101</p>
                  <p>お問い合わせは<a href="contact.html">メールフォーム</a>
                    からお願いいたします</p>
                </address>
                <div class="google-maps">
                  Google Maps
                </div>
              </div>
            </article>
          </div>
        </div>

        <?php if ( comments_open() || get_comments_number() ) :
          comments_template();
        endif; ?>

      </div>

  <?php endwhile; ?>

  <?php get_footer();
```

ソースコード After

```
<?php get_header(); ?>

<?php while ( have_posts() ) : ?>

  <?php the_post(); ?>

  <div class="page-title">
    <h1><?php the_title(); ?></h1>
  </div>
  <div class="content-area content-area-profile">
    <div class="main-column">
      <div class="box-content radius-tl">
        <article>
          <?php the_content(); ?>
        </article>
      </div>
    </div>

    <?php if ( comments_open() ||
      get_comments_number() ) :
      comments_template();
    endif; ?>

  </div>

<?php endwhile; ?>

<?php get_footer();
```

固定ページ「ポートフォリオ」

10-6 アーカイブページを表示しよう

アーカイブページとは、
すべての投稿記事の一覧・カテゴリー記事一覧・タグ記事一覧など、記事の一覧ページの総称です。
10-1のテンプレート階層の概観図を確認するとわかるように、
WordPressにはさまざまなアーカイブページがあります。

STEP 01 archive.phpを作成する

アーカイブページのテンプレート名はarchive.phpです。
「どのページを表示するか」のリクエストに応じて投稿の
一覧を表示するので、見たとおりソースコードもブログ投
稿のインデックスページ（index.phpなど）とよく似ていま
す。実際、カテゴリーやタグなどの一覧ページを開いてみ
ても、現時点ではindex.phpを利用していますが、ほぼ問
題なく表示されています。そこで今回は趣向を変え、静的
ページからではなく、index.phpをもとに必要な部分を少し
だけ変更して作成することにします。

1　まず、index.phpを複製し（削除しないよう
に注意!）、archive.phpに名前を変更します。
archive.phpを開き、ヒーローイメージの部分
を以下のように変更します。**the_archive_
title()** とはアーカイブのタイトルを表示する
関数です。たとえば、未分類カテゴリーのアー
カイブページでは、「カテゴリー: 未分類」と表
示されます。

ソースコード Before

```
<div class="hero"></div>
```

ソースコード After

```
<div class="page-title">
    <h1><?php the_archive_title(); ?></h1>
</div>
```

2　同様に、次の部分もテンプレートタグに書き換えます。

ソースコード Before

```
<h1 class="box-heading box-heading-main-col">Blog</h1>
```

ソースコード After

```
<h1 class="box-heading box-heading-main-col"><?php the_archive_title(); ?></h1>
```

これ以外の部分はindex.phpの内容をそのまま使います
ので、archive.phpはこれで完成です。試しにサイドバー
のカテゴリーメニューを押してカテゴリーの一覧を表示して
みましょう。

カテゴリーアーカイブページ
サイドバーの［カテゴリー］ウィジェットから
「イベントごと」を選択したところです。

10-7 search.phpと404.phpを作成しよう

検索ボックスからの記事検索結果を表示するsearch.phpと、
存在しないページにアクセスされたときに表示する404.phpを作成します。
どちらもあまり目立たない存在ですが、
快適なサイト閲覧体験には欠かせない画面です。

STEP 01 search.phpを作成する

テンプレート階層概観図を確認するとわかるように、検索結果の一覧表示には通常search.phpを使います。今回のテーマでは、検索結果のページはアーカイブページと同じデザインで作成するため、archive.phpをコピーし（削除しないように注意!）、ファイル名をsearch.phpとします。

1 search.phpを開き、先ほどarchive.phpを作成したとき `the_archive_title()` に変更した部分を今度は下記のように変更します。`the_search_query()` とは、検索がおこなわれたときにその検索に使われたキーワードを表示する関数です。

ソースコード **Before**

```
<div class="page-title">
  <h1><?php the_archive_title(); ?></h1>
</div>
<div class="content-area has-side-col">
  <div class="main-column">
    <h1 class="box-heading box-heading-main-col"><?php the_archive_title(); ?></h1>
```

ソースコード **After**

```
<div class="page-title">
  <h1>「<?php the_search_query(); ?>」の検索結果</h1>
</div>
<div class="content-area has-side-col">
  <div class="main-column">
    <h1 class="box-heading box-heading-main-col">
      「<?php the_search_query(); ?>」の検索結果</h1>
```

2 最後に、固定ページも検索対象であるため、「投稿がありません。」の部分を「何も見つかりませんでした。」に変更しておきましょう。

ソースコード **Before**

```
<p>投稿がありません。</p>
```

ソースコード **After**

```
<p>何も見つかりませんでした。</p>
```

試しにサイドバーの検索ボックスに検索ワードを入力して検索してみましょう。
「○○」の検索結果というページが表示され、検索ワードにヒットしたらその一覧が、
ヒットしなかったら「何も見つかりませんでした。」と表示されることを確認します。

STEP 02　404.phpを作成する

静的サイトでも、ページが見つからなかったときに目にする「404」、あるいは「Not Found」のメッセージですが、WordPressではそのまま404.phpが、ページが見つからなかったときのテンプレートとして表示されます。今回もarchive.phpを複製して404.phpにしましょう。ほかのテンプレートと違い、404.phpではPHPやWordPressの関数をほとんど使う必要がありません。ページが見つからなかったときのメッセージを記述しておくだけでよいでしょう。

1 404.phpを開き、まずは `the_archive_title()` の部分を「Not Found」に変更しましょう。

ソースコード Before

```
<div class="page-title">
  <h1><?php the_archive_title(); ?></h1>
</div>
<div class="content-area has-side-col">
  <div class="main-column">
    <h1 class="box-heading box-heading-main-col"><?php the_archive_title(); ?></h1>
```

ソースコード After

```
<div class="page-title">
  <h1>Not Found</h1>
</div>
<div class="content-area has-side-col">
  <div class="main-column">
    <h1 class="box-heading box-heading-main-col">Not Found</h1>
```

2 次にループの部分をすべて削除し、「お探しのページは見つかりませんでした。」に変更します。

ソースコード Before

```
<?php if ( have_posts() ) : ?>

  <ul class="archive">

    <?php while ( have_posts() ) : ?>
    (中略)
    <?php endwhile; ?>

  </ul>

<?php else : ?>

  <p>投稿がありません。</p>

<?php endif; ?>
```

ソースコード After

```
<p>お探しのページは
  見つかりませんでした。</p>
```

3 最後に、ページネーションも必要ありませんので削除しておきましょう。

ソースコード Before

```
<?php the_posts_pagination( array(
  (中略)
) ); ?>
```

この行を削除します。

試しにサイト内に存在しないURL（http://localhost:8888/wordpress/xxx）をブラウザで指定してみると「Not Found」ページが表示されるはずです。

10-8 固定フロントページを設定しよう

WordPressは、初期設定ではサイトのフロントページに最新の投稿の一覧を表示します。
いわゆるブログ形式です。一方で、静的なコンテンツを
フロントページに表示したいと思うユーザーも多くいます。
固定フロントページはまさにそれに対応した機能です。

固定フロントページの設定方法

表示する固定ページの用意

固定フロントページを設定する前に、まずはフロントページとブログページとして使う固定ページを新規に作成しましょう。管理メニュー[固定ページ]→[新規作成]から「ホーム」と「ブログ」という2つの固定ページを作成します。

パーマリンク（スラッグ）はそれぞれ「home」と「blog」とします。「ホーム」ページの本文には「ようこそ。」と記入し公開してください。「ブログ」ページには何も記述する必要はありません。作成したら[公開する]を押します。

固定ページ「ホーム」
タイトルに「ホーム」❶、本文に「ようこそ。」❷を入力し、一度下書きを保存後、スラッグを「home」❸に変更して[公開する]❹を押します。

固定ページ「ブログ」
タイトルに「ブログ」❶を入力し、本文なしで一度下書きを保存後、スラッグを「blog」❷に変更して[公開する]❸を押します。

固定フロントページの設定

固定ページを用意できたら、さっそく固定フロントページを設定してみましょう。

1 管理メニュー[外観]→[カスタマイズ]を押して、テーマカスタマイザーから設定しましょう。左側のメニューから[ホームページ設定]を押します❶。

2 [ホームページの表示]を[最新の投稿]から[固定ページ]に変更します❶。ホームページ（フロントページ）と投稿ページ（ブログページ）を選択できるようになりますので、[ホームページ]には「ホーム」を❷、[投稿ページ]には「ブログ」を選択して❸[公開]ボタンを押します❹。

メニューに「ブログ」を追加する

グローバルメニューにブログページへのリンクを追加しましょう。

1　◁を押して❶、カスタマイズ一覧に戻ります。
[メニュー]❷ →[グローバルメニュー]❸ を押します。

2　[＋項目を追加]ボタンを押して❶、固定ページから「ブログ」を選択して追加します❷。メニュー内の位置をドラッグして上から4番目に変更します❸。[公開]ボタンを押します❹。

以上が完了したらテーマカスタマイザーを閉じ、サイトのフロントページ（http://localhost:8888/wordpress/）を表示してみましょう。いままでの投稿一覧ではなく、固定ページの「ホーム」が表示されているはずです。グローバルメニューの「ブログ」を押すことで、いままでの投稿一覧ページを表示することができます。

フロントページのテンプレート階層

さて、フロントページのテンプレート階層はどのようになっているかについて見てみましょう。サイトフロントページに対してもっとも優先的に表示されるのはfront-page.php❶です。これは固定フロントページを設定しているいないにかかわらず、front-page.phpがテーマ内に存在する場合は、フロントページの表示には必ずfront-page.phpが使われるということです。

テンプレート階層を右に進むと「ページを表示」❷となっているところがありますが、これはいわゆる固定フロントページを有効化し、「フロントページ」を設定している状態です。この場合、フロントページには固定ページのテンプレートが使われます❸。ですので、現在のサイトフロントページにはpage.phpが適用されています❹。

テンプレート階層の「ページを表示」の下の「投稿を表示」❺とは、固定フロントページ設定の「投稿ページ」で選択しているページです。これに対して、home.phpがあればhome.php❻、なければindex.php❼が表示されます。

COLUMN

Show Current Templateを活用しよう

6-7で紹介したプラグイン「Show Current Template」を覚えていますか？ 現在表示中のページがどのテンプレートファイルを利用しているか、インクルードしているかをツールバーに表示してくれます。テンプレート階層に悩んだときは強い味方になってくれますので、ぜひ活用しましょう。

Lesson10　練習問題

さまざまなアーカイブページのうち、カテゴリーのアーカイブページにのみ、
記事一覧のあとにリンクつきカテゴリーリストを表示する方法を考えてみましょう。
どのようなアプローチがあるでしょうか。
またカテゴリーリストを表示する関数はなんでしょうか。

リンクつきカテゴリーリストを出力する関数は `wp_list_categories()` です。
まず1つめのアプローチはcategory.phpというテンプレートファイルを新規に作成
することです。

● archive.phpをコピーし、category.phpにリネームします。

● category.phpを開き、記事一覧のループの直後に、
　以下のようにカテゴリーリストを表示する関数を書き込みます。

```php
<?php endif; ?>
<?php wp_list_categories(); ?>
```

こうすればWordPressはテンプレート階層にしたがってカテゴリーのアーカイブ
表示時のみ、archive.phpより先にcategory.phpを読み込み、記事一覧の下に
カテゴリーのリストが表示されるようになります。
しかし問題はあります。今後archive.phpになんらかの改変を加える場合、category.
phpにも同様の改変を加える必要が出てきます。今回のようなちょっとした差のため
に2つのファイルを管理しつづけるのは効率的とはいえません。

2つめのアプローチはarchive.php内で**if**文を用いて「カテゴリーアーカイブを表示
している場合のみ」`wp_list_categories()` を実行することです。
archive.phpを開き、記事一覧のループの直後に以下のように書き込んで条件分岐
させます。

```php
<?php endif; ?>
<?php if ( is_category() ) : ?>
  <?php wp_list_categories(); ?>
<?php endif; ?>
```

テーマカスタマイザー
の実装

An easy-to-understand guide to WordPress

Lesson 11

このレッスンではテーマカスタマイザーを利用して、サイトの
フロントページをリッチにしたうえ、カスタマイズの自由度を
高めます。難易度はかなり高いですが、カスタマイザーを使
いこなせればテーマ開発者としての力量は格段に上がりま
す。テーマ開発のレッスンはここまでです。あとひといき頑張
りましょう。

11-1 カスタマイズAPIとは

各種テンプレートファイル作成が終わり、
WordPressを使った動的サイトの全ページが正しく表示されるようになりました。
これで公開してもテーマとして通用しますが、
さらにこのテーマに独自のカスタマイズ機能を追加してみましょう。

テーマオプションを提供する方法

Lesson05から何度か利用したWord
Pressのテーマカスタマイザー（［外観］→［カスタマイズ］画面）は、ユーザーに対して、テーマやサイトを、テンプレートファイルをさわらずにカスタマイズするための統一されたインターフェイスを提供してくれます。これによりテーマの設定・色調・ウィジェット・メニューなど、テーマやサイトに対するさまざまな変更をライブプレビューつきでおこなうことができます。

このテーマカスタマイザーの独自のオプションを今回のオリジナルテーマに追加します。Lesson10まででテーマとしては完成といってもかまわないのですが、さらに管理画面からできるテーマ独自のカスタマイズを追加するのがこのレッスンの目的です。これによってこのテーマのユーザーはソースコードにさわることなく外観をアレンジすることができるようになります。

テーマカスタマイザー

テーマカスタマイザーを
変更するカスタマイズAPI

開発者はカスタマイズAPIを利用することで、よりパワフルでインタラクティブなカスタマイズ設定をテーマやプラグインに加えることができます。WordPressでは、テーマに対してオプション設定を提供するのに、カスタマイズAPIを利用することがもっとも正統な方法です。

COLUMN

APIとは

API（Application Programing Interface、アプリケーションプログラミングインターフェイス）とは、プログラミングの際にアプリケーションの機能を利用するためのインターフェイス（窓口）です。手間を省くため、簡潔にプログラミングできるよう、さまざまな関数、変数、仕様などが用意されています。

完成イメージ

まずこれからおこなうことの概略を説明しましょう。今回の目標はテーマカスタマイザーを利用して、「フロントページに表示させるコンテンツを複数の固定ページから選べるようにする」ことです。

通常、固定フロントページを設定している場合、サイトのフロントページにはその設定された固定ページのコンテンツのみが表示されます。そこを今回、オリジナルテーマの

オプションとして、最大5つの固定ページを選んで、フロントページに表示させることを可能にします。

さらに固定フロントページで「投稿ページ」として設定したページ（本書では固定ページの「ブログ」が該当します）を選んだ場合、固定ページの本文ではなく、最新の投稿を5つ表示するようにします。

具体的な課題

● 管理メニュー［外観］→［カスタマイズ］の中に［Theme Options］というメニュー項目を新たに追加して表示させるようにします。

● ［Theme Options］を押すとオプションの設定画面に移り、そこには「Front Page Content #」（#は1～5の数字）という5つのメニューボックスを表示させます。

● 各メニューボックスからは任意の固定ページを選べるようにします。

● フロントページのテンプレートファイルを新たに用意して、そのフロントページに選んだ固定ページを順に表示させるようにします。表示させるのは固定ページのタイトルと本文です。

● 固定ページ「ブログ」を選んだ場合だけは、固定ページの本文の代わりに最新の投稿を5つ表示するようにします。

● 固定ページは最大5つまで表示できますが、メニューボックスで選択しないかぎり表示しません。

これだけの機能を実装するのは大変そうに思えますが、WordPressのカスタマイズАPIを使うと比較的簡単に実現できます。

カスタマイズАPIのほかに、1～5のメニューボックスや選んだ固定ページの繰り返し表示には`for`ループを利用し、選択した固定ページの有無の判断にはすでに学んだ`if`文を用いて条件分岐をおこないます。

新しいWordPress関数やアクションも利用するので、総合的な学習になります。最初はすべてを理解できなくてもかまいませんので、まずテーマカスタマイザーを完成させてみて、わからないところは順を追ってCodexなどで調べて理解を深めていってください。

ここでは、このレッスンの鍵となるカスタマイズАPIについて説明しておきましょう。

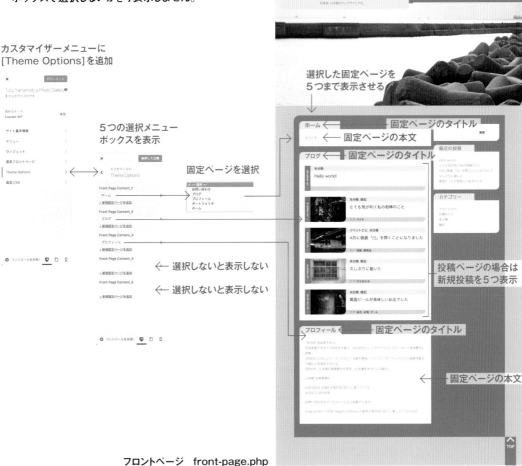

カスタマイザーメニューに
［Theme Options］を追加

5つの選択メニューボックスを表示

固定ページを選択

← 選択しないと表示しない

← 選択しないと表示しない

フロントページ　front-page.php

選択した固定ページを5つまで表示させる

固定ページのタイトル
固定ページの本文
固定ページのタイトル

投稿ページの場合は新規投稿を5つ表示

固定ページのタイトル

固定ページの本文

カスタマイズ API を理解しよう

なぜカスタマイズ API を使うのか

WordPress をロボットにたとえてみましょう。ロボットに新しい機能の腕を追加したい場合、何もない状態からつくるのはかなり大変です。しかし、必要な汎用パーツや接続規格とその仕様書が用意されていれば、独自のパーツを加工して追加したり取り替えたりすることは簡単になります。WordPress の汎用パーツ・接続規格・仕様書にあたるのがカスタマイズ API です。

もしカスタマイズ API が提供されておらず、今回のようにテーマに独自のオプションを追加したい場合を考えてみましょう。まず管理画面に独自のメニューを追加する必要があります。メニューを押した先の設定ページも HTML でコーディングしたものを用意しなければなりません。ユーザーが入力や選択をした内容（どの固定ページを選んだか）をデータベースへ保存したり、逆にデータベースのデータ（固定ページの内容）を取得したりする仕組みも実装しなければなりません。これだけでもかなり大変な作業になります。しかもテーマカスタマイザーのようなライブプレビューやセキュリティに配慮したシステムは、上級者にとってもかなりハードルの高いものです。

カスタマイズ API を利用すると、本書の例でいえば、**11-2** だけでテーマオプションの実装は完了します。実際のコードでいえば、たったの PHP 20 行くらいです。とはいえ、カスタマイズ API を完全に使いこなすには PHP や WordPress に対してかなりの熟練度が必要です。このレッスンのみでは、すぐにカスタマイズ API を使いこなせるわけではありませんが、ひととおり学ぶことで、テーマカスタマイザーの便利さを体験してもらえるでしょう。

カスタマイザーオブジェクト

オリジナルのテーマカスタマイザーを実装する前に、その仕組みについて見てみましょう。ここに登場するすべての用語を完全に理解する必要はありませんが、実装の際のイメージを掴むための一助になればと思います。

カスタマイズ API はオブジェクト指向（COLUMN 参照）で設計されており、その正体がカスタマイザーオブジェクトです。WordPress コアではそれをインスタンス化したものを変数 `$wp_customize` に代入しているため、テーマやプラグインなどからは基本的に `$wp_customize` を利用することになります（COLUMN「クラスとインスタンス（オブジェクト）とメソッド」参照）。

カスタマイザーオブジェクトは大きく4つの要素に分かれます。パネル・セクション・コントロール、そしてセッティングです。パネルは複数のセクションをグループ化するための入れ物で、セクションはコントロールをまとめるためのものです。コントロールは実際に入力や選択をおこなうためのフォーム要素です。セッティングはコントロールの設定とデータベースを結びつける役割を果たします。

今回のオリジナルテーマカスタマイザーメニュー作成の場合、右のような対応になります。

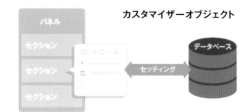

カスタマイザーオブジェクト

パネル：テーマカスタマイザーのメニュー画面（すでにあるものを利用します）

セクション：テーマカスタマイザーのメニュー画面に追加する [Theme Options] 項目

コントロール：[Theme Options] セクション画面上の「Front Page Content #」（# は 1〜5 の数字）の 5 つのメニューボックス

セッティング：「Front Page Content #」（# は 1〜5 の数字）の 5 つのコントロールに、データベースから固定ページのタイトルを取得して表示して、選択された固定ページの ID をデータベースに保存する仕組み

これらはロボットのたとえでいうと汎用パーツにあたるものです。必要に応じて持ってきて、加工して、数を増やして本体に取りつけることができます。

これらのパーツを追加するにはカスタマイザーオブジェクト（`$wp_customize`）のメソッド（オブジェクト内で定義された関数、COLUMN「クラスとインスタンス（オブジェクト）とメソッド」参照）を利用します。たとえば、セクションを追加するときは `$wp_customize->add_section()` のように、`$wp_customize` のあとに `->`（アロー演算子）でつないでセクション追加のメソッドを指定します。そのメソッドの引数に配列の形式でさまざまな指定をおこなうことで、追加するパネル・セクション・セッティング・コントロールの姿や働きを思いどおりに加工することができるのです。

COLUMN

オブジェクト指向

8-2「PHP の基礎知識」では触れませんでしたが、PHP のデータ型にはほかに「オブジェクト」というものもあります。オブジェクトとはひとつの主題を持ったデータと処理の集まりです。このオブジェクトを利用したシステムを構築する考え方というのがオブジェクト指向です。複雑なシステムの設計や構築において、オブジェクト指向は必須の考え方ですが、利用する側にとってはどのようなメリットがあるのでしょうか。おそらくそれはオブジェクト指向のもっとも重要な特徴である「カプセル化」でしょう。カプセル化とは、オブジェクトの内部の複雑なデータや処理を外部からアクセスできないようにすることです。代わりに、わかりやすいインターフェイスを提供することで、利用者は複雑な内部構造を理解することなくオブジェクトを操作することができます。

オブジェクトを車にたとえると、ハンドル・アクセル・ブレーキがわかりやすいインターフェイスの例になります。免許を持っている人であれば、アクセルを踏めば車は前進し、ブレーキを踏めば車は減速することを誰でも知っています。しかし、車の内部がどのようになっているのかについては詳しく知る必要はありません。逆に内部を簡単に触ることができるとかえって危険な場合もあります。たとえばブレーキに関する大事な部品を簡単に外せてしまうと、すぐに事故につながるでしょう。

カスタマイザーオブジェクトにおいては、セクションやセッティングなどの追加はメソッドが用意されています。これらの使い方を知れば、簡単にカスタマイザーに追加することができます。

クラスとインスタンス（オブジェクト）とメソッド

PHP では、クラスベースのオブジェクト指向を採用しているため、基本的にオブジェクトはクラスというものからつくられます。クラスはロボットのたとえでいうと仕様書・設計書のようなものです。以下にシンプルな例を示します。

ソースコード **クラスとインスタンス（オブジェクト）とメソッド**

```php
<?php
class クラス名 { // クラスを定義します。
  function メソッド名() { // 関数（メソッド）を定義します。
    echo 'メソッドを実行しました。';
  }
}

$a = new クラス名; // クラスのインスタンス（オブジェクト）を作成し変数$aに代入します。
$a->メソッド名(); // オブジェクトのメソッドを実行、「メソッドを実行しました。」と出力されます。
?>
```

クラスは class キーワードにより定義できます。クラス内には複数の定数や変数（プロパティといいます）そして関数（メソッドといいます）を含むことができます。オブジェクトを初期化する（まっさらな状態で生み出す）ためには、new 命令によりクラスのインスタンスを作成します（実体化）。例ではそれを変数 $a にセットしています。インスタンスのプロパティを参照したり、メソッドを実行したりするには、`->`（アロー演算子）を用います。

初心者にはとても難しい概念ですが、クラスとインスタンスの関係性は、よくたい焼きとたい焼きの型にたとえられます。クラスはたい焼きの型であって、インスタンスはその型からつくられた実際のたい焼きであると考えてください。まとめると、$a はクラスからつくられたインスタンスで、オブジェクトです。クラスは鋳型もしくは設計書で、インスタンスはそこからつくられた実体です。

これから利用するカスタマイザーオブジェクトは、すでに WordPress コアの方でインスタンス化され、変数 $wp_customize に代入されているため、次節の作業は基本的に $wp_customize->メソッド名() のようにカスタマイザーオブジェクトのメソッドを実行することになります。

次節から実際に functions.php にコードを記述して、カスタマイズ API を利用した独自のカスタマイズメニューを実現していきましょう。

11-2 セクション・セッティング・コントロールの追加

カスタマイズ API を利用して、
カスタマイザーオブジェクトに対して独自のセクション・セッティング・コントロールを追加し、
カスタマイザーの機能を拡張していきます。
最後には実際にカスタマイザー画面に追加したテーマオプションが表示されるようになります。

STEP 01 アクションの定義とフックへの登録

カスタマイザーオブジェクトの追加・削除・変更をおこなうには、**customize_register** アクションフックを使います。このアクションは **$wp_customize**（カスタマイザーオブジェクト）が引数になります。次のコードを functions.php に追加します。

ソースコード After functions.php

```
function easiestwp_customize_register( $wp_customize ) {
  // ここでパネル、セクション、コントロール、セッティングを追加します。
}
add_action( 'customize_register', 'easiestwp_customize_register' );
```

● ここでは関数「**easiestwp_customize_register()**」を定義し、**$wp_customize** オブジェクトを関数の引数として渡します。カスタマイズ画面に作成したテーマ設定はすべてこの **$wp_customize** オブジェクトのメソッドで実行されます。
● **add_action()** でその関数を **customize_register** アクションフックに登録します。

以降は、セクション・セッティング・コントロールを追加していきます。なお、既存のパネルに追加するため、ここでパネルの追加はおこないません。

STEP 02 セクションを追加しよう

コントロールを追加するにはまずセクションが必要です。既存のセクション（サイト基本情報・メニュー・ウィジェット・追加CSSなど）にコントロールを追加することもできますが、今回は新たにセクションを追加します。セクションの

追加には **$wp_customize->add_section()** メソッドを使います。先ほどの **easiestwp_customize_register()** 関数内に以下のようにコードを追加します。

ソースコード After　functions.php

```php
function easiestwp_customize_register( $wp_customize ) {
  $wp_customize->add_section( 'theme_options', array(
    'title'    => 'Theme Options',
    'priority' => 130,
  ) );
}
add_action( 'customize_register', 'easiestwp_customize_register' );
```

● `$wp_customize->add_section()` の最初の引数は必須で、セクションを識別するためのIDを指定します。ここでは `'theme_options'` とします。
● 2つめの引数は連想配列である必要があります。`'title'` はセクションの表示タイトルで、ここでは `'Theme Options'` とします。`'priority'` はセクションの位置を指定します。初期設定で存在する「固定フロントページ」には120、「追加CSS」には200が設定されています。「固定フロントページ」の直後に表示させたいためここでは130を指定します。

まだカスタマイズ画面に何も表示されませんが、セッティングとコントロールを追加すると図のようにセクションが表示されるようになります。

Theme Options が追加されたカスタマイズ画面

> **COLUMN**
>
> **セクションの 'priority'**
>
> 初期設定セクションの `'priority'` の設定値に関する資料はほとんどなく、詳しく知りたい場合はコアのファイルを読む必要があります。それでは初心者にとってはハードルが高いので、位置を調節したい場合は管理画面を確認しながら数値を変更するといいでしょう。また、`'priority'` の初期値には160が設定されていますので、実は省略しても（プラグインによってセクションが追加されていないかぎり）同じ位置に表示されます。

STEP 03　セッティングを追加しよう

作成したセクションにコントロールを追加する前に、セッティングを追加する必要があります。セッティングとは前述のとおりコントロールとデータベースを結びつけることで

す。セッティングの追加には `$wp_customize->add_setting()` メソッドを使います。次のコードを `easiestwp_customize_register()` に追加します。

ソースコード After　functions.php

```php
$wp_customize->add_setting( 'front_page_content_1', array(
  'default'           => false,
  'sanitize_callback' => 'absint',
) );
```

● `$wp_customize->add_setting()` の最初の引数は必須で、セッティングのIDを指定します。今回は1つめのコンテンツということで、`'front_page_content_1'` とします。2つめの引数は連想配列を取ります。
● `'default'` はデータが設定されていない場合のセッティングの初期値を指定できます。初期設定では空の文字列（`''`）を返しますが、ここでは真偽値の false を指定します。

● `'sanitize_callback'` とはセッティングの値をデータベースに保存するとき、サーバ側でサニタイズ（無害化）するためのコールバック関数（ほかの関数に引数として渡す関数）です。今回は固定ページの選択を想定しており、実際にデータベースに保存されるのは固定ページのIDです。そこで値を負ではない整数に変換するWordPress関数 `absint()` の関数名を文字列にして指定します。

テーマカスタマイザーの実装　Lesson 11　12　13　14　15

197

STEP 04　コントロールを追加しよう

セッティングの追加が完了したら、次はそれに対応するコントロールを追加しましょう。コントロールを追加するには`$wp_customize->add_control()`メソッドを使います。以下のコードを`easiestwp_customize_register()`に追加します。

ソースコード After　functions.php

```
$wp_customize->add_control( 'front_page_content_1', array(
    'label'          => 'Front Page Content 1',
    'section'        => 'theme_options',
    'type'           => 'dropdown-pages',
    'allow_addition' => true,
) );
```

● `$wp_customize->add_control()`の最初の引数は必須で、コントロールのIDを指定します。本来は結びつけたいセッティングを次の引数内で指定する必要があるのですが、コントロールIDを結びつけたいセッティングIDと同じものにすることで、セッティングの指定なしで自動的にコントロールとセッティングを結びつけることができます。ですので、ここでは先ほど追加したセッティングと同じIDである`'front_page_content_1'`とします。

● 2つめの引数には連想配列を与えることでコントロールの詳細を決めることができます。

● `'label'`はコントロールの上に表示されるテキストです。

● `'section'`にはコントロールを追加したいセクションIDを指定します。先ほど作成したセクションのID`'theme_options'`を指定します。

● `'type'`は、テキスト、チェックボックス、ラジオボタンなど、フォームの種類を選択することができます。今回は公開された固定ページを選択できる`'dropdown-pages'`を指定します。

● `'allow_addition'`とは、`'type'`を`'dropdown-pages'`にした場合、コントロールが表示されている画面で、固定ページの新規追加を可能にするかどうかです。これを`true`にすることで、わざわざ固定ページ画面に戻ってページを新規追加する必要がなくなります。

以上の作業が完了すると、テーマカスタマイズ画面に［Theme Options］セクションが表示され、それを押すことで［Front Page Content 1］コントロールが表示されるはずです。プルダウンからは現在公開されている固定ページを選択できます。

メニューボックス

「Front Page Content 1」
コントロール
`'type'=>'dropdown-pages'`の指定により、現在公開されている固定ページがプルダウンに表示されます。

11-3 セッティングと コントロールを増やす

これまでの作業で、独自のテーマオプション内に1つのコントロールを表示することができました。
ここでは、プログラミング言語の力を利用して、
同じようなセッティングとコントロールのコードを何度も記述することなく増やしていきましょう。

forループとは

1組のセッティングとコントロールが完成しましたので、これを5つに増やしましょう。番号を1ずつ増やし、同じコードを5回記述することでも実装は可能ですが、ここはPHPの **for** 文を使って同様な処理を繰り返すようにしましょう。 **for** 文の基本的な構文は次のとおりです。

```
for ( 初期化式; 条件式; 変化式 ) {
    // 処理
}
```

初期化式は繰り返し処理開始時に無条件に実行されます。条件式は各繰り返しの開始時に式が真であるかどうかが評価されます。その式の値が真の場合ループは継続され、括弧内の処理が実行されます。値が偽の場合、そこでループの実行は終了します。各繰り返しの後、「変化式」が実行されます。

```
for ( $i = 1; $i <= 10; $i++ ) {
    echo $i; ❸
}
```

上の例では
❶変数 **$i** にまず1という整数が入り（初期値）
❷変数 **$i** は「10かそれより小さい」という条件式を満たすかどうかが評価され（条件式）
❸変数 **$i**（ここでは1）が **echo** によって出力され（処理）
❹変数 **$i** にはひとつ大きな整数（ここでは2）が入ります（変化式）

以後、同様の処理が繰り返されます。処理が終了するのは変数 **$i** が10を超え、11となって **echo** で出力される直前に条件式に評価されたときです。結果として、実行すると1から10までの整数が出力されることになります。

forループでセッティングとコントロールを繰り返す

さて、実際にセッティングとコントロールの追加処理を **for** 文で繰り返してみましょう。

1 まずはセッティングとコントロールを追加する処理のコードを **for** 文で囲みます。これで同様な処理が5回繰り返されることになります。

```
2 functions.php
        @@ -43,6 +43,7 @@ function easiestwp_customize_register( $wp_customize ) {
43  41          'priority' => 130,
44  44      ) );
45  45
    46      for ( $i = 1; $i <= 5; $i++ ) {
46  47          $wp_customize->add_setting( 'front_page_content_1', array(
47  48              'default'          => false,
48  49              'sanitize_callback' => 'absint',
        @@ -54,5 +55,6 @@ function easiestwp_customize_register( $wp_customize ) {
54  55              'type'          => 'dropdown-pages',
55  56              'allow_addition' => true,
56  57          ) );
    58      }
57  59  }
58  60  add_action( 'customize_register', 'easiestwp_customize_register' );
```

ソースコード　**After　functions.php**

```php
for ( $i = 1; $i <= 5; $i++ ) {
  $wp_customize->add_setting( 'front_page_content_1', array(
    'default'           => false,
    'sanitize_callback' => 'absint',
  ) );

  $wp_customize->add_control( 'front_page_content_1', array(
    'label'             => 'Front Page Content 1',
    'section'           => 'theme_options',
    'type'              => 'dropdown-pages',
    'allow_addition'    => true,
  ) );
}
```

2 このままではすべて同じセッティングIDとコントロールID になってしまい、実際には1組のセッティングとコントロールしか追加されませんので、変数 `$i` を使ってIDやラベルの数値を1ずつ増やします。文字列と変数 `$i` を結合

演算子の `.`（ドット）でつないで記述します。実際は `'front_page_content_1'`、`'front_page_content_2'` … `'front_page_content_5'` のように各繰り返しで処理されます。

```
6 ■■■■ functions.php
       @@ -44,13 +44,13 @@ function easiestwp_customize_register( $wp_customize ) {
 44        ) );                                              44        ) );
 45                                                          45
 46        for ( $i = 1; $i <= 5; $i++ ) {                   46        for ( $i = 1; $i <= 5; $i++ ) {
 47  -         $wp_customize->add_setting( 'front_page_content_1', array(   47  +         $wp_customize->add_setting( 'front_page_content_' . $i, array(
 48            'default'           => false,                 48            'default'           => false,
 49            'sanitize_callback' => 'absint',             49            'sanitize_callback' => 'absint',
 50          ) );                                            50          ) );
 51                                                          51
 52  -         $wp_customize->add_control( 'front_page_content_1', array(   52  +         $wp_customize->add_control( 'front_page_content_' . $i, array(
 53  -           'label'             => 'Front Page Content 1',  53  +           'label'             => 'Front Page Content ' . $i,
 54            'section'           => 'theme_options',       54            'section'           => 'theme_options',
 55            'type'              => 'dropdown-pages',      55            'type'              => 'dropdown-pages',
 56            'allow_addition'    => true,                  56            'allow_addition'    => true,
```

ソースコード　**After　functions.php**

```php
for ( $i = 1; $i <= 5; $i++ ) {
  $wp_customize->add_setting( 'front_page_content_' . $i, array(
    'default'           => false,
    'sanitize_callback' => 'absint',
  ) );

  $wp_customize->add_control( 'front_page_content_' . $i, array(
    'label'             => 'Front Page Content ' . $i,
    'section'           => 'theme_options',
    'type'              => 'dropdown-pages',
    'allow_addition'    => true,
  ) );
}
```

以上でセッティングとコントロールが5組追加され、テーマカスタマイズの[Theme Options]セクションには5つのコントロールが表示されます。

5つのコントロール
for ループにより5つのコントロール（とセッティング）が追加されました。

11-4 フロントページに結果を出力しよう

これまでの作業で、追加したテーマカスタマイザーから
WordPressに対して設定を保存することができるようになりました。
次はその保存されたデータを用いてフロントページのコンテンツを充実させましょう。

STEP 01 front-page.phpを作成する

サイトフロントページとして最も優先的に表示されるのは、**10-8**で説明したようにfront-page.phpです。今回はindex.phpを投稿一覧のテンプレートとして残し、フロントページのテンプレートとしてfront-page.phpを新たに作成して利用します。index.phpをコピーし、ファイル名をfront-page.phpとしてeasiest-wpフォルダに保存します。そのfront-page.phpをエディタで開いて編集しましょう。

forループでコンテンツをコントロールと同じ回数繰り返す

1 for文を使って、メインのコンテンツをコントロールと同じ回数分、ここでは5回繰り返します。

ソースコード **After** front-page.php

```php
<?php for ( $i = 1; $i <= 5; $i++ ) : ?>

  <h1 class="box-heading box-heading-main-col">Blog</h1>
  <div class="box-content">

    <?php if ( have_posts() ) : ?>
     （中略）
    <?php endif; ?>

  </div>

<?php endfor; ?>
```

2 現在のテーマ固有の設定値を取得する関数`get_theme_mod()`を使って、front_page_content_1から5に値が保存されているかどうか判定します。`'front_page_content_' . $i`に正しく値が保存されている場合は固定ページのIDを返し、値が保存されていない場合は`false`を返します。`false`なら固定ページの取得と表示をおこないません。

ソースコード **After** front-page.php

```php
<?php for ( $i = 1; $i <= 5; $i++ ) : ?>

  <?php if ( get_theme_mod( 'front_page_content_' . $i ) ) : ?>

    <h1 class="box-heading box-heading-main-col">Blog</h1>
    <div class="box-content">
     （中略）
    </div>

  <?php endif; ?>

<?php endfor; ?>
```

3 `if`文の開始タグ直後に次のコードを追加します。`front_page_content'` `.` `$i`に値（固定ページID）が保存されている場合は、`get_post()`関数を使ってその固定ページを取得します。さらにそれを`setup_postdata()`関数でグローバル変数`$post`にセットして、`the_title()`などの関数が正しく動作するようにします。

```
5 ▨▨▨▨▨ front-page.php
          ⊕      ⑳ -8,6 +8,11 ⑳
  8   8
  9   9                   <?php if ( get_theme_mod( 'front_page_content_' . $i ) ) : ?>
 11  10
     11                   <?php
     12                   $post = get_post( get_theme_mod( 'front_page_content_' . $i ) );
     13                   setup_postdata( $post );
     14                   ?>
     15
 11  16                   <h1 class="box-heading box-heading-main-col">Blog</h1>
 11  17                   <div class="box-content">
          ⊕
```

ソースコード After　front-page.php

```php
<?php
$post = get_post( get_theme_mod( 'front_page_content_' . $i ) );
setup_postdata( $post );
?>
```

4 グローバル変数`$post`を変更したあとは必ず`wp_reset_post data()`関数で`$post`を元に戻す必要があります。フロントページコンテンツに対する処理がすべて完了したタイミングである`for`文の閉じタグの直後に次のコードを追加します。

```
2 ▨▨▨▨▨ front-page.php
          ⊕      ⑳ -54,6 +54,8 ⑳
 54  54
 55  55                   <?php endfor; ?>
 56  56
     57 +                 <?php wp_reset_postdata(); ?>
     58 +
 57  59                   <?php the_posts_pagination( array(
                          'prev_text' => '<img class="arrow" src="' . get_theme_file_uri() . '/images/arrow-left.png" srcset="' .
                   get_theme_file_uri() . '/images/arrow-left@2x.png 2x" alt="前へ">',
                          'next_text' => '<img class="arrow" src="' . get_theme_file_uri() . '/images/arrow-right.png" srcset="' .
                   get_theme_file_uri() . '/images/arrow-right@2x.png 2x" alt="次へ">',
          ⊕
```

ソースコード After　front-page.php

```php
<?php wp_reset_postdata(); ?>
```

これでフロントページコンテンツとして設定した固定ページの情報を利用できるようになりました。

見出しを固定ページのタイトルにする

見出しが「Blog」となっているところを`<?php the_title(); ?>`テンプレートタグに書き換えて固定ページのタイトルを表示します。

ソースコード Before　front-page.php

```php
<h1 class="box-heading box-heading-main-col">Blog</h1>
```

ソースコード After　front-page.php

```php
<h1 class="box-heading box-heading-main-col"><?php the_title(); ?></h1>
```

投稿ページを選んだら投稿を5つ表示する

タイトルの下には通常は固定ページの本文を表示しますが、固定フロントページの「投稿ページ」として設定されているページだけは（本書では「ブログ」ページがそれに該当します）、本文ではなく最新の投稿を5つ表示させます。index.phpに元々書かれたループを、そのままこの場合に利用します。

1　投稿を表示するループの直前に次のコードを追加します。
`<?php if ( have_posts() ) : ?>`の行の前です。

> **ソースコード** After　front-page.php

```php
<?php
$blog_posts_page_id = get_the_ID();

if ( $blog_posts_page_id === (int) get_option( 'page_for_posts' ) ) :
?>
```

2　投稿を表示するループの終了後に次の
コードを追加します。`<?php endif; ?>`
の行の直後（`.box-content`の`</div>`
の行の前）です。

> **ソースコード** After　front-page.php

```php
<?php else : ?>

  <?php the_content(); ?>

<?php endif; ?>
```

ここで記述したコードがどのような処理をしているかについて見ていきましょう。

- `get_the_ID()`を使ってフロントページコンテンツとして設定された固定ページのIDを取得し、`$blog_posts_page_id`変数にセットします。
- `get_option( 'page_for_posts' )`は固定フロントページの「投稿ページ」に設定されているページのIDを取得することができますが、取得したIDは文字列になっているため、`(int)`を使って整数値に変換したあと、`$blog_posts_page_id`と一致するかどうかを判定します。
- 一致している場合は投稿のループを回し、一致しない場合は`the_content()`で固定ページの本文を出力します。

サブループの生成

これで、固定ページ本文は問題なく表示されると思います。しかし、正しく投稿のループを機能させるにはもう一工夫が必要です。メインループではないサブループをつくります。さて、ここでのメインループとは何でしょうか。レッスンどおりに進んでいる場合、固定フロントページの「フロントページ」に「ホーム」ページが設定されています。メインループはこの「ホーム」のページ情報のみを取得しています。その中で、投稿を対象にしたループを生成したいわけです。サブループをつくる方法はいくつかありますが、ここでは`WP_Query`クラスを使います。

1　メインループである`<?php if(have_posts() ) : ?>`の直前に次のコードを追加します。

> **ソースコード** After　front-page.php

```php
<?php
$blog_posts = new WP_Query( array(
  'posts_per_page'      => 5,
  'post_status'         => 'publish',
  'no_found_rows'       => true,
) );
?>
```

- `WP_Query`クラスに引数を渡して新規でインスタンスを生成します。生成したインスタンスは再利用できるよう変数にセットします。ここでは「`$blog_posts`」とします。
- `WP_Query`の取りうる引数はたくさんありますが、ここで使用しているものについて紹介しておきます。

- `'post_per_page'`は1ページあたりに取得する投稿数を指定します。
- `'post_status'`は取得する投稿を投稿ステータスでフィルタリングすることができます。ここでは公開（`'publish'`）された投稿に限定します。
- `'no_found_rows'`は、投稿のページ分割をする予定がなければ、`true`にすることで処理を高速化できます。
- なお、通常は`'post_type' => 'post'`のように、投稿タイプを指定することが多いですが、省略する場合はWordPressのデフォルトの投稿を対象にしますので、今回は省略します。

2 `have_posts()` や `the_post()` を次のように書き換えれば、サブループの完成です。
それぞれ `$blog_posts` オブジェクトのメソッドに変更します。

ソースコード Before

```php
<?php if ( have_posts() ) : ?>

  <ul class="archive">

    <?php while ( have_posts() ) ) : ?>

    <?php the_post(); ?>

      <li class="item-archive">
```

ソースコード After

```php
<?php if ( $blog_posts->have_posts() ) : ?>

  <ul class="archive">

    <?php while ( $blog_posts->have_posts() ) ) : ?>

    <?php $blog_posts->the_post(); ?>

      <li class="item-archive">
```

以上で、カスタマイズAPIを使ってオリジナルテーマオプションの実装が完了しました。

COLUMN

WP_Queryクラス

WP_Queryとは、複雑な投稿やページのリクエストを処理するためのクラスです。実はメインループでもこのWP_Queryを利用しています。WordPressコアの方で、現在アクセスしているURLに応じて、WP_Queryのインスタンスを`$wp_query`という変数に代入しています。取得しているデータこそ違えど、サブループで変数`$blog_posts`に代入する手順とほぼ同じです。さらに、これまで使用してきたhave_posts()やthe_post()なども、実は内部的には`$wp_query->have_posts()`や`$wp_query->the_post()`など、WP_Queryのメソッドを実行しているにすぎません。

STEP 02 フロントページコンテンツの設定

実際にフロントページコンテンツに設定をしてみて、問題なくフロントページに表示されるか試してみましょう。

[Theme Options]からフロントページコンテンツを設定する

1 管理メニュー[外観]→[カスタマイズ]を押してテーマカスタマイザーに入り、[Theme Options]を押します。例として、[Front Page Content 1]には「ホーム 」、[Front Page Content 2]には「ブログ」、[Front Page Content 3]には「プロフィール」を設定してみましょう。

フロントページ
コンテンツの設定

2 サイトを表示して確認してみましょう。一番上には固定ページ「ホーム」と本文の「ようこそ。」が表示されています。その下、固定フロントページの「投稿ページ」として設定している「ブログ」の箇所には投稿の一覧が最大5つまで表示されています。さらにその下には「プロフィール」とその本文が表示されているのが確認できます。

フロントページコンテンツを
設定したフロントページ

STEP 03 フロントページが最新の投稿の場合index.phpを利用

ここまでの作業で、フロントページはほぼ問題なく機能しているようですが、しかしまだもう少し問題があります。それは固定フロントページを利用せず、フロントページを「最新の投稿」にしている場合です。その場合でも、front-page.phpが利用され、投稿一覧のはずが、何も表示されません。そこで、以下のコードをfunctions.phpの最後に追加しましょう。これでオリジナルテーマの完成です。

ソースコード After functions.php

```php
function easiestwp_front_page_template( $template ) {
  return is_home() ? '' : $template;
}
add_filter( 'frontpage_template', 'easiestwp_front_page_template' );
```

- フロントページのテンプレートを制御するには、フィルターフック`'frontpage_template'`を利用します。
- 関数`easiestwp_front_page_template()`を定義しフックに登録します。WordPressで本来利用するテンプレート（ここではfront-page.php）が引数として渡されるため、`$template`という名前で関数に渡し、関数内で利用できるようにします。
- 関数内では見慣れない記述がしてありますが、これは三項演算子と呼ばれる記述方法で、`if`文を簡潔に書くことができます。基本的な書式は以下のとおりです。
  条件式 ? 真式 : 偽式;
- 条件式が`TRUE`の場合に真式が、`FALSE`の場合に偽式が評価されます。今回のケースでは、`is_home()`が`TRUE`の場合は`''`（空の文字列）、`FALSE`の場合は`$template`が式全体の値になります。最後に`return`をつけて値を返します。これを`if`文で記述すると、下記のようになります。

  ```php
  if ( is_home() ) {
    return '';
  } else {
    return $template;
  }
  ```

このように、三項演算子を用いればとても簡潔に書くことができますが、あくまで演算子であるため、全体としては1つの式なので、`if`文のように条件に応じて処理を記述することはできない点に注意してください。

- `is_home()`はブログ投稿インデックスページでのみ`TRUE`になるため、フロントページが「最新の投稿」の場合に対して空の文字列を返すことで、WordPressはindex.php（home.phpがある場合home.php）を利用し投稿一覧を表示します。

- フロントページが「固定ページ」の場合は`is_home()`が`FALSE`となり、引数である`$template`を返すことで、WordPressは通常のfront-page.phpを利用し、テーマオプションで設定したコンテンツを表示します。

**テーマ
スクリーンショット** COLUMN

テーマスクリーンショットとは、テーマの管理画面で表示されるテーマのサムネイルのことです。WordPressの公式ディレクトリに申請する場合は必須ですが、スクリーンショットがなくてもテーマとしては問題なく機能します。せっかくテーマが完成したので、スクリーンショットを撮ってテーマの管理画面に表示させてみましょう。テーマスクリーンショットは幅1200px・縦900pxのPNG画像が推奨されており、ファイル名はscreenshot.pngでなければなりません。自分で撮ってもかまいませんが、easiest-wp-htmlフォルダにscreenshot.pngを用意していますので、そちらを利用してもいいでしょう。screenshot.pngをオリジナルテーマフォルダの直下に配置し、テーマの管理画面を確認すると、図のようにサムネイルが表示されるようになります。

Lesson 11　練 習 問 題

先ほどfront-page.phpに作成したカスタムループ **$blog_posts** では下記コードのように

● 公開日時が新しい順に (デフォルト値)
● 公開された
● 投稿を (デフォルト値)
● 5件
取得する、
という条件が書き込まれていました。

ソースコード front-page.php

```php
<?php
$blog_posts = new WP_Query( array(
  'posts_per_page'      => 5,
  'post_status'         => 'publish',
  'no_found_rows'       => true,
) );
?>
```

この練習問題ではこのカスタムループに条件を追加してみましょう。
● 順序はランダムに
● 公開された
● カテゴリー「雑記」の
● 投稿を
● 3件
取得する、という条件に書き換えます。

条件指定のパラメータについてはCodexの以下のページを参照してください。
関数リファレンス/WP Query - WordPress Codex 日本語版
https://wpdocs.osdn.jp/関数リファレンス/WP_Query

A

❶まずは **'post_per_page'** の値を3に書き換えます。

❷表示順序を変更するにはパラメータ **'orderby'** を利用します。値に **'rand'** と指定することでランダムな順序での表示が実現できます。

❸表示されるカテゴリーを指定するときはパラメータ **'cat'** あるいは **'category_name'** を利用します。**'cat'** はカテゴリーIDでの指定となり、**'category_name'** はカテゴリーのスラッグでの指定となります。今回は **'category_name'** を採用しました。カテゴリー「雑記」のスラッグ **'note'** を指定します。

```php
<?php
$blog_posts = new WP_Query( array(
  'posts_per_page'      => 3,
  'post_status'         => 'publish',
  'no_found_rows'       => true,
  'orderby'             => 'rand',
  'category_name'       => 'note',
) );
?>
```

以上で書き換えは完了です。サイトに戻りフロントページを表示して、
期待どおりの出力になっているかどうかを確認してください。
確認できたら、練習問題前の状態に戻しておきましょう。

WordPressを
本番環境へ
デプロイする

An easy-to-understand guide to WordPress

Lesson 12

ローカル環境ての開発がひととおり完了したらいよいよ本
番環境への公開です。開発環境から本番環境への公開は
デプロイメント（略してデプロイ）と呼ばれます。WordPress
サイトのデプロイは静的サイトに比べると難しいですが、ひ
とつひとつ落ち着いて進めていきましょう。

12-1 FTPクライアントを準備しよう

ローカル開発環境から本番環境へのデプロイの前に、
いくつかの注意点と予備知識、準備しておくことがあります。
ここではそのいくつかの予備知識と
基本的なFTPクライアントの使い方について解説します。

デプロイの前に

これからおこなうデプロイの作業についての注意をまとめておきます。
すでにWordPressをインストールした本番サーバを用意している前提で進めます。
もしまだインターネットに公開されているWordPressサイトを持っていない場合は、
Lesson02を参考にリモートサーバ上に本番環境を用意してください。

1. 公開サーバ上のデータは上書きされる

本番環境のWordPressは新規インストール状態とします。利用中のWordPressでも作業自体を進めることはできますが、このレッスンの手順どおりにおこなうと、最終的には現在のローカル開発環境のWordPressサイトがほぼそのままの状態で、現在の本番環境を上書きすることになりますので注意してください。Lesson06まで使用していたサーバ上のWordPressを本番環境として利用する場合は、Lesson06までの作業データは消えることになります。必要に応じ実行前にバックアップをおこないましょう。

2. データベースの移行もおこなう

静的なサイトのデプロイは構成ファイルを本番サーバの正しい場所に配置するだけで完了しますが、WordPressサイトの場合、ファイルに加えてデータベースの移行も必要です。

3. データベース上のURLを書き換える

開発環境のデータベースにはサイトのURL（ここまでの例ならばhttp://localhost:8888/wordpress）が保存されているため、それを本番環境のURLへ書き換える必要があります。

FTP（FTPS）によるリモートサーバのデータ操作

よりセキュアな接続～FTPSとSFTPとは

作成したテーマファイルのリモートサーバへの転送にはFTPクライアントを使います。FTPは「File Transfer Protocol」の頭文字で、ネットワークでファイル転送をおこなうための通信方式のひとつです。クライアント（おもには手元の端末）とサーバ間のファイル転送をおこなうための手段として、ウェブサイト制作に関わる多くの人にとっておなじみの手段となっています。

FTPは扱いが簡単であるため広く用いられていますが、ファイル転送の際に送信されるユーザー名とパスワードといった認証情報すら暗号化がなされておらず、悪意のある第三者にパスワードを盗まれるなどの危険性が高いため、長く専門家からその使用に警鐘が鳴らされています（とくに業務での利用は控えるべきでしょう）。レンタルサーバと利用するFTPクライアントがFTPSまたはSFTPなどの安全なファイル転送方式に対応しているようであれば、ぜひ利用してください。本書で利用しているエックスサーバーはFTPSに対応しています。

●FTPS (FTP over SSL/TLS)：SSLやTSLといった暗号化技術によって通信データを守りながらデータの転送ができる方式です。多くのレンタルサーバで利用可能となっており、また設定すべき項目もFTPとほとんど差がない場合が多いため、FTPクライアントとサーバが対応しているならまず採用を検討するべきでしょう。

●SFTP (SSH File Transfer Protocol)：SSHという安全なネットワーク通信の仕組みを利用したもので、通信全体の暗号化・暗号鍵による認証など、よりセキュリティ上強固な通信環境を実現することが可能です。しかしながら対応していない（あるいはできることが制限されている）レンタルサーバも多く、鍵の生成・設置のためにCUIの操作が必要とされるなど若干採用のハードルが高い面もあります。

おもなFTPクライアントソフト

●Transmit（Macのみ・有償）

高機能エディタ「Coda 2」を開発しているPanic社のFTPクライアントソフト。有料（試用期間あり）ですが、洗練されたインターフェイスと正確で高速な転送／同期機能・あたかも外づけディスクドライブのような感覚で利用できるTransmitディスク機能など、便利で快適な機能が充実しています。SFTP/FTPSに対応。

https://panic.com/jp/transmit/

●FFFTP（Winのみ・無償）

Windowsの定番FTPクライアントであり、インターネット上のノウハウが充実しています。FTPSに対応。

https://ja.osdn.net/projects/ffftp/

●FileZilla（Win / Mac・無償）

MacでもWindowsでも利用できるFTPクライアント。比較的高速で確実な通信が期待できます。若干インターフェイスを操るために慣れが必要になるかもしれません。SFTP/FTPSに対応。

https://filezilla-project.org/

ほかにも「Adobe Dreamweaver」や「Coda 2」といったオーサリングツール・エディタにFTPクライアント機能が含まれています。

WordPressを本番環境へデプロイする Lesson 12 13 14 15

209

FTPクライアントを利用する

ここではWindows・Macのどちらでも無償で利用できるFileZillaを例に、
FTP（FTPS）によるリモートサーバ上のファイルの操作方法を説明します。
FTPクライアントはふだん使っているものがあればそれを利用してかまいません。

FTP接続に必要な情報を確かめる

どのFTPクライアントを利用するにせよ、接続に必要になる情報は以下のとおりです。

● ホスト名（サーバ名・接続先）
● FTPユーザー名（アカウント名）
● FTPパスワード

これらはサーバ契約時にメールで案内されたり、パスワードのみ自身で設定している場合が多いでしょう。エックスサーバーを使っている場合、2-3で登録完了した際に受信したメールに記載の情報を参照してください。登録したドメインごとにFTPアカウントを設定する場合はエックスサーバーのサーバーパネル画面の［FTP］→［サブFTPアカウント設定］から設定をおこなっておきます。

サブFTPアカウント追加設定方法について
（https://www.xserver.ne.jp/manual/man_ftp_add.php）

FileZillaのインストール

1 FileZillaのサイト（https://filezilla-project.org）にアクセスし、［Download FileZilla Client］ボタンを押します。

2 利用中のOSに合わせてファイルをダウンロードします。

3 ダウンロードされたファイルを実行します。表示される画面でライセンスを確認して［I Agree］ボタンを押すとインストールされます。

FileZilla-
Installer.app

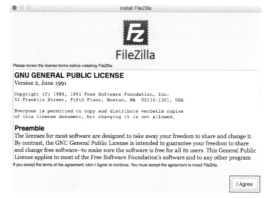

FTPクライアントでリモートサーバに接続する

1 FileZillaのインストールが終了すると起動して画面が表示されます。メニューから［ファイル］→［サイトマネージャ］を押します。

2 新しい接続先を作成します。［新しいサイト］を押して❶、わかりやすい名前をつけます❷。［ホスト］にはFTPホスト名（xxxxx.xsrv.jp）を入力します❸。［プロトコル］は［FTP］❹、［暗号化］は［使用可能なら明示的なFTP over TLSを使用］❺のままでOKです（これでFTPSになります）。［ユーザー］にFTPアカウント名❻、［パスワード］にFTPアカウントのパスワードを入力します❼。設定できたら［接続］を押します❽。

3 最初の接続では「不明な証明書」という確認が出ますので［OK］を押します。

サーバによっては［ポート］に「ポート番号」を指定する必要がある場合があります。

4 設定に間違いがなければ、接続先が追加されてリモートサーバに接続されます。画面の右側にはリモートサーバの中身が表示されています。WordPressの構成フォルダ・ファイルが確認できます。

> **CHECK!**
> **接続できない場合は**
>
> もしなんらかのエラーが返って接続できない場合は、まず入力した情報が正しいかどうかを確認しましょう。間違いない場合はFTPSまたはFTPのためのポート番号が正しいかどうかをサーバ会社に問い合わせてください（オンラインマニュアルで確認できる場合もあります）。FTPSでいきづまった場合は一時的にFTPでの接続をデフォルトポートで試してみてもいいでしょう。
> エックスサーバー X10でのFTP接続について：https://www.xserver.ne.jp/manual/man_ftp_setting.php

FTP接続に必要な情報を確かめる

FTPクライアントアプリはだいたい左右2つに分かれたウィンドウ構成になっており、左側にローカルPCの内容、右側にリモートサーバの内容が表示されます。左右間のドラッグ&ドロップでファイルやフォルダの転送ができます。また、右クリックで出てくるコンテキストメニューからさまざまなファイル操作ができるようになっています。

ローカル・リモートのサイトルートを設定する

多くのFTPクライアントではローカル環境やリモートサーバ上のサイトルート（最初に開くフォルダ）を
設定しておくことが可能です。接続後にすぐに作業にかかれるように設定しておくといいでしょう。

1　［ファイル］→［サイトマネージャ］を押して［サイトマネージャ］
を表示し、［詳細］タブを押します❶。［既定のローカルディ
レクトリ］の［参照］ボタンを押します❷。

2　［既定のローカルディレクトリを選択］で、ローカ
ル開発環境にしていた場所であるアプリケー
ション→MAMP→htdocs→wordpressフォ
ルダを指定して❶、［開く］を押します❷。

3　［既定のローカルディレクトリ］に指定したフォルダが入力さ
れます❶。再び［接続］を押してみましょう❷。

4　「既に接続されています」と表示されたら［以前
の接続を中止して現在のタブで接続］を選んで
［OK］を押します。

5　接続後のローカルフォルダに最初からwordpressフォルダが表示
されるようになりました。同様に［既定のリモートディレクトリ］に「/
wp-content」などと指定することで、リモートサーバで接続時に最
初に開くフォルダを指定することができます。

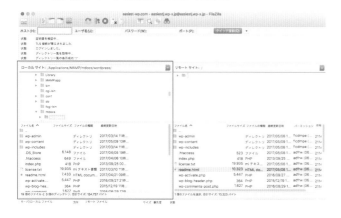

CHECK！

リモートファイルの操作には
細心の注意を

リモートファイルの削除や変更などの操
作はローカルファイルと異なり、アンドゥ
（取り消し）することができません。です
ので基本的にはリモートファイルを直接
編集することは避け「ローカルのファイ
ルを変更」→「リモートファイルを上書
き」という手順で更新をしていきます。ま
たリモートファイルを直接削除・移動す
る必要が生じたときは操作ミスがないよう
に細心の注意を払ってください。

12-2 公開サイトの初期化とファイルのアップロード

FTPクライアントについて理解したところでいよいよデプロイ作業に入ります。
まずは本番環境のバックアップと初期化をおこない、
つづいて開発環境から本番環境へのファイル移転作業にとりかかりましょう。

リモートサーバのバックアップを取ろう

リモートのデータベースのバックアップ

データベースの初期化を実行する前に、念のためバック
アップを取っておきます。練習データならば消えてもかま
わないかもしれませんが、ファイルと同様、データの移転
前には消去されるデータのバックアップは取っておく習慣
をつけておいたほうがいいでしょう。もしも移転に失敗して
も元の状態に戻せることは大切です。

WordPressのインストール機能を持ったレンタルサーバ
は、WordPressのバックアップ・削除・初期化が管理パ
ネルから簡単におこなえるようになっている場合がありま
す。以後はエックスサーバーを例に解説します。ほかのレ
ンタルサーバではサービスのマニュアルを参照して同様
におこなってください。

> 今回は圧縮形式を[圧縮なし]にしていますが、記事
> がたくさんあるサイトのデータベースを取得する場合は
> [gz形式]を選択することでファイルサイズを小さく
> し、ダウンロードの時間を短縮することができます。

エックスサーバーのサーバーパネル画面の[データベー
ス]→[MySQLバックアップ]を押し、[現在のMySQL
をダウンロード]タブを選択します❶。圧縮形式のセクショ
ンで[圧縮しない]を選択します❷。[ダウンロード実行]
ボタンを押します❸。

これでLesson06までの作業内容を含むデータベースのバックアップデータがダウンロードされますので、
わかりやすい場所に保存しておいてください(のちほど練習問題で使用します)。

リモートのファイルのバックアップ

リモートにあるWordPressのファイルをバックアップする
には、FTPクライアントでリモートサーバに接続します。
Lesson01で解説したとおり、サイト固有のファイルは基
本的にwp-contentフォルダ内に保存されています。
WordPressがインストールされたフォルダへ移動し、wp-
contentフォルダを右クリックし[ダウンロード]を押してロー
カルPCに保存してください。先ほどバックアップしたデー
タベース(SQLファイル)と同じ場所に保存することをお
すすめします。

本番サーバ上のwp-contentフォルダ

リモートサーバ上のwp-contentフォルダをFTPクライ
アントを使ってローカルPCにダウンロードしてバック
アップとします。

サイトを初期化する

リモートサーバのデータのバックアップが済んだら初期化に移りましょう。

1 エックスサーバーのサーバーパネル画面に戻り、
[WordPress]→[WordPress簡単インストール]を
選択し[インストール済みWordPress一覧]タブを表
示します❶。[削除]ボタンを押します❷。

2 注意事項が表示されますので、それを確認して[アン
インストールする]ボタンを押します。WordPressが
削除されます。

3 **2-4**の手順をもう一度おこないWordPressをインス
トールします。

以上で本番環境のWordPressが初期化されました。こ
れで準備完了です。

CHECK!

**レンタルサーバ管理画面にDBの
エクスポート・初期化メニューがない場合**

レンタルサーバのphpMyAdminに入り作業をおこなう必
要があります。利用しているレンタルサーバのマニュアル
とつづくレッスン（**12-3**・**12-4**）を参考にしながら、デー
タベースのエクスポートと初期化をおこなってください。

ファイルをリモートサーバへアップロードする

ローカル環境からテーマなどの必要なファイルを
本番環境へアップロードします。wp-contentフォ
ルダをまるごと本番環境にアップロード（上書き）
するのがもっともシンプルな方法です。

FTPクライアントでリモートサーバに接続し、
WordPressがインストールされたフォルダを表示
します。wp-contentフォルダ（バックアップ済み）
が配置されていることを確認します。

ローカル開発環境のwp-contentフォルダ（本書
ではMAMP/htdocs/wordpress/wp-content）
を本番サーバ上のwp-contentフォルダと同じ場
所にアップロードします。このとき上書きの確認
画面またはメッセージが表示されると思いますが、
そのまま上書きもしくは置き換えます。

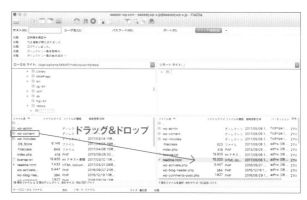

左側はローカル環境のwordpressフォルダの中身です。ここにあるwp-contentフォル
ダを、右側のリモートサーバのwordpressがインストールされているフォルダへドラッグ
&ドロップしてwp-contentフォルダを上書きします。リモートのフォルダの上にドロップ
すると上書きではなくそのフォルダ内にコピーすることになるので注意してください。

12-3 ローカル環境のデータベースをエクスポートしよう

必要なファイルのアップロードが完了したら、
もうひとつ必要なものはデータベースです。
データベースを移行するためにはまずいったんファイルにエクスポートする必要があります。

開発環境のデータベースのエクスポート

MAMPのローカル開発環境にあるWordPressサイトのデータベースをエクスポートします。

1 MAMPの起動画面を開き、[Open WebStart page]を押してWebStartページを開きます。

2 WebStartページにある[phpMyAdmin]リンクを押し、phpMyAdminでデータベースと接続します。

3 ローカルWordPressサイトのデータベース[wordpress]を押します。

4 上の方にある[エクスポート](Export)タブを押します。

5 [Export method]セクションで[詳細 - 可能なオプションをすべて表示] (Custom - display all possible options)を選択します。

6 詳細設定が表示されますので、[出力] (Output)セクションの[出力をファイルに保存する](Save output to a file)を選択します。

7 [フォーマット特有のオプション](Format-specific options)セクションの[他のデータベースシステムまたは古いMySQLサーバとの互換性](Database system or older MySQL server to maximize output compatibility with)で[MYSQL40]を選択し❶(後述のCHECK!参照)、[生成オプション]セクションの[DROP TABLE / VIEW / PROCEDURE / FUNCTION / EVENT / TRIGGER コマンドを追加する](Add DROP TABLE / VIEW / PROCEDURE / FUNCTION / EVENT / TRIGGER statement)にチェックします❷。これはデプロイ先へのインポート時、データベースの中身を消去してからインポートをおこなう設定です。

8 最下部の[実行](Go)ボタンを押してデータベースをエクスポートしファイルに保存します。デフォルトのファイル名はデータベース名になっているため、「wordpress.sql」というファイルが保存されます。

以上でデータベースのエクスポートが完了します。

CHECK!

古いデータベースシステムとの互換性を保つエクスポート設定

WordPress 4.2から、WordPressが使用するデータベースの文字コードの標準がこれまでのutf-8からutf8mb4という形式に変わりました。ローカル環境で作成したWordPressのデータベース内のテーブルの文字コードは基本的にこのutf8mb4という文字コードになっています。一部のレンタルサーバのデータベースはこのutf8mb4に対応しておらず、インポート時にエラーを起こすものがあります。これを回避するためには[他のデータベースシステムまたは古いMySQLサーバとの互換性]で[MYSQL40]を指定し、互換性があるエクスポートデータを作成する必要があります。

12-4 リモートサーバへ データベースを インポートしよう

ローカルサイトのデータベースのエクスポートが完了したら、
次はそれを本番環境のサーバにインポートします。

データベースのインポート

多くのレンタルサーバではMAMP同様、phpMyAdminがインストールされています。
本番サーバの管理画面などから、phpMyAdminで本番サーバのデータベースへアクセスします。

1 エックスサーバーの場合は、サーバーパネル画面の[データベース]→[phpmyadmin(MySQL 5.7)]を押してアクセスすることができます。

2 クリックするとUsername,Passwordの確認が表示されるので対象のWordPressで使用しているアカウント情報(WordPressがインストールされているフォルダ のwp-config.phpに記載)を入力します。

3 phpMyAdminに入ったら、画面左側で本番環境のWordPress サイトで使用しているデータベースを選択❶、つづいて画面上部の[インポート]タブを押してインポート画面に移動します❷。

エックスサーバーでのデータベース名は「ドメイン_wp1」となっています。

4 [アップロードファイル]の[選択]ボタンを押し、先ほどローカル環境からエクスポートした「word press.sql」(ファイル名はデータベース名によって変わります)を選択❶、最下部にある[実行]ボタンを押してインポートを実行します❷。環境(phpMyAdminのバージョンなど)によってはインポート画面にSQLファイルをドラッグ&ドロップしてもインポートを実行できます。

ここまででファイルのアップロード、データベースのインポートが完了しましたが、本番のWordPressサイトはまだ正常には表示されません。なぜならデータベース内にはhttp://localhost:8888/wordpressがサイトのURLとして保存されています。本来ならば、これは本番サイトのURLであるべきです。次の節ではこのURLの置換方法を紹介します。

インポートが問題なく完了すると「インポートは正常に終了しました。
◯◯個のクエリを実行しました。(wordpress.sql)」と表示されるはずです。

12-5 サイトURLを置換しよう

インポートを終えたばかりの本番環境のデータベースの中には、
開発環境のURLのデータが残っています。
これらをサーバ上で、本番環境のURLに一括置換してくれるツールを紹介します。

Search Replace DBのダウンロードとサーバへの配置

単純なURL置換はNG

WordPressのデータベースの中では、URL情報をシリアライズして（URLの文字数とセットにして）保存している場合があります。そこで単純にURLを置換してしまうと一部の機能が正しく動作しなくなる可能性があります。データベース上のURLの置換方法として、本書では初心者でも扱いやすい「Search Replace DB」というツールをおすすめします。このツールを使ってURLの置換をおこないましょう。

1 Search Replace DBのサイト（https://interconnectit.com/products/search-and-replace-for-wordpress-databases/）にアクセスし、[Knowledge check]にすべてチェックして、名前とメールアドレスを入力し[Submit]を押します。届いたメールのリンクをクリックして、ZIPファイルをダウンロードします。

2 ZIPファイルを解凍するとSearch-Replace-DB-xxxxというフォルダができます。フォルダ名から最後のバージョン名「-xxxx」を削除し「Search-Replace-DB」として、FTPクライアントを使ってそれをリモートサーバのWordPressがインストールされているフォルダにアップロードします。

Search-Replace-DBを本番サーバへアップロード
Search-Replace-DBフォルダをリモートサーバへアップロードします。

3 アップロードが完了したら、ブラウザから本番サイト上にあるSearch-Replace-DBフォルダにアクセスします。するとSearch Replace DBのコンソール画面が表示されます。

Search Replace DB画面
たとえば、本番サイトのURLが http://example.com の場合、Search-Replace-DBフォルダをサイト直下にアップロードしていれば、http://example.com/Search-Replace-DBにアクセスします。

コンソールへの入力とURL置換の実行

1　「replace」の入力欄にはローカル WordPressサイトのURL（http://localhost:8888/wordpress）を入力します❶。「with」の入力欄には本番サイトのURL（例：http://example.com）を入力します❷。なお、どちらも最後のスラッシュを含めないことをおすすめします。

search/**replace**　replace ocalhost:8888/wordpress　with http://example.com　use regex
❶　❷

2　Search Replace DBは現在のサイトのwp-config.phpの設定を利用するため、「database」のところは自動的に入力されているはずです。

database　name　user　pass　host　port

3　あとは[live run]ボタンを押します。確認画面が出ますので[OK]ボタンを押すと5秒後に置換が開始されます。

actions　update details　dry run　live run　/
convert to innodb　convert to utf8 unicode　convert to utf8mb4 unicode

置換が完了したら、本番のWordPressサイトにアクセスしてみましょう。ローカル環境とまったく同じ状態になっているはずです。

4　最後に、置換が完了したら必ず[delete me]ボタンを押してこのツールを本番サーバ上から削除してください。もし万が一このツールを本番サーバ上に残してしまい、他人に気づかれてしまった場合、サイトのあらゆるデータを書き換えられる危険性があります。

delete　delete me　Once you're done click the **delete me** button to secure your server

CHECK!

WordPress.comを再度連携させる

デプロイ後、プラグインやその設定はすべてローカル環境から引き継がれていますが、AkismetとJetpackのWordPress.comへの連携は再度おこなう必要があります。

URLの置換に失敗したら

入力のミスなどでURLの置換に失敗し、サイトが正常に表示されなくなってもあせらないでください。あなたの手元にはローカル環境のエクスポートファイルが残っていますから、再度本番環境へのインポートからやり直せばよいのです。

COLUMN

インポート後はローカル開発環境のユーザー情報でログインする

ユーザーのログイン情報はデータベースに保存されているため、データベースのインポート後、ユーザーのログイン情報はすべてローカル開発環境のものに置き換わっています。以降、WordPressの管理画面にログインする際は、ローカル開発環境のログインIDとパスワードを利用してください。エックスサーバーを利用している場合、エックスサーバー管理パネルで表示されるWordPressID・パスワードは関係なくなり、ローカル開発環境のものと異なる場合でもエックスサーバー管理パネル上では更新されませんので注意しましょう。

以上でLesson08から続けてきた、ローカル開発環境でのテーマ開発から本番環境への公開までの学習が終わりました。次のレッスンからはWordPressサイトの運用に関することを学習していきます。

WordPressを本番環境へデプロイする　Lesson 12　13　14　15

Lesson12　練 習 問 題

Q WordPress開発環境の構築・バックアップデータの移転・URL置換をおさらいします。
ローカル環境のMAMPにもうひとつ
WordPress（http://localhost:8888/restore-test）をインストールし、
そこに**12-1**でバックアップした、
Lesson06までの作業環境をリストア・再現してみましょう。

A

新しいWordPressローカル開発環境の作成

❶WordPress.orgからWordPressの最新版を
ダウンロードしてください。解凍後、フォルダ名を
「wordpress」から任意の名前に変更します。こ
こでは「restore-test」とします。

❷MAMPのhtdocsフォルダの直下、word
pressフォルダと同じ階層に「restore-test」フォ
ルダを置きます。

❸**7-3**参照：MAMPのphpMyAdminにアクセ
スし、新しいデータベース「restore-test-db」を
作成します。

❹**7-4**参照：http://localhost:8888/restore
-test にアクセスし［さあ、始めましょう!］を押して、
データベース［restore-test-db］へのアクセス
情報を入力します。

❺**7-4**参照：データベースに接続したら［インス
トール実行］を押してWordPressを新しくインス
トールしてください。

エクスポートデータを新しいローカル環境にインポートする

❶**12-2**参照：まず本番環境からバックアップし
たwp-contentで、新しいWordPressサイトの
wp-contentを上書きします。

❷**12-4**参照：MAMPのphpMyAdminに入り、
新しく作成したデータベース「restore-test-db」
に、本番環境からバックアップしたSQLファイ
ルをインポートします。

データベース上のURLを置換する

❶**12-5**参照：「Search Replace DB」をMA
MPのhtdocs/restore-test直下に配置し、http:
//localhost:8888/restore-test/Search-
Replace-DB-master にアクセスします。

❷**12-5**参照：「Search Replace DB」コンソー
ルから、［replace］のURLを「http://あなたのド
メイン」に、［with］のURLを「http://localhost:
8888/restore-test」にして置換します。

リストアの確認と後片づけ

以上がうまくいけば、http://localhost:8888/restore-testに
Lesson06までの環境が再現されます。
最後に「Search Replace DB」のファイルを削除すれば作業は完了です。

サイトの広報と集客

An easy-to-understand guide to WordPress

Lesson **13**

「ただつくっただけ」ではあなたのサイトを多くの人に見てもらうことはできません。サイトの広報・集客は奥が深く、広告出稿や掲載コンテンツの吟味などサイトの目的に応じたさまざまなノウハウがありますが、WordPressの習得という目的からは外れますので本書では解説しません。ここではまず押さえるべきWordPressならではの基本的な検索エンジン対策やSNS連携の方法を学習します。

13-1 検索エンジンとSNSへの施策

本書では検索エンジンによるサイトの認証・サイトマップの公開・
SNSとの連携という3つの切り口からサイトの集客につながる設定を紹介します。
まずはそれぞれの切り口について解説します。

サイト認証の必要性

サイトを訪れるユーザーは検索エンジンからキーワードで探して来ることも多いでしょう。検索エンジンに認識されないことはサイトへの集客の面で大変不利です。そこでまず主要な検索エンジンにあなたがサイトの所有者であるという認証を受け、検索をされたときに適切に表示されるように管理することがサイト公開後の第一歩です。

GoogleやBingでは、公開したサイトの所有権が確かにあなたにあることを、アカウントに紐づけることで証明することができるようになっています。これをおこなうことで、検索からあなたのサイトに訪れた人々のデータをある程度把握できるようになります。

また、検索エンジンのクローラーがサイトのクロールをおこなった際に発生したエラーを確認できたり、次に説明する

サイトマップを送信することができます。これによって検索順位がアップするわけではありませんが、エラー情報から必要な対策を確認でき、検索エンジンからサイトを訪れてもらいやすくなります。セキュリティの評価も同時におこなわれます。マルウェア検出やフィッシングサイトとしての評価がされていないか、定期的に情報を確認するようにしましょう。

サイトの所有を証明するためにはいくつかの方法がありますが、JetpackプラグインではHTML内に検索エンジンアカウント固有の「メタタグ」を埋め込むことができるようになっています。このメタタグがあることで、検索エンジンは所有者を確認できるというわけです。

サイトマップとは

GoogleやBingなどの検索エンジンは「ロボット型検索エンジン」と呼ばれ、ウェブを周期的（サイトの規模や更新頻度により周期はさまざま）に巡回し、サイトの情報を収集しています。このとき、検索エンジンのクローラーがすべてのページを順に巡回することは、それぞれのサーバリソース・ネットワークの利用率から見ても効率的ではありません。

サイトマップは、クローラーがサイトの構造・更新情報などを効率よく収集できるようにする仕組みであり、通常「sitemap.xml」というファイルにまとめられます。サイトマップには本の目次のように、最終アップロード日・通常の更新頻度・読み込むURLの優先度などが記されます。検索エンジンに示すためにサイトマップを作成・設置してあげれば、あなたのサイトをクローラーがより効率的に巡回できるというわけです。

日々更新されるサイトのサイトマップを手動で更新し続ける

ことは大変困難です。Jetpackプラグインの機能を使ってサイトマップの作成を自動化することができます。なお、より細かい設定を必要とする場合は、別のプラグインやテーマのカスタマイズで対応できます。これもWordPressの魅力です。

SEOプラグインとサイトマップ　COLUMN

6-2で紹介した「SEO SIMPLE PACK」にはサイトマップ生成機能は含まれていませんので、つづく13-3でJetpackを使ってこれをおこないます。海外製のSEOプラグインで有名な「Yoast SEO」「All in One SEO Pack」にはサイトマップ生成機能が搭載されています。

ソーシャル・ネットワーキング・サービスの利用と連携

いまやサイトの集客にソーシャル・ネットワーキング・サービス（SNS）の活用は欠かせません。WordPressではJetpackを利用して新規の記事を投稿したことをさまざまなSNSへ自動的にシェアすることができます。多くのSNSやレンタルブログに情報を無秩序に分散させるのではなく、あなたのサイトに発信したい情報を集約しながら浸

透力の高いSNSから鮮度の高い情報を発信し、サイトへの流入をはかることができるというわけです。また、あなたのサイトを見た人がSNSへシェアしやすい環境を整えておくことも依然重要です。SNSへのシェアを促すインターフェイスもJetpackで簡単に実現することが可能です。

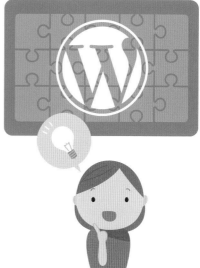

無料ブログ・ウェブ作成サービスとの違いとWordPressで得られるメリット

CHECK!

現在は無料で簡単に使用できるさまざまなブログ・ウェブ作成サービスがありますが、バックアップが手元にとれないサービスでは蓄積したコンテンツを失ってしまうことがあるかもしれません。WordPressサイトを運用すると手間は増えるかもしれませんが、すべてのデータが自分の管理で運用できるのは大きなメリットです。万一契約しているサーバでサービスの終了や不具合が発生しても、同じWordPressで別のサーバに引越しして継続的な情報発信ができます（WordPressサイトのバックアップ方法はLesson14で紹介します）。ただコンテンツを作成するだけではなく、継続的な運用についても考慮に入れてプラットフォームを選択するようにしましょう。

13-2 サイト認証をしよう

検索エンジンから、あなたがつくったサイトがあなたのものであるという認証を取りましょう。
GoogleやBingでは、それぞれのサービスのアカウントに
サイトを紐づけることで証明することができるようになっています。

Googleでのサイト認証

「Google Search Console」というサービスでサイトの認証をおこなうことができますが、これは**6-1**で紹介したプラグイン「Site Kit by Google」で簡単におこなうことが可能です。前提として、Googleアカウントを持っており、ログインしていることが必要です。

CHECK!

登録するアカウントについて

あなたのWordPressサイトとGoogleアカウントの紐づけ操作をおこなう前に、いまGoogleにログインしているのは、サイトに紐づけたいアカウントであることを確認しましょう。業務で利用するサイトにプライベートなアカウントを紐づけないよう注意してください。なお認証をおこなったサイト状況の管理は複数の管理者でおこなうことも可能です。

1 ［プラグイン］から「Site Kit by Google」をインストール・有効化し、**6-1**を参考にこのプラグインのアクティベーションをおこなってください。これだけで、あなたのGoogleアカウントとWordPressサイトの連携がされます。

2 しばらく（1日程度）経つと、管理メニュー［Site Kit］→［Search Console］から、Googleからの検索パフォーマンスなどの情報を見ることができるようになります（登録後しばらくは情報収集を終えるまで情報が表示されません）。これでGoogle Search Consoleへの登録が完了しました。

Bingでのサイト認証

Bingでは「Bing webマスターツール」というサービスでサイトの認証をおこないます。Microsoftアカウント（旧Windows Live ID）のほか、GoogleアカウントやFacebookアカウントでもログインすることができます。また、先ほど認証したGoogle Search ConsoleにBingを連携して、サイトデータをインポートすることができるので、設定はクリック操作のみで簡単におこなえます。

1 ブラウザで「Bing webマスターツール」（http://www.bing.com/toolbox/webmaster/）にアクセスします。WordPress管理画面のJetpackプラグインの設定画面からも表示できます（[Jetpack] ❶→ [設定] ❷→ [トラフィック] タブ→ [サイト認証] にある [Bing Webmaster Center] ❸のリンクを押します）。

2 [サインイン] を押します。

3 Microsoft・Google・Facebook、いずれかのアカウントからログインすることができます。すでに「Google Search Console」で利用しているGoogleアカウントでログインしてみましょう。[Google] のボタンを押します。

4 つづいて、ログインに利用するGoogleアカウントを選択し、これを押してください。

5 Bing webマスターツールにログインできました。このサービスでは、すでに認証したGoogle Search Consoleのデータをそのままインポートして利用することができます。画面左側 [Google Search Console] ボックス内の [インポート] ボタンを押してください。

6 Google Search ConsoleからBingにどのようなデータがインポートされるのか確認されます。内容を確認し [続行] を押してください。

7 再びGoogleアカウントの選択画面に移動しますので「Google Search Console」で利用しているGoogleアカウントを選択してください。

8 「bing.com が Google アカウントへのアクセスをリクエストしています」というダイアログが表示されますので、内容を確認して［許可］を押してください。

9 あなたのGoogleアカウントに登録されているGoogle Search Consoleのサイト一覧が表示されます。BingにインポートするあなたのWordPressサイトにチェックし❶、［インポート］ボタンを押します❷。

10 「サイトの追加に成功しました」と表示されますので［完了］ボタンを押してウィンドウを閉じます。

11 インポートに成功すると、あなたのサイトのBingでの検索パフォーマンスが表示されます。これであなたのサイトがBingに認証されました。

13-3 検索エンジンにサイトマップを送信しよう

検索エンジンへ適切な更新情報・頻度を伝えるために
Jetpackプラグインを用いてサイトマップを作成し、
Google、Bingの管理パネルから登録をおこないます。

Jetpackのサイトマップ作成機能を有効にする

サイトマップをGoogle、Bingに送信するために、Jetpackのサイトマップ機能を有効にします。

1 WordPressの管理画面で、[Jetpack] ❶ → [設定] ❷ → [トラフィック] タブ → [サイトマップ] ❸ にある [XMLサイトマップを生成] をオンにします❹。これにより、サイトのコンテンツの構成を伝えるためのサイトマップファイル (https://あなたのサイトのURL/sitemap.xml) が作成されるようになります。

Jetpackのサイトマップを利用するにはWordPressの [表示設定] で [検索エンジンがサイトをインデックスしないようにする] のチェックを外す必要があります。

2 ブラウザで「https://あなたのサイトのURL/sitemap.xml」にアクセスして、サイトマップが正しく作成されていることを確認しましょう。

XMLサイトマップインデックス

これは、Jetpackによって生成されたXML形式のサイトマップインデックスで、Googleや XMLサイトマップについては、sitemaps.org をご覧ください。

#	サイトマップのURL	最終編集日
1	https://easiest-wp.com/sitemap-1.xml	2020-06-01T01:16:18Z
2	https://easiest-wp.com/image-sitemap-1.xml	2020-04-14T08:07:29Z

Jetpack by WordPress.com です

Googleにサイトマップを送信する

13-2で利用した「Google Search Console」でサイトマップの登録や変更をおこないます。

1 ブラウザで「Google Search Console」(https://search.google.com/search-console?hl=ja) にアクセスします。ログインして、**13-2**でサイト認証した自分のサイトを選択します。

2 登録したサイトの管理画面になり、トップ画面 (ダッシュボード) が表示されます。[サイトマップ] を押します。

3 新しいサイトマップの追加画面が表示されます。Jetpackで作成したサイトマップのURLを入力❶し［送信］❷を押します。

4 「サイトマップを送信しました」と表示されますので「OK」を押します。

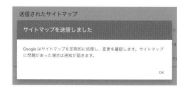

5 ［送信されたサイトマップ］ブロックに追加したサイトマップが表示され、ステータスが「成功しました」になっていたらサイトマップの登録完了です。

Bingにサイトマップを送信する

13-2で利用した「Bing web マスター」でサイトマップの登録や変更をおこないます。

1 ブラウザで「Bing web マスター」（https://www.bing.com/webmaster/）にアクセスし左メニューの［サイトマップ］を押します。

2 「利用可能なサイトマップがありません」と表示されますので［サイトマップを作成］ボタンを押します。

3 入力フィールドが現れますので、sitemap.xmlのURL（「http://あなたのサイトのURL/sitemap.xml」）を入力❶、［送信］を押します❷。

4 完了すると［サイトマップの詳細］ブロックに送信されたサイトマップのURLと最終送信日などが表示されます。

13-4 ソーシャル連携で集客する

Jetpackプラグインを用いてWordPressの記事公開時にFacebook、
Twitterのタイムラインに自動的に記事へのリンクを投稿する設定と、
読者が簡単にあなたのサイトをSNSでシェアするためのボタンを設置します。

SNSを連携し効率的に情報を広めよう

WordPressとSNSを連携することで、効率的に記事をタイムラインに表示させて集客に役立てることができます。SNSを利用したウェブサイトへの集客には2つの方法があります。ひとつはWordPressへの投稿記事を自動でSNSにも投稿することです。SNSユーザーの多くの目に触れれば、サイトへの来訪者を増やすことができます。もうひとつは記事にシェアボタンを設置することです。読んで気に入ってくれた人に気軽にシェアしてもらえれば、さらに

多くのユーザーの目に触れることになります。
どちらもJetpackプラグインで簡単に実現できますので、順に説明していきます。ここではFacebook、Twitterとの連携をおこないましょう。いずれもアカウントについてはすでに作成済みで、正しくログインできることを前提で説明しますので、アカウントを持っていない場合はそれぞれ事前に作成してから手順を進めてください。

記事投稿をSNSに自動でシェアする

Jetpackのパブリサイズ共有

WordPressに投稿した記事を、自分のソーシャルサービスのアカウントで自動的にシェアしましょう。
Jetpackプラグインのパブリサイズ共有は、SNSアカウントに連携することで、WordPressの記事投稿時に自動的

にSNS上で新しい記事をシェアできる機能です。Facebook、Twitter、LinkedInなどとの連携が可能です。ここではFacebookとTwitterへの連携をおこない、投稿時の設定を確認してみましょう。

Facebookのアカウントを連携する

1 WordPressの管理画面で、[Jetpack] ❶→ [設定] ❷→ [共有] タブ❸ → [パブリサイズの接続] ❹
の[投稿をソーシャルネットワークに自動共有] ボタンを有効にします❺。設定を有効にして表示された
[ソーシャルメディアアカウントを接続する] リンクを押します❻。

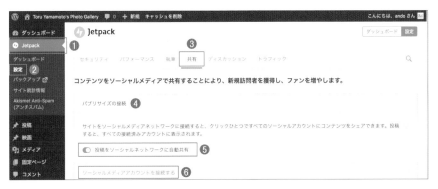

2 Facebookセクションの右にある［連携］を押します。

3 ログインしていない状態であればFacebookのログイン画面が表示されますので、アカウントとパスワードを入力して❶［ログイン］を押します❷。

つづいて「WordPressがFacebookページの管理、管理するページとして投稿を求めています。」と表示されますので［OK］ボタンを押します。すでにFacebookにログインしている状態であれば次のアカウント選択画面が表示されます。

4 連携するFacebookアカウント・ページを選択し［連携］を押します。

CHECK!

自分以外の投稿もシェアする

WordPressに別のユーザーを追加し、別のユーザーが記事を投稿した投稿した場合も選択したSNSアカウントに記事をシェアする場合は、登録完了後、［連携を解除］右横の▽をクリックし❶、該当のアカウントの下に表示された［すべての管理者、編集者、投稿者が連携を利用できます］をチェックします❷。お店やグループで作成し複数人でFacebookページを管理している場合などには有効にすると便利に管理がおこなえます。

Twitterのアカウントを連携する

1 Twitterとの連携についても同様です。管理メニュー［Jetpack］→［設定］→［共有］→［ソーシャルメディアアカウントを接続する］のリンクを押し、表示された画面で、Twitterセクションの［連携］を押します。

2 ログイン&連携アプリ認証画面が表示されます。Twitterのユーザー名とパスワードを入力して❶［連携アプリを認証］を押します❷。

3 連携が正常に完了したら、右横の □ ボタンを押すと❶、このWordPressに登録している別のユーザーでもSNSの連携を利用する旨の設定がおこなえます❷。

4 [連携] に戻ると、FacebookとTwitterのそれぞれのアカウントが表示されたことが確認できます。

CHECK!

連携の解除

連携したアカウントの右横に表示された [連携を解除] ボタンを押すと、停止の確認画面が表示されます。[OK] を押すと連携が解除されます。

投稿時の記事共有方法

パブリサイズ共有を有効にすると、記事の公開時に連携したSNSアカウントで共有するかどうかのチェックボックスが表示されるようになります。

1 投稿画面で右上の歯車のアイコンの横にあるJetpackアイコンを押します。

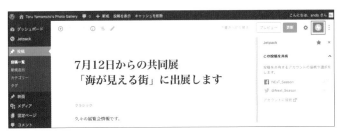

2 スイッチで共有先のSNSを選択することができます❶。また [メッセージをカスタマイズ] で、投稿時のメッセージをタイトル以外に変更することができます❷。対象のSNSが選択された状態で [公開する] ❸を押すと、連携したSNSに記事のURLとメッセージが投稿されます。

COLUMN

投稿後の非公開・削除は手動でおこなう

自動でSNSにシェアされた投稿は、元となるWordPressの記事を非公開や削除にしても、連動して非公開や削除はされませんので気をつけましょう。誤ってWordPressの記事を公開して、あとで非公開や削除にしたときは、該当のSNSアカウントにログインしてそれぞれ投稿を削除する必要があります。

サイトの広報と集客　Lesson 13 | 14 | 15

13-5 共有ボタンを設置する

読者が手軽に記事を印刷したり、
ソーシャルサービスにシェアするためのボタンを
Jetpackプラグインの機能を使って簡単に作成します。

ソーシャル共有ボタンで記事を広めてもらう

Jetpackの共有ボタン機能

Jetpackの共有ボタン機能は、閲覧者が自分のアカウントのタイムラインにいいと思ったページ、記事などをシェアしやすいように、押すだけで該当ページのリンクを含んだSNS投稿を簡単に作成するための機能です。

初期状態では印刷、Twitter、Facebookなどたくさんのサービスへの共有ボタンが用意されています。ここでは印刷、Facebook、Twitterのシェアボタンを追加してみましょう。

共有ボタンを選択してページに追加する

1 管理メニュー[Jetpack]❶→［設定］❷→［共有］タブ❸ →［共有ボタン］❹の［投稿とページに共有ボタンを追加］を有効にします❺。

2 管理メニュー［設定］❶→［共有］❷を押します。**13-4**で設定した［パブリサイズ共有］の下に［共有ボタン］があります❸。

3 ［利用可能なサービス］の中の［印刷］をドラッグし、［有効化済みのサービス］の位置にドロップします❶。［有効化済みのサービス］に［印刷］が追加されます❷。

4 同じように［Facebook］と［Twitter］もドラッグ＆ドロップで追加します。

5 ［ボタンのスタイル］を選択します。標準は［アイコンとテキスト］で、［アイコンのみ］［テキストのみ］［公式ボタン］に変更することができます。

アイコンのみ　　　　　　テキストのみ　　　　　　公式ボタン

6 サイト内で共有ボタンを表示するページを、［ボタン表示］のチェックボックスで選択します。ここでは［フロントページ、アーカイブページ、検索結果ページ］［投稿］［固定ページ］にチェックを入れます❶。設定が完了したら［変更を保存］を押します❷。

Twitter サイトタグ　　CHECK！

［Twitterサイトタグ］に自分のTwitterユーザー名を設定すると、閲覧者がTwitterで共有記事を作成する際に、メッセージの最後に「＠ユーザー名」のメンションを自動的に挿入させることが可能です。

7 ［サイトを表示］を押して確認してみましょう。投稿ページの下部に［印刷］［Twitter］［Facebook］の3つのボタンが追加されています。

ただちょっとしたパーツが必要で、取り寄せに時間がかかるということではあった。ちょうど大掛かりな撮影の少ない時期で助かった。悲鳴を上げるときも空気を読んでやってくれる、気の利くいいやつです。

共有:
🖨 印刷　　🅕 Facebook　　🐦 Twitter

サイトの広報と集客　Lesson 13　14　15

Lesson13　練習問題

Q

Jetpack のパブリサイズを有効にし、記事の公開時に
Twitter への自動投稿を有効にした状態で、誤った記事を公開してしまいました。
Twitter 上の記事を削除するには次のどの作業が正しいでしょうか?

1. WordPress の Jetpack プラグインを無効にする

2. WordPress のダッシュボードから当該の記事を非公開に変更する

3. Twitter にログインしサービス上から直接、当該のツイートを削除する

4. WordPress のダッシュボードから当該の記事を削除する

A

1. ✕: Jetpack のパブリサイズ共有機能は記事の公開時に記事を投稿をおこなうのみで、プラグインを無効にしても Twitter 上の記事を紹介するツイートは消えません。

2. ✕: WordPress から記事を非公開にしても Twitter 上の記事を紹介するツイートは削除されません。

3. ◯: ツイートの削除は Twitter からおこなう必要があります。Jetpack のパブリサイズ共有機能は記事の公開時に記事を投稿をおこなうのみで、編集や非公開に変更しても Twitter には反映されないため注意が必要です。

4. ✕: WordPress から記事の削除をおこなっても Twitter 上の記事を紹介するツイートは削除されません。

Q

共有ボタンをそれぞれのサービス名称のテキストのみを
表示したボタンに変更してみましょう。

A

❶ WordPress の管理画面で、管理メニュー[設定]❶→[共有]❷を押します。**13-5**で設定した[パブリサイズ共有]の下に[共有ボタン]があります。

❷[ボタンのスタイル]を選択します。標準は[アイコンとテキスト]ですが、これを[テキストのみ]に変更します。

サイトの運営と管理

An easy-to-understand guide to WordPress

Lesson 14

サイトは公開して終わりではありません。継続したサイトの
運営と管理においてむしろWordPressはその本領を発揮
します。WordPressアプリを利用してiPhoneやAndroid
から投稿や編集ができるようにしたり、Jetpackの機能を使
ってアクセス数の確認、アタックからサイトを守る設定をお
こないます。さらに、万一の障害が起きたときに備えてサイ
トデータのバックアップを取っておく方法も説明します。

14-1 サイトヘルスで状況を確認しよう

WordPressの5.2より別途インストールが必要なプラグインであった
サイトヘルスが標準の機能として搭載されました。
ダッシュボードから簡単にWordPressの動作しているサーバ環境、
プラグイン・テーマのバージョンや使用状況を手軽に把握することができます。

サイトヘルスで動作状況を確認する

1 サイトヘルスを確認するには、管理メニューから[ツール]❶→[サイトヘルス]❷を選択します。

2 サイトヘルスステータスが表示されます。今回は停止中のプラグイン、テーマを削除するという改善点が表示されています。詳細は各項目の右にある▽をクリックすることで表示されます。

3 [情報]タブを選択し❶、利用環境の確認をおこないましょう。ここではWordPressウェブサイトの構成に関するすべての詳細が表示されています。すべての情報を一覧にしてエクスポートするには、[サイト情報をクリップボードにコピー]ボタンを押してクリップボードにコピーします❷。その後、テキストファイルに貼りつけて端末に保存することができます。

COLUMN

停止中のテーマの削除について

有効にしているテーマに問題が発生した際、WordPressは自動的にデフォルトテーマTwenty Twentyを使用するため、デフォルトテーマは削除しないようにしておきましょう。

14-2 スマホアプリで WordPress管理

WordPressのモバイルアプリを利用すれば、
記事やページの投稿、編集だけでなく、統計情報の確認や、
アクセスの急増やコメントがついた際にアプリにプッシュ通知がされるため、
パソコンが手元にない場合でも手軽にサイトの管理をおこなうことができます。

スマートフォンでWordPressサイトを管理しよう

モバイル管理アプリのインストール

WordPressを開発しているAutomattic社から、モバイル用の管理アプリがリリースされています。iPhone/iPadはApp Store、Android端末はGoogle Playからアプリをインストールしましょう。使っているデバイスに応じて、それぞれのストアから「WordPress」で検索してインストールします。機能的に大きな違いはありませんので、ここではiPhoneのアプリ画面で紹介をおこないます。

iPhone：**https://apps.apple.com/jp/app/wordpress/id335703880**
Android：**https://play.google.com/store/apps/details?id=org.wordpress.android**

管理サイトを追加する

WordPressの記事、ページの投稿、編集はアプリの設定画面からサイトを追加することで可能になります。

1	**2**	**3**	
アプリを起動します。起動画面で［ログイン］をタップします。	WordPressサイトの管理者として、Jetpackに登録したアカウントで認証をおこなうので、［WordPress.comで続ける］をタップします。	つづいて、登録時に用いたメールアドレス、パスワードを入力し［次へ］をタップします。	これでスマホアプリからの利用が可能になりました。

14-3 順調な運営と安全のために

Jetpackには記事を便利に投稿する機能だけではなく、
サイトが正常に動作していることを監視する機能や、
不正なログインからサイトを守る機能など、サイトを運営するために必要な機能があり、
簡単に利用できるようになっています。

モニター機能で障害を通知させる

Jetpackのモニター機能は、あなたのWordPressサイトがダウンすることなく動作しているかを一定時間ごとに監視してくれます。万一ダウンした際にはダウンしたことを通知し、回復した場合にはダウン期間とともに回復したことを通知してくれます。通知方法はメールです。

CHECK!

通知メールの送信先について

Jetpackのメール通知はダッシュボードで登録したサイト管理者ではなく、Jetpackと連携するためにWordPress.comに登録したメールアドレスに送信されます。

モニター機能を有効にする

1 設定を有効にするには、管理メニューから[Jetpack]❶→[設定]❷を押し、[セキュリティ]❸の中にある[ダウンタイムのモニター]で[サイトがオフラインになった場合にアラートを受信します。復旧の予定についても通知されます。]を有効にします❹。

2 サイトがダウンした際には
以下のようなメールでお知らせが届きます。

ダウン時　　　　　　　　　　　　　　　　　復旧時

不正なアクセスをブロックする

プロテクト機能は、WordPress サイトへの不正なログインが繰り返し実行されるのをブロックする機能です。
一定期間に同じIP アドレスからログインに連続して失敗した場合に適用されます。
WordPress.comのクラウドサービスへの不正なログインIP情報を活用・連携して実現しています。

Jetpack の総当たり攻撃からの保護を有効にする

1 設定を有効にするには、管理メニューから[Jetpack] ❶→[設定] ❷を選択し、[セキュリティ] タブ ❸の中にある [総当たり攻撃からの保護] の中のスイッチをオンにします❹。

2 スイッチの右にある□を押して設定詳細を展開します。ホワイトリストの登録が可能ですので、例にならって自分が普段アクセスするIP アドレスを入力します。自分が誤ってブロックされることを防ぐために、自宅や職場で固定IPがある場合は、あらかじめ [ホワイトリスト] にIP アドレスを追加しておきましょう。

現在使用中のIP アドレスを追加するには [ホワイトリストに追加] ボタンを押します。

3 ブロックされた回数はダッシュボードの [ブロックされた悪意あるログイン試行] に表示されます。不正なアクセスがないか、定期的に状況を確認するようにしましょう。

COLUMN

ダッシュボードへのアクセスについて

本書で紹介したエックスサーバーは、初期設定では国外IPからWordPressのダッシュボードにアクセスがおこなえないようになっています。不正なアクセスは国外からのものが圧倒的に多いため、このような機能を持ったサーバを選ぶこと、セキュリティに配慮してWordPressのダッシュボードやFTPアクセスを限定的な設定にすることも有効です。

14-4 閲覧情報を分析しよう

あなたのサイトがどのくらいアクセスされて、どの記事が人気なのか、
どのような検索キーワードでサイトを訪れているのかといった情報を収集することができます。
これらの情報をよいコンテンツづくりにいかしましょう。

Jetpackのサイト統計情報

Jetpackのサイト統計情報は、アクセス状況（PV）、人気記事、人気キーワード（検索からの流入時）、リファラ（参照元）、クリック数（サイト内からほかのページへの推移）を取得し表示することが可能です。Google Analyticsに比べると分析やデータの比較など簡易的なものにはなりますが、どのような記事が人気があり、どのくらいのアクセスがあるのかを簡単に把握することからサイトの運営に慣れていきましょう。

Jetpackのサイト統計情報の設定を確認する

1 設定を有効にするには、管理メニュー[Jetpack] ❶ →［設定］❷ を押し、［トラフィック］タブ❸ の中にある［サイト統計情報］の右側にある ▽ を押して設定詳細を展開します❹。

2 設定には以下のようなものがあります。

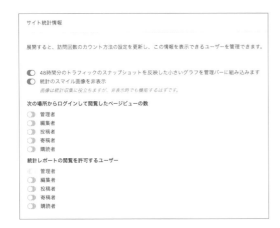

[48時間分のトラフィックのスナップショットを反映した小さいグラフを管理バーに組み込みます]
図のような時間別ビュー数のグラフが表示されます。
不要な場合は無効にしましょう。

[統計のスマイル画像を非表示]
Jetpackのサイト統計情報を有効にしていると、最下部にスマイルマークが表示されます。非表示にしたい場合に有効にします。

[次の場所からログインして閲覧したページビューの数]
通常はログインしたユーザーのカウントはしませんが、登録制のサイトで権限を「購読者」としてログインさせたうえで閲覧させる場合などは、ユーザー権限ごとにカウントの有無を設定できるようになっています。

[統計レポートの閲覧を許可するユーザー]
統計情報を閲覧することができる権限を設定します（ここでは管理者のみが閲覧情報を見ることができるようになっています）。

14-5 バックアップの必要性

サイトを公開したあと、契約しているウェブサーバ上の
データがもし失われてしまったら!?
万一に備えるためにバックアップの必要性のあるファイルを確認しましょう。

サイトの価値を失わないために

WordPressは、**1-2**で説明したようにコンテンツファイル、テーマファイル、プラグインファイル、コアファイル、設定ファイル、データベース上のさまざまなデータで構成されています。記事やページを更新していくと、コンテンツファイル、DBサーバ上のデータが増加、更新されていきます。これらのファイルが何らかの原因で壊れたり消えてしまったら、運用して価値を築いてきたサイトが失われることになってしまいます。その要因は、ユーザーの操作ミス、サーバの障害、ソフトウェアやプラグインの不調、外部からのク

ラッキングなどさまざまあり、これらがサイトの運用において起こる確率は低くないと考えておくことが大切です。そのために定期的なサイトデータのバックアップは欠かせません。公開しているウェブサーバ以外にバックアップを取っておけば、あわてずサイトを復旧させることが可能です。
ほかにも、回線障害によってサーバがつながらない、非常に遅くなってしまったなどの問題が発生した場合にも、バックアップを元に、別のサーバにWordPressサイトを複製すれば、迅速にサイトを再稼働させることができます。

ファイルごとのバックアップ方針

毎回すべてのデータをバックアップするとデータの容量も増えてしまうため、
運用面・更新の特性からバックアップの頻度・必要性を検証しましょう。

コンテンツファイル

WordPressを経由してアップロードされたメディアファイルは、オリジナルのファイルを別途保存していたとしても、サーバ上でサムネイルの自動生成などの処理がなされています。できるだけサイト更新の機会があるたびにバックアップを取りましょう。

作成したテーマ、プラグイン

所有するPCで作成したのであれば、PCの中に保存されているものが元データになります。バックアップの必要性はありますが、必ずしも随時とる必要はないと考えられます（もちろんこれとは別に、PCそのものバックアップを定期的に取ることは重要です）。

公式テーマ、プラグイン

公開が続けられている限り再入手は可能ですが、公開が突然終わってしまうことや、サイト公開後アップデートがおこなわれてバージョンや構成が異なっている可能性があります。所有するPCに公開前のローカル環境がある場合でも、復帰を早めるためにたまにバックアップしておきましょう。

DBサーバ上のデータ

投稿、固定ページ、メニューやWordPress上のさまざまなデータが記録されて更新されています。ローカルで開発してから記事、ページ、設定の変更をおこなったデータはDBサーバ上にしか存在しません。データベースのバックアップは非常に重要です。

コアファイル

カスタマイズでコアファイルを書き換えることは厳禁です。コアファイルは公式サイトから再入手することが可能ですので、バックアップをおこなう必要はありません。

設定ファイル

.htaccessファイルはサイトごとにさまざまな設定がおこなわれ、プラグインやダッシュボードからの操作で変更される可能性があります。バックアップを取っておきましょう。wp-config.phpファイルは同じサーバに同じ構成であればバックアップを利用できますが、異なるサーバに復元する場合にはそのまま使えず編集が必要になるためバックアップは必須ではありません。

バックアップのスケジュール

ローカル環境で作成したあと契約したサーバに公開して運用しているという想定で、バックアップが必要なファイルをピックアップします。更新頻度やスケジュールについては、万一サーバ上のデータが消えてしまった、ハッキングされたなど、バックアップから復元が必要になった場合、毎日更新されているサイトにも関わらず月に1回しかバックアップしていないと、最後のバックアップからおこなった記事の更新、追加したメディアは失われてしまうことになります。バックアップのスケジュールはサイト更新頻度に合わせ設定しましょう。

バックアップ頻度の一例

	バックアップ	スケジュール
DBサーバ上のデータ	必須	サイト更新ごと
コンテンツファイル	必須	サイト更新ごと
設定ファイル	必要	設定変更ごと
作成したテーマ、プラグイン	必要	不定期
公式テーマ、プラグイン	任意 (バージョンアップはされるが再入手可能)	
コアファイル	任意 (バージョンアップはされるが再入手可能)	

バックアップの頻度・範囲はどれくらいが適切？ CHECK!

よくある質問ですが、これは一概に答えることはできません。週に一度更新される個人ブログと、多数の執筆者が一日に何十もの記事を絶え間なく公開するメディアサイトでは、当然必要なバックアップの頻度は異なってきます。またバックアップする頻度・容量が大きければ大きいほど、必要とされるサーバのスペック・バックアップデータの管理コストが増大していきます。サイト運用にかけられるコストと安心のバランスを見極めながら決定する必要があるでしょう。

バックアップの保存場所

バックアップは、一概にデータをコピーしておけばよいというわけではありません。想定されるトラブルに合わせてバックアップ先や仕組みを変える必要があります。

人の操作ミスで記事やその他のコンテンツを誤って削除してしまうような場合は、バックアップファイルを保存する場所に限らず適切な頻度でバックアップを取ることで復帰することは可能です。しかし万一、契約しているサーバそのものに不具合が起きデータの消失が起きた場合には、同じサーバ内にバックアップをおこなっているとすべてのデータを失ってしまいます。定期的に別のサーバやローカルPC・クラウドにバックアップを取得しておくとより安心です。

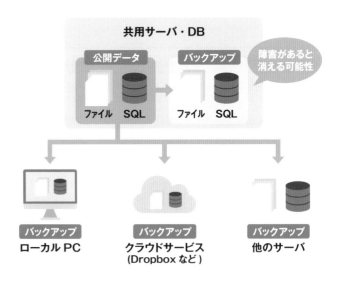

バックアップデータの確認 CHECK!

バックアップ作業はただデータを保存するだけではありません。バックアップが正しくおこなわれていなかったり、データが壊れていると、万一のトラブル発生時に役に立たなくなってしまいます。定期的にバックアップしたデータからローカル環境や別のサーバにリストアをおこない、正しくリストアがおこなえるかを確認しましょう。

14-6 バックアップを設定する

万一に備えてWordPressサイトをバックアップするには
ファイルとデータベースのデータの両方を取得しておく必要があります。
ここではサーバやデータベースに詳しくなくても
簡単にバックアップをおこなえるプラグインを使う方法を説明します。

BackWPupプラグインを使う

BackWPupのインストール

WordPressのバックアップをおこなうプラグインは多数公
開されています。本書では、無料版でもある程度汎用的
に利用できる「BackWPup」を使用します。

BackWPupでは、バックアップ設定を「ジョブ」として複
数作成・管理することが可能です。データベースのバッ
クアップ、ファイルのバックアップのいずれか、または両
方をジョブごとに選択することが可能です。たとえば、記事
（テキスト）の更新がメインでメディアファイル（画像など）
の扱いが少ないサイトなら、毎日データベースをバックアッ

5-4を参照してBackWPupプラグインをWordPressにインストールしてく
ださい。

プするジョブをおこない、週に1度メディアをバックアップ
するジョブをおこなう、といった設定が可能です。

BackWPupで選べる
バックアップ先

BackWPupではバックアップ先として次のものが利用できます。
それぞれの特徴と注意点を確認し、念のため複数のバックアップをとるようにしましょう。

BackWPupで選べるバックアップの保存先

方法	特徴	注意点
フォルダにバックアップ （公開しているウェブサーバ内）	最も手軽にバックアップできます。	ウェブサーバに不具合が発生した場合、バックアップデータも失う可能性があります。
メールで **バックアップを送信**	手軽にウェブサーバ外に送ることができます。	メールの送受信サイズを超えるとエラーになるため、容量的にサイト全体のバックアップには向きません。
FTPにバックアップ	FTP接続がおこなえるほかのサーバにバックアップします。比較的手軽にウェブサーバ以外に保管できます。	バックアップ先のフォルダのアクセス権などのセキュリティとファイル容量に注意が必要です。
Dropboxにバックアップ	Dropboxのクラウドストレージ上にバックアップします。手軽にウェブサーバ以外のサーバに保管できます。	無料プランの利用容量は2GBのため、ほかの目的での利用やサイトの容量に注意が必要です。Dropboxアカウントの作成・契約が必要です。
S3サービスに **バックアップ**	Amazon Web Services（以下AWS）のS3（Simple Storage Service）ストレージにバックアップします。耐久性99.999999999%（イレブンナイン）で非常に安全にデータを保管できます。	AWSアカウントの作成・契約と、S3を利用する設定が必要です。
Microsoft Azureに **バックアップ（Blob）**	Microsoft Azure（以下Azure）Blob Storage上にバックアップします。非常に安全にデータを保管できます。	Microsoft Azureアカウントの作成・契約と、Azure Storageの設定が必要です。
Rackspaceのクラウド **ファイルにバックアップ**	Rackspace CLOUD FILES上にバックアップします。非常に安全にデータを保管できます。	Rackspaceアカウントの作成・契約と、CLOUD FILESの設定が必要です。
SugarSyncに **バックアップ**	SugarSyncのクラウドストレージ上にバックアップします。手軽にウェブサーバ以外のサーバに保管できます。	SugarSyncアカウントの作成・契約が必要です。無料プランは30日間のトライアルなので、本契約が必須になります。

バックアップの設定をする

BackWPupプラグインを使用して、定期的なサイトのフルバックアップをおこなう設定を紹介します。ここではバックアップ先は公開しているサーバ上にしていますが、実際の運用では定期的なデータのローカルへの取得や、バックアップ先をFTPやクラウドストレージにするなども検討しましょう。

新規ジョブを作成する

1 BackWPupをインストールして有効化したら、管理メニューに追加された[BackWPup]❶→[ジョブ]を押します❷。[ジョブ]画面が表示されるので[新規追加]を押します❸。

2 [ジョブ名]の[このジョブの名前]にわかりやすい名前をつけます❶。ここでは「フルバックアップ」とします。[ジョブタスク]でバックアップ対象を選択します。ここでは[データベースのバックアップ][ファイルのバックアップ][インストール済みプラグインリスト]の3つにチェックを入れます❷。

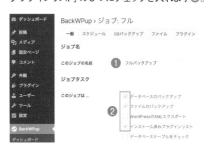

3 [バックアップファイルの作成]の[アーカイブ名]は、バックアップで作成されるファイル名の指定です❶。ここでは初期設定のままにします。アーカイブ形式は、Zip、Tar、Tar GZip、Tar BZip2の4つから選択できます。ここでは初期設定のZipにします❷。

backwpup_に続く文字列はユニークなものが設定されるため画面とは異なります。

4 [ジョブの伝送先]では、先に説明したバックアップ先を選びます。ここでは[フォルダにバックアップ]を選択します。複数選択することも可能です。

5 [ログファイル]では、[ログの送信先メールアドレス]に、バックアップ完了時にログを送るアドレスを指定します❶。「,」(カンマ)区切りで複数アドレスを指定可能です。[エラー]にチェックすると、バックアップが失敗した場合だけログがメールで送信されます❷。スケジュールを利用する場合はチェックせず、成功・失敗を確認できるようにします。いったん設定を保存するために[変更を保存]を押します❸。

CHECK!

アーカイブ形式について

Tar以外は圧縮を伴う形式ですのでファイルサイズを小さくすることができますが、バックアップ時のサーバの負荷が少し高まるため、ファイル数が多いサイトや、サイズが大きなファイルを運用している場合には注意が必要です。また、サーバにインストールされているモジュールにより選択できない形式がある場合があります。

ジョブのスケジュールを設定する

1 バックアップのスケジュールを設定します。一番上までスクロールし[スケジュール]タブを選択します。

BackWPup › ジョブ: フルバックアップ

一般　**スケジュール**　DBバックアップ　ファイル　プラグイン　宛先: フォルダ

ジョブスケジュール

2 [ジョブスケジュール]の[ジョブの開始方法]で、手動でおこなうか定期的に設定した日時にバックアップをおこなうかを選択することができます。ここでは深夜に定期的にバックアップを取るように設定しますので、[WordPressのcron]を選択します。

ジョブスケジュール

ジョブの開始方法　　　　手動
　　　　　　　　　　　　・ WordPressのcron
　　　　　　　　　　　　EasyCron.comと - まず API キー を設定してください。
　　　　　　　　　　　　リンク http://wp.test-se.xyz/wp-cron.php?_nonce=1400fdbc&backwpup_run=runext&jobid=1
　　　　　　　　　　　　外部スタート用のリンクをコピー。このオプションは、リンクを動作させるために活性化されなければなりません。

CLIを使用してジョブを開始　　コマンドラインからジョブを実行するために WP-CLI を使用する。

3 [実行時間をスケジュール]を設定します。[スケジューラタイプ]で[高度]を選ぶと複数の日付指定などができますが、ここでは[基本]のままにします❶。[スケジューラ]で毎月、毎週、毎日、毎時から周期を選択して、実行日時を指定します。ここでは[毎日]を選び[3:10]と指定します❷。いったん[変更を保存]を押して設定を保存します❸。

実行時間をスケジュール
次の実行時間: 火, 14 2月 2017, 03:10

CHECK!

WordPressのcronについて

cron（クロン・クーロン）はサーバ側で設定した時間に決まった処理をおこなうための仕組みのことですが、WordPressのcronは設定した時間以降に誰かのアクセスがありPHPが実行されたときにはじめてタスクが実行されます。たとえば午前2時にバックアップを実施するジョブを作成していた場合、午前2時以降はじめてアクセスされたのが午前7時であれば、そのとき実行されることになります。正確な時刻にバックアップが必要であれば、サーバサイドエンジニアなどの力を借りてサーバに直接cronを設定することも検討しましょう（ただし独自にcronの設定ができないレンタルサーバもあります）。

データベースのバックアップを設定する

1 データベースのバックアップを設定します。一番上までスクロールし[DBバックアップ]のタブを選択します。

BackWPup › ジョブ: フルバックアップ

一般　スケジュール　**DBバックアップ**　ファイル　プラグイン　宛先: フォルダ

データベースのバックアップの設定

2 [バックアップするテーブル]は、すべて選択された初期設定のままでOKです❶。[バックアップファイル名]は、管理しやすいようにサイト名など任意に指定します。ここでは「wordpress」としています❷。[バックアップファイルの圧縮]は[GZip]を選択します❸。いったん[変更を保存]を押して設定を保存します❹。

データベースのバックアップファイル　`CHECK!`

データベースをバックアップしたファイルは、WordPressのバックアップファイルの直下に置かれます（拡張子は.sql）。圧縮は初期設定で［なし］ですが、WordPressを運用していくと、記事や投稿以外にもさまざまなデータがデータベースに保存されて大容量になる可能性があります。圧縮して保存することでバックアップの容量を節約することができます。

バックアップするファイルを設定する

1 バックアップするファイルを設定します。一番上までスクロールし［ファイル］のタブを選択します。バックアップから除外するフォルダや、バックアップに含めるものを指定することができます。

BackWPup › ジョブ: フルバックアップ

| 一般 | スケジュール | DBバックアップ | **ファイル** | プラグイン | 宛先: フォルダ |

バックアップするフォルダ

2 ［バックアップするフォルダ］で、バックアップに含めるフォルダを指定します。ここは初期設定のまま変更の必要はありません。

3 WordPress以外で管理しているファイルがある場合には、［バックアップするその他のフォルダ］にフォルダ名を指定します。［バックアップから除外］の［バックアップから除外するファイル/フォルダ］には、初期設定で不要な可能性が高いファイルや拡張子が指定されています。とくに変更の必要はありません。

サムネイル画像も　`CHECK!`
バックアップする

［アップロードフォルダからサムネイルをバックアップしない。］にチェックすると、画像アップロードの際に自動生成されるサムネイルサイズの画像がバックアップから除外されますが、サイトの復元に必要になるのでチェックはしません。オリジナル画像がバックアップされていれば、あとからサムネイル画像を再作成する（プラグインやWP CLIのコマンドから生成する）ことは可能ですが、画像が多いと非常に時間がかかります。

4 ［特別なオプション］では、［特殊ファイルを含める］に初期設定のままチェックしておきます❶。ウェブの公開ルートフォルダにwp-config.php、robots.txt、nginx.conf、.htaccess、.htpasswd、favicon.icoが含まれる場合、バックアップがおこなわれます。いったん［変更を保存］を押して設定を保存します❷。

バックアップするプラグインを設定する

プラグインのバックアップを設定します。一番上まで
スクロールし[プラグイン]のタブを選択します❶。[プ
ラグインのリストファイル名]は、インストールされてい
たプラグインのリストを保存するテキストファイルの名
前で、とくに変更の必要はありません❷。[ファイル
の圧縮]は大きなファイルになることは考えにくいので
[なし]のままにします❸。いったん[変更を保存]を
押して設定を保存します❹。

バックアップ先を設定する

最後にバックアップ先を設定します。[宛先：フォルダ]のタブ
を選択します❶。[バックアップを格納するフォルダ]はとくに
変更の必要はありません❷。[ファイルを削除]も初期設定の
ままとします❸。[変更を保存]を押して設定を保存しましょう❹。

COLUMN

ファイルを削除の数値

手動かスケジュールかに関わらず、[バック
アップを格納するフォルダ]にバックアップ
が保存されていきます。[ファイルを削除]
で指定したファイルの数を越えると自動的に
古いものから削除されます。バックアップファ
イルの容量と、使用しているサーバの容量
を確認のうえで設定するようにしてください。
少なすぎると、もっと古い時点に戻りたくて
も、古いバックアップは消えていて利用でき
ないことになりますので注意が必要です。

作成されたジョブを確認する

管理メニュー[BackWPup]❶→[ジョブ]を押し❷、
ジョブ一覧に[フルバックアップ]が表示されていることを確認します❸。

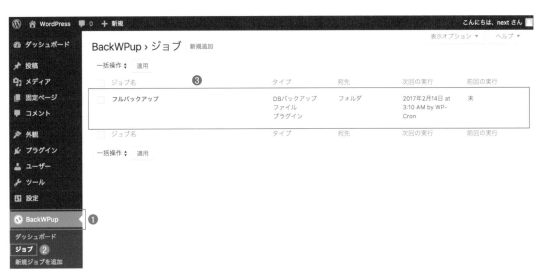

サイトの運営と管理　Lesson 14｜15

バックアップを実行してみよう

手動でバックアップする

ジョブが作成されたら、正しくバックアップがおこなえるか手動で実行してみましょう。

1 管理メニュー[BackWPup] ❶→[ジョブ] ❷を選択して、ジョブ一覧を表示します。ジョブ名にマウスを合わせると下に[編集｜コピー｜削除｜今すぐ実行]が表示されます。[今すぐ実行]を押すと、バックアップが開始されます❸。

2 画面に進捗バーが表示され、しばらく待つと完了します。

バックアップファイルをローカルに保存する

バックアップファイルはウェブサーバ上に保存する設定にしました。ダウンロードして手元にも保存しましょう。管理メニュー[BackWPup]を押し、[バックアップアーカイブを管理]画面に移動します❶。先ほどバックアップをおこなったファイルが一覧に表示されています。ファイル名にマウスを合わせると[削除｜ダウンロード]が表示されますので、[ダウンロード]を押します❷。

定期バックアップされていることを確認する

管理メニュー[BackWPup] ❶→[ログ] ❷を押して[ログ]画面に移動します。先ほど実行したバックアップジョブのステータスが「正常終了」であることを確認しましょう❸。エラーが発生した場合はジョブで設定した[ログの送信先メールアドレス]にメールが届くのでエラーの原因を確認し設定を見直しましょう。

スケジュールにしたがって実行されるバックアップもこのログを見ることで正しく実行されたかを確認できます。万一の環境の変化やメール障害によってエラーメールが届かないこともありえますので、定期的にチェックするとよいでしょう。

> **より安心・安全な バックアップのために**　**CHECK!**
>
> 今回はWordPressのプラグインによって無料でバックアップをする方法をお教えしましたが、より確実なのは、ある程度の頻度で自動的にスナップショット（サーバのバックアップ）を撮ってくれるレンタルサーバを選ぶことです。あなたが扱うサーバ領域全体をバックアップする上にプロの管理者がバックアップデータを扱うため、事故や障害のときにも安心してリストアがおこなえます（リストア料金が別途かかる場合はあります）。サーバレベルでバックアップを取ってくれるサーバはやはり高めですが、安心してサイトを運用できるのは大きな価値です。またAutomattic社の有償サービス「VaultPress」はJetpackと連携して外部サーバにバックアップを自動的に残してくれます。

14-7 WordPressでの個人情報の取扱いについて

近年、世界的に個人情報を可能な限り保護しようという動きが加速しています。
その流れを汲んで、WordPressでもバージョン4.9.6から
個人情報の取扱に関する機能が追加されました。
ここではWordPressに新しく追加された、個人情報取り扱いについての機能について簡単に紹介します。

プライバシーポリシーページを作成する

新しい固定ページを作成して公開する

1 管理メニューの[設定]を押すと表示されるサブメニューの中に[プライバシー]という項目が追加されています。このリンクをクリックすると、プライバシポリシーページを作成する設定ページに移動します。ここで[新規ページを作成]をクリックしましょう。

2 WordPressの固定ページ作成画面が表示されます。コメントやお問い合わせフォームなど、一般的なウェブサイトで使われる機能について、簡単な説明文が雛形としてすでに入力された状態となっています。EU域内での個人情報保護のために制定されたGDPRを準拠としたフォーマットでつくられていますので、作成するウェブサイトでは利用しない機能についての記述の削除と、Google Analyticsなどの外部ツールでの取扱に関する記述を追加することで、プライバシポリシーページとして公開できます。

CHECK!

**日本向けだから対応不要？
GDPRについて**

個人情報保護を目的としてEUで施行されたGDPR（General Data Protection Regulation：EU一般データ保護規則）ですが、EUに向けたウェブサイトをつくっていない場合でも対応する必要があります。JETROのハンドブックでは、GDPRの保護対象となる「個人データ」は（国籍や居住地などを問わない）EEA（EU）域内に所在する個人のデータを指すと紹介されています。そのため、EU域内に出張中の日本人もGDPRによる保護対象とされ、日本語のみだから対応不要とは一概にいえなくなっています。
https://www.jetro.go.jp/ext_images/_Reports/01/dcfcebc8265a8943/20160084.pdf)
日本国内でも同様に個人情報保護改正の動きが進んでおり、cookieやメールアドレス・フォームへの入力内容といった個人に関する情報を、より安全に取り扱う必要がでてきています。

サイトの運営と管理 Lesson 14 15

249

Lesson14　練習問題

**WordPressのコアのアップデートをおこなう前に万一のために
バックアップをおこなうことにしました、次のうち正しいバックアップ方法はどれでしょうか。**

1. サーバ上の公開フォルダをFTPソフトを使ってローカルPCにダウンロード
2. サーバ上の公開フォルダをFTPソフトを使ってローカルPCにダウンロードし、
   phpMyAdminを用いてデータベースのデータもローカルPCにダウンロード
3. BackWPupプラグインを用いてすべてのファイルとデータベースデータをおこなう
   ジョブを実行する
4. phpMyAdminを用いてデータベースのデータをローカルPCにダウンロード

1. ✕：ファイルだけでは万一のときにサイトを復旧させることはできませんので、必ずデータベースのデータもバックアップをおこないましょう。
2. 〇：ファイル、データベースの両方が揃っていれば万一のときに復旧させることができます。可能であればローカル環境を用いてバックアップデータから復元がおこなえるかも確認しておけば万全です。
3. 〇：ファイル、データベースの両方が揃っていれば万一のときに復旧させることができます。念のためサーバ上からバックアップファイルのダウンロードをおこない、正しくバックアップがおこなえているかも確認しておきましょう。
4. ✕：ファイルの更新に不具合が起きた場合にはデータベースのデータだけでは復旧することはできませんので必ずファイルもバックアップをおこないましょう。

**WordPressのバックアップをBackWPupプラグインを用いてスケジュール設定を用い
バックアップデータをメールで送信するジョブでバックアップをおこなっていました。
あるときからバックアップデータがメールで届かなくなりました。考えられる原因はどれでしょうか。**

1. サイトへのアクセスがなかったためWordPressの自動実行がおこなえていない
2. バックアップデータが増加しメールで受信できる容量を超えてしまった
3. 記事の追加をおこなわず削除だけをおこない容量が減ったため
4. サイトのアクセスが急激に増加したため

1. 〇：WordPressのcronを用いたスケジュール実行はサイトへのアクセスがトリガーになるためアクセスがないと実行されない可能性があります。アクセスログなどを確認しアクセスの状況を確認し、手動でバックアップの実行がおこなえるかで切り分けをおこないましょう。
2. 〇：一般的なメールサーバでは受信できる容量が数十MB〜数百MB程度に設定されています。大きな容量のバックアップデータは正しく受信ができなくなる可能性がありますので、バックアップのログからバックアップファイルの容量を確認し、メール以外の方法を検討し再設定をおこないましょう。
3. ✕：BackWPupジョブのスケジュール実行は、記事・データの増減は関係しませんので別の原因が考えられます。
4. 〇：サイトへのアクセスが増えた場合、バックアップの処理がサーバの許容量を超えてしまい正しくおこなえない可能性があります。また、その場合サイトの表示にもエラーが発生している可能性がありますので、サーバの管理画面などからCPUやネットワークリソースが不足していないか確認をおこないましょう。

もっとWordPress
を使いこなす・学ぶ

An easy-to-understand guide to WordPress

Lesson 15

本書ではあなたが WordPress のオリジナルテーマを作成できる基礎的な知識をまとめましたが、WordPress サイト制作の現場に欠かせない機能はまだまだあります。最後のレッスンでは、あなたが覚えておくべきいくつかの機能をまとめました。

15-1 カスタム投稿タイプと カスタム分類

WordPressをCMSとして利用する場合、投稿・固定ページ、
あるいはカテゴリーやタグといった枠組み・分類をさらに拡張したくなる場合が出てきます。
そんなときに強力な味方になるのがカスタム投稿タイプとカスタム分類です。

カスタム投稿タイプとカスタム分類とは

カスタム投稿タイプ

WordPressにはデフォルトで「投稿」と「固定ページ」という2つの「投稿タイプ」があります（正確にはメディアやリビジョン・ナビゲーションメニューもデフォルトの投稿タイプですが、内部的に使われることが多いためここでは無視します）。これらはそれぞれ別の特徴を持っていて、別々の一覧ページで管理されているのはすでに学んだとおりです。実はこの「投稿タイプ」は自由な名前をつけて新たに作成することが可能です。これを「カスタム投稿タイプ」と呼びます。

カスタム投稿タイプの概念

カスタム分類

また「カテゴリー」や「タグ」といった記事分類法（これらをまとめてタクソノミーと呼びます）も新しくつくることが可能です。これを「カスタム分類（カスタムタクソノミー）」と呼びます。
たとえば、新たに作成したカスタム投稿タイプに既存のカテゴリーやタグではない、別の分類法を当てたい場合があると思います。たとえば、あなたが動物が多く出てくるブログを書いているときに、カテゴリーやタグとは別に「どの動物について書いた記事か」で分類して記事一覧を表示したい場合があるでしょう。
こういう場合に「動物」というタクソノミー（分類）を作成し、各記事にイヌ・ネコ・ウサギ…といった分類項目（これを『ターム』と呼びます）を設定することができます。こうしておけば、あとからたとえば「ウサギ」の記事のみを一覧表示することができるようになるわけです。

カスタム分類の概念

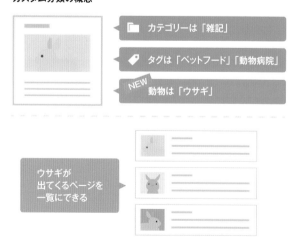

カスタム投稿タイプ・カスタム分類を作成するには

カスタム投稿タイプを作成・設定するには大きく分けて2つの方法があります。ひとつはプラグインを使う方法、もうひとつはfunctions.phpに`register_post_type()`関数を書き込む方法です。今回はプラグイン「Custom Post Type UI」を利用する方法で解説を進めます。

functions.phpでつくる？プラグインでつくる？

CHECK!

筆者はおもにカスタム投稿タイプとカスタム分類はプラグインで作成します。なぜかというと、カスタム投稿タイプは基本的にサイトの構造そのものに関わるものであり、サイトの見た目を司るテーマとは切り離されているべきだと考えるからです。リニューアルなどでテーマが変わったときにカスタム投稿タイプも消える、というような構造は多くのケースでは望まれないのではないでしょうか（テーマ独自の機能としてカスタム投稿タイプを設定する場合は別です）。今回使用するプラグイン「Custom Post Type UI」では機能面や設定できる項目に不満があるという場合は「Code Snippets」（**6-7**参照）などのプラグインにテーマと切り離された形で、カスタム投稿タイプ・カスタム分類の定義コードを書き込むのもひとつの手です。

カスタム投稿タイプをつくる

新しい投稿タイプの作成

新しい投稿タイプをつくってみましょう。ここでは作成したオリジナルテーマのまま、俳優と映画評を書くための専用のカスタム投稿タイプをつくる、という想定にしましょう。管理メニュー［プラグイン］から「Custom Post Type UI」をインストール・有効化してください（**5-4**参照）。その後、管理メニューに追加された［CPT UI］→［投稿タイプの追加と編集］を押し［投稿タイプの追加と編集］画面に移動します。

投稿タイプの追加と編集

| 新規投稿タイプを追加 | 投稿タイプを編集 | 投稿タイプを表示 | 投稿タイプをインポート/エクスポート |

❶

基本設定

投稿タイプスラッグ *　movie

投稿タイプの名前 / スラッグ。投稿タイプのコンテンツにアクセスするための各種クエリで使われます。

Slugs should only contain alphanumeric, latin characters. Underscores should be used in place of spaces. Set "Custom Rewrite Slug" field to make slug use dashes for URLs.

❷

複数形のラベル *　映画

この投稿タイプの管理メニュー項目として使われます。

単数形のラベル *　映画

単数形ラベルが必要な時に使われます。

❸

Auto-populate labels　Populate additional labels based on chosen labels.

投稿タイプを追加　❹

［投稿タイプの追加と編集］画面

❶ ［新規投稿タイプを追加］
タブが選択されていることを確認して、［基本設定］に新しいカスタム投稿タイプの概要を入力します。

❷ ［投稿タイプスラッグ］
投稿タイプのシステム上の名前。urlに使われたり、ループの際のクエリに使われます。半角英数字とアンダースコアの利用が許可されています。
●記入例：movie

❸ ［複数形のラベル］/［単数形のラベル］
ラベルは管理画面などに表示される投稿タイプ名です。これは日本語を用いてかまいません。英語の場合は複数形と単数形は区別されますが（例：movieとmovies）、日本語の場合は区別しないため、どちらにも同じ内容を記述して問題ありません。
●記入例：映画

❹ ［投稿タイプを追加］
ボタンを押し、新しい投稿タイプを作成します。管理メニューに新しい項目「映画」が追加されたことを確認してください。

カスタム投稿タイプの詳細設定

つづいて［投稿タイプを編集］タブを押して、投稿タイプの詳細を設定しましょう。
投稿タイプには数多くの設定項目がありますが、そのすべてをここで説明するには紙面が足りませんので、
最低限の設定のみおこないます。

● 追加ラベル

この投稿タイプにまつわる管理画面内での用語・文章
（ラベル）を定義することができます。基本的にはすべて
の項目、空欄（デフォルト）のままで差し支えありません
が、管理画面を多くの人と共有するようなケースでは、
誰もが理解しやすいラベリングにすることも大切です。

［追加ラベル］セクション

● 設定

新しいカスタム投稿タイプのふるまいについて、細かく
設定をすることが可能です。今回はほぼデフォルトの
［投稿］と同様のふるまいをするように設定していきま
す。筆者がとくによくさわる項目をいくつか解説します。

［設定］セクション

❶［アーカイブあり］
デフォルトではfalseになっていますが、この
ままではカスタム投稿タイプの一覧ページ
が生成されません（固定ページと同じ挙動）
ので、今回はtrueにします。

❷［階層］
この項目をTrueにすると固定ページと同様
に、カスタム投稿タイプの記事ページに親
子関係を持たせることができるようになりま
す。今回はfalseにします。

［メニューの位置］
管理メニューのどの位置にカスタム投稿タ
イプが表示されるかを数字で指定します。
今回は「4」に設定します。値ごとの表示位
置は以下のとおりです。
- 1:［ダッシュボード］の上
- 2〜3:［ダッシュボード］の下
- 4〜9:［投稿］の下
- 10〜19:［メディア］の下
- 20〜［ページ］の下

［サポート］
カスタム投稿タイプの編集画面でサポート
する機能にチェックします。ここはご自由に
どうぞ。

［利用するタクソノミー］
カスタム投稿タイプから利用できるタクソノ
ミー（分類）を指定します。あとから指定しま
す。

その他、カスタム投稿タイプをプラグインの機能などで内部的に利用する場合のために、
投稿タイプを表に出さない設定や、パーマリンクをカスタムするための設定が並んでいるのが確認できます。
設定を確認したら設定画面の末尾、［投稿タイプを保存］を押して設定を完了します。

カスタム分類をつくる

新しい分類の作成

投稿に用いるカテゴリーとタグとは別に、「俳優」という分類をつくり、これを先ほど作成したカスタム投稿タイプで利用できるようにします。仕上がりとしては、映画に関する記事群にそれぞれ出演している俳優名をタグのようにつけて、個別に記事一覧を表示できるというイメージです。

管理メニュー [CPT UI] → [タクソノミーの追加と編集] を押し [タクソノミーの追加と編集] 画面に移動します。[新規タクソノミーを追加] タブが選択されていることを確認して、[基本設定] に新しいカスタム分類の概要を入力します。

カスタム分類の基本設定

❶ [タクソノミースラッグ]
タクソノミーのシステム上の名前。投稿タイプスラッグと同様に、URLに使われたりループの際のクエリに使われます。半角英数字とアンダースコアの利用が許可されています。
●記入例：actor

❷ [複数形のラベル] / [単数形のラベル]
これもカスタム投稿タイプと同様の扱いで、管理画面などに表示される表示名です。
●記入例：俳優

❸ [利用する投稿タイプ]
この分類を利用する投稿タイプを選択します。ここでは「映画」のみにチェックを入れます。

❹ [タクソノミーの追加]
ボタンを押し、新しい分類を作成します。

カスタム分類の詳細設定

つづいて「タクソノミーを編集」タブを押して、タクソノミーの詳細設定をおこないます。[追加ラベル] はカスタム投稿タイプと同様、必要に応じて設定してください。[設定] については以下の2つの項目について解説し、ほかの項目は割愛します。今回はデフォルトのままでかまいません。

カスタム分類の詳細設定

[階層]
分類に親子関係を持たせることができるかどうか。また記事編集画面で分類を指定する際のインターフェイスが変化します。Falseの場合「タグ」のような見た目に、Trueの場合は「カテゴリー」のようになります。ここではタグと同様にしたいので、Falseを指定します。

[クイック編集パネル / 一括編集パネルに表示]
管理画面の記事一覧画面からクイック編集・一括編集ができるようにするかどうか。デフォルトではFalseが設定されていますが、Trueにしておくと一括編集ができて便利です。

カスタム投稿タイプからカスタム分類を利用できるようにする

1 [CPT UI] → [投稿タイプの追加と編集] → [投稿タイプを編集] タブ❶と移動し、セレクトボックスから先ほど設定した投稿タイプ「映画」の設定画面に入ります。

2 [設定] の一番最後、[利用するタクソノミー] の項で、先ほど作成したカスタム分類「俳優」にチェックして❶、[投稿タイプを保存] を押します❷。

これで投稿タイプ「映画」の記事編集画面から分類「俳優」が指定できるようになりました。
また管理メニュー「映画」のサブメニューに「俳優」が加わったことを確認してください。
以上でカスタム投稿タイプとカスタム分類が設定できました。

カスタム投稿タイプの記事を表示する

 sample-data ▶ Lesson15

カスタム投稿タイプとカスタム分類が作成できましたので、
さっそくカスタム投稿タイプの記事を作成してそれにカスタム分類を当て、記事を表示してみましょう。

1 まずカスタム投稿タイプ「映画」に記事をひとつ作成し、記事の編集画面から「タグ」と同様の方法でカスタム分類「俳優」を当ててみます。

❶管理メニュー[映画]（先ほど追加した投稿タイプ）→[新規追加]ボタンを押し、記事編集画面へ移動します。

❷サンプルデータのLesson15.txtを利用して、記事タイトルと本文を埋め、メタボックス「俳優」に俳優名を入力して公開します。
テキスト引用元：「道 (1954年の映画) - Wikipedia」https://ja.wikipedia.org/wiki/%E9%81%93_(1954%E5%B9%B4%E3%81%AE%E6%98%A0%E7%94%BB)

2 つづいてカスタム投稿タイプ「映画」の記事一覧ページへのナビゲーションをつくります。

❶[外観]→[メニュー]からグローバルナビゲーションの編集画面に入ります。

❷左側の[映画]ボックスの[すべて表示]タブを押し、[映画 一覧]にチェックして、[メニューに追加]ボタンを押します。左側に[映画]が表示されていない場合は画面上部の[表示オプション]タブを押して[映画]にチェックを入れると表示されます。

❸[メニュー構造]の任意の位置に[映画 一覧]を配置します。

❹配置した[映画 一覧]の右側の▼を押してボックスを開き、[ナビゲーションラベル]に「映画」と入力します。

❺[メニューを保存]を押して編集を確定します。

3 グローバルメニューに[映画]が追加されていることを確認し、これを押すとカスタム投稿タイプ「映画」の記事一覧が表示されます。これでカスタム投稿タイプの作成が確認できました。

**カスタム投稿タイプと
カスタム分類の
テンプレートファイル**　COLUMN

カスタム投稿タイプとカスタム分類のテンプレートファイルは、一覧ページはarchive.php、記事ページはsingle.phpが受け持ちますが、カスタム投稿タイプやカスタム分類オリジナルのテンプレートを用意したいことも多いでしょう。カスタム投稿タイプの場合は「archive-（スラッグ）.php」「single-（スラッグ）.php」、カスタム分類の場合は「taxonomy-（スラッグ）.php」というテンプレートファイルをテーマの中に用意すれば、そのファイルを読み取るようになります。たとえばカスタム投稿タイプ「映画」のテンプレートファイルならば「archive-movie.php」「single-movie.php」・カスタム分類「俳優」の一覧ページならば「taxonomy-actor.php」という要領です。

15-2 ブロックパターンを使ってみよう

WordPress 5.5から、気に入ったブロックの組み合わせを登録して、
いつでも呼び出せるブロックパターン機能が追加されました。
まだ新しいものですが、かなり有用な機能であり広く使われる可能性が高いため、
ここでご紹介しておきます。

プリセットされたブロックパターンを使ってみよう

ブロックパターンは複数のブロックの組み合わせを登録しておき、エディタでいつでも呼び出せるという機能です。カラム等のレイアウト用ブロックと組み合わせることで、複雑かつ、編集しやすいコンテンツパターンの管理が可能になりました。また再利用ブロック（**4-3**参照）とは異なり

ブロックパターン内のコンテンツを編集してもほかの場所に影響しないことも大きな特徴です。
WordPressには、ブロックパターンが10種類、あらかじめ登録されています。まずはこれらを利用してみることで、ブロックパターンの概要を知りましょう。

1 新しい投稿を作成し、タイトルを「ブロックパターンの学習」としましょう❶。そのままブロックエディターを編集してみます。本文の □ ボタンを押して、ブロックの追加ウィンドウを呼び出します❷。ウィンドウ下部の［すべて表示］ボタンを押し、ブロック挿入パネルを表示させます❸。

2 ブロック挿入パネルのタブのうち［パターン］を選択すると❶、プリセットされたブロックパターンが表示されますので、［画像を含む2カラムのテキスト］を選択します❷。するとエディタ上に、2カラムに分割された画像とテキストのブロックが表示されました❸。

確認すると、これらのブロックはカラムブロックでレイアウトされた、
通常の画像ブロック・段落ブロックであることが確認できます。
これらは再利用可能ブロックとは異なり、それぞれ独立した存在であり、自由に編集することが可能です。

ブロックパターンを自作してみよう

📥 **sample-data ▶ Lesson 15**

ブロックパターンは自作することも可能です。まずはfunctions.phpから、
`register_block_pettern()` 関数を用いてオリジナルなパターンの登録をおこないます。

1　ここでは簡単に3カラムのテキストのブロックパターンをつくってみます。次のフォーマットでブロックパターンの登録が可能です。このコードを利用しているテーマのfunctions.phpの末尾にペーストし、以下のとおり編集していきます。

ソースコード functions.php

```php
if ( function_exists( 'register_block_pattern' ) ) {❶
  function 関数名❷(){
    register_block_pattern(
      '任意のブロックパターン名❸',
      array(
        'title'    => 'ブロックパターンタイトル❹',
        'category' => array( 'ブロックパターンカテゴリ❺' ),
        'content'  => 'ブロックパターンの内容❻',
      )
    );
  }
  add_action( 'init', '関数名❷' );
}
```

❶`register_block_pattern()`関数が実装されていないWordPress 5.5未満のバージョンで読み込まれないように、if文による条件分岐を加えておきます。

❷まず自作ブロックパターンを定義するための関数名を決めます。ここでは`my_block_pettern`としておきましょう。

❸これから作成するブロックパターンのシステム上の名前を決めます。「任意の名前空間/ブロックパターン名」という形式で、半角英数字で名づけます。ここでは`'easiestwp/three-columns-text'`としましょう。

❹ブロックパターンの表示名で、日本語も指定可能です。`'3カラムテキスト'`としましょう。

❺ブロックパターンにはいくつかカテゴリ（こちらも自作可能）があり、新しくつくるパターンをどのカテゴリに属させるか指定できます。データ型は配列であり複数指定が可能です。ここでは既存のカテゴリ`'columns'`を指定します。

❻ここにブロックパターンのHTMLを記述します。ここでは、ひとまず変数`$block_pattern_html`を入れておき、あとでこの変数内にまとめてHTMLを代入できるようにしておきます。

2　functions.php内、`my_block_pettern()`関数の内側、`register_block_pattern()`関数の上に、変数 `$block_pattern_html`を定義するサンプルコードを下記のとおり加えてください（緑文字の箇所がサンプルコードからコピーする部分）。

ソースコード After　functions.php

```php
function my_block_pettern(){

$block_pattern_html = '
<!-- wp:columns {"align":"wide"} -->
  <div class="wp-block-columns alignwide">
    <!-- wp:column -->
    <div class="wp-block-column">

      <!-- wp:paragraph {"textColor":"black","fontSize":"medium"} -->
        <p class="has-black-color has-text-color has-medium-font-size"><strong>吾輩は猫である</strong></p>
      <!-- /wp:paragraph -->
      <!-- wp:paragraph {"textColor":"black","fontSize":"small"} -->
        <p class="has-black-color has-text-color has-small-font-size">吾輩は猫である。名前はまだ無い。どこで生れたかとんと見当がつかぬ。何でも薄暗いじめじめした所でニャーニャー泣いていた事だけは記憶している。吾輩はここで始めて人間というものを見た。しかもあとで聞くとそれは書生という人間中で一番獰悪な種族であったそうだ。</p>
      <!-- /wp:paragraph -->

    </div>
    <!-- /wp:column -->

    <!-- wp:column -->
    <div class="wp-block-column">
      <!-- wp:paragraph {"textColor":"black","fontSize":"small"} -->
        <p class="has-black-color has-text-color has-small-font-size">この書生というのは時々我々を捕えて煮て食うという話である。しかしその当時は何という考もなかったから別段恐しいとも思わなかった。ただ彼の掌に載せられてスーと持ち上げられた時何だかフワフワした感じがあったばかりである。掌の上で少し落ちついて書生の顔を見たのがいわゆる人間というものの見始であろう。</p>
      <!-- /wp:paragraph -->
    </div>
    <!-- /wp:column -->

    <!-- wp:column -->
    <div class="wp-block-column">
      <!-- wp:paragraph {"textColor":"black","fontSize":"small"} -->
        <p class="has-black-color has-text-color has-small-font-size">この時妙なものだと思った感じが今でも残っている。第一毛をもって装飾されべきはずの顔がつるつるしてまるで薬缶だ。その後猫にもだいぶ逢ったがこんな片輪には一度も出会わした事がない。のみならず顔の真中があまりに突起してい
```

```
        る。そうしてその穴の中から時々ぷうぷうと煙を吹く。どうも咽せぼくて実に弱った。</p>
        <!-- /wp:paragraph -->
      </div>
    <!-- /wp:column -->
  </div>
<!-- /wp:columns -->
';

  register_block_pattern(
    'easiestwp/three-columns-text',
    array(
      'title'      => '3カラムテキスト',
      'categories' => array( 'columns' ),
      'content'    => $block_pattern_html,
    )
  );
}

add_action( 'init', 'my_block_pettern' );
```

ブロック設定をコピーする　CHECK!

ブロックを入れる部分には独自のフォーマットで記述をする必要があります（`<!-- wp:paragraph{} -->`などのコメントで囲まれた部分）。これらのフォーマットを暗記する必要はありません。ブロックエディター画面にて、パターンとして登録したいブロックをエディタ上につくり、そのメニューを出して □ ボタンを押し［コピー］を選択すると、フォーマットを含めたコードがクリップボードにコピーされます。

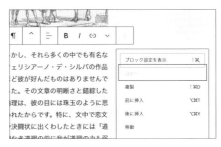

3 コードが書けたら、functions.phpを保存し、エディタに戻ってブロックパターンの一覧を見てみましょう。［Columns］カテゴリに「3カラムテキスト」のプレビューが表示されていたら成功です❶。これを押してエディタに配置したり、自由に編集してみてください❷。作成した記事は保存しておくといいでしょう。

もっとWordPressを使いこなす・学ぶ　Lesson 15

15-3 ブロックエディターを拡張しよう

WordPressのブロックエディターにはさまざまなブロックが用意されていますが、
実際にウェブサイトをつくるなかで不足を感じることもあるでしょう。
ここでは、プラグインによって手軽に便利なブロックを追加したり、
オリジナルのブロックをつくってみましょう。

STEP 01 プラグインを使ってブロックを追加しよう

sample-data
▶ Lesson15

Lesson04で学んだとおりブロックエディターにはさまざまなブロックが備わっていますが、制作ニーズに応じて、さまざまなブロックを追加したい人もいるでしょう。まずはお手軽にプラグインを使って、よく使われそうなブロックを追加する方法を見てみましょう。

プラグイン「VK Blocks」の導入

ブロックを追加するためのプラグインはいくつかありますが、今回はLesson05で紹介したテーマ「Lightning」と親和性が高いブロック追加プラグイン「VK Blocks」を例にしてブロックの追加をしてみましょう。

COLUMN

カスタムフィールドを紹介していないのはなぜ？

タイトルや本文以外に、定形のコンテンツを入れる枠をつくりたいときに多用されたのがカスタムフィールドという仕組みです。このカスタムフィールドは「Advanced Custom Fields」などのプラグインとともに、WordPressのコンテンツ管理に欠かせないものとして扱われてきました。

しかしカスタムフィールドに入力したデータの出力には原則としてテーマのカスタマイズが必須であり、テーマを変更するとカスタムフィールドのコンテンツは出力されなくなるケースがほとんどでした。これはLesson01で述べた「見た目とコンテンツの分離」という観点で望ましくありません。そこで本書では簡易なカスタムブロックを用いてコンテンツを管理する方法を紹介しています。

1 管理メニュー［外観］から、テーマを「Lightning」に変更しましょう。「VK Blocks」はどのテーマでも利用することができますが、ブロックのスタイルが「Lightning」に最適化されています。

2 つづいて［プラグイン］から「VK Blocks」をインストール・有効化します。

3 ［投稿］→［新規作成］から新しい投稿を作成し、タイトルを「VK Blocks のサンプル」としましょう❶。エディタの ■ ボタン→［すべて表示］ボタンを押してブロック挿入パネルを出し、[VK Blocks]セクションから［新FAQ］ブロックを押します❷。

4 ［新FAQ］ブロックが追加されますので、「Q」と「A」にそれぞれ文章を打ち込んでみましょう。こうしてQ&Aコンテンツが作成できました。繰り返し［新FAQ］ブロックを使用することで「よくある質問集」風のページを作成することができます。

6 話者の顔画像・話者の名前・そしてセリフの内容を入力します。ひとつできたら、画像を参考に、その下にもうひとつ［吹き出し］ブロックをつくり、会話している風のコンテンツをつくってみましょう。サンプルデータに話者の顔を表す画像を2種類用意していますので、こちらを利用してください。なお画面右のブロックオプションから位置の左右・吹き出しのタイプを変更可能です。

5 つづいてインタビュー記事などでよく使われる、吹き出し表現を用いた会話風のコンテンツをつくってみます。エディタの ▣ ボタンを押してブロック挿入パネルを出し、［VK Blocks］セクションから［吹き出し］ブロックを追加します。

CHECK!

ブロックを追加するプラグイン

ほかにも、ブロックを追加するプラグインは多く存在しています。VK Blocksと同じく国内の開発者が制作したテーマに対応している「Snow Monkey Blocks」や、広く人気を集めている「Stackable」などがありますので、ぜひトライしてみてください。

STEP 02 プラグインでオリジナルブロックをつくってみよう

sample-data ▶ Lesson 15

VK Blocksで追加できるブロックはあくまでプラグインが提供するものだけでしたが、管理者自身がブロックをデザインして制作するにはどうすればいいのでしょうか。今回はプラグイン「Genesis Custom Blocks」を用いて、簡単なオリジナルブロックをつくってみます。

Gutenberg Block API CHECK!

WordPressではGutenberg Block APIというオリジナルブロックを制作するための仕組みが提供されていますが、これを使いこなすにはReactというJavaScriptライブラリを利用する必要があり、かなり難しい作業となるため、本書では取り扱いません。

Genesis Custom Blocksの導入と入力

1 ［プラグイン］から「Genesis Custom Blocks」をインストール・有効化すると、管理メニューに［Custom Blocks］が追加されます。［Custom Blocks］→［All Blocks］に移動しましょう。

2 [Example Block]というチュートリアル用の下書きブロックが用意されています。これを利用してオリジナルブロックをつくってみます。まず[Example Block]を押して編集画面に移動してください。

3 ブロックの編集画面です。あらかじめ「Title」「Description」「Button Text」「Button Link」の4種類の入力項目がセットされています❶。このブロックのスラッグは「example-block」となっていることと❷、各入力項目のフィールド名（Field Name）を確認しましょう❸。以上確認できたら、内容は変更せずに[公開]ボタンを押します❹。

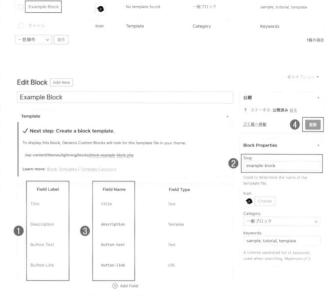

4 新しいブロックがブロックエディターに追加されました。任意の投稿の編集画面に移動して、ブロック挿入パネルを出してみると[Example Block]が確認できるはずです。これを押して、記事の末尾にカスタムブロックを追加してみましょう。

5 入力欄が表示されますので、図のとおり入力します。例文はサンプルデータにありますが、任意のものでもかまいません。入力が終わったら[更新]を押して投稿を更新します。

6 しかし、編集画面には入力したデータは表示されず、プレビューしてもカスタムブロックの部分にはグレーのボックスと英文のエラーメッセージが表示されているだけです。新しいブロックを表示するには専用のテンプレートファイルが必要です。

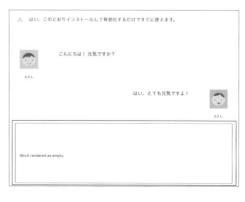

カスタムブロックのテンプレートを作成しよう

1 管理メニュー［Genesis Custom Blocks］からカスタムブロックの一覧に移動し［Example Block］を押して編集画面に移動しましょう。［Next step: Create a block template.］というボックスに

/wp-content/themes/lightning/blocks/block-example-block.php

というファイルをつくるように案内があります。

2 これに従って、いま使っているテーマ（Lightning）のフォルダの直下に「blocks」というフォルダをつくり❶、そこに「block-example-block.php」というファイルを作成します❷。Block Labのカスタムブロックのテンプレートファイル名は「block-(カスタムブロックのスラッグ名).php」となります。

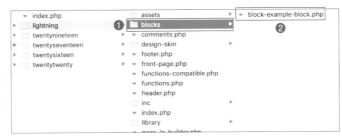

3 このblock-example-block.phpに以下のように記述し、保存してください。

ソースコード After　functions.php

```
<div class="example-block">
  <h2 class="example-block-title"><?php block_field( 'title'
    ); ?></h2>
  <div class="example-block-description"><?php block_field(
    'description' ); ?></div>
  <p><a class="example-block-button" href="<?php block_
    field( 'button-link' ); ?>"><?php block_field( 'button-
    text' ); ?></a></p>
</div>
```

> **CHECK!**
>
> **block_field()関数**
>
> Block Labのテンプレートファイルでは、独自の関数**block_field()**を用います。この関数の引数にはカスタムブロックの入力フィールド名を用います。これを用いて、内容を編集できる、定形のブロックを実現することが可能です。

4 このテンプレートファイルがWordPress環境にアップロードされると、無事カスタムブロックに入力した内容が出力されていることが確認できます。こうして、定形の情報構造をもったブロックを自由に作成することができます。

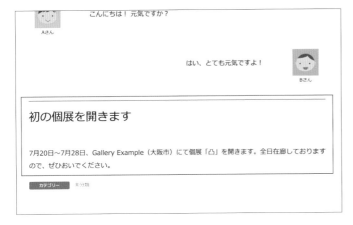

> **CHECK!**
>
> **カスタムブロックのスタイル変更**
>
> このブロックのスタイリングをしたい場合は、このあとに紹介する、子テーマ（**15-4**参照）などの機能を用いて使用しているテーマのstyle.cssを編集するか、［外観］→［カスタマイズ］→［追加CSS］からスタイルを書き足すことで実現することができます。

もっとWordPressを使いこなす・学ぶ　Lesson 15

15-4 子テーマを利用した既存テーマのカスタマイズ

本書ではオリジナルのHTML/CSSにテンプレートタグを埋め込む方法でテーマ開発を学んできましたが、すでに配布されている既存のテーマをカスタマイズして新しいテーマを開発することもできます。そのときに便利な「子テーマ」機能について、簡単に学習します。

子テーマとは

テーマのアップデートにどう対応するか

既存のWordPressテーマをカスタマイズして新しいテーマを制作するとき、まず思いつくやり方は既存テーマのファイルを直接編集してカスタマイズするやり方です。しかしその方法には問題があります。

セキュリティ上の問題やWordPress本体のアップデートへの対応・新機能の追加などさまざまな理由で、配布されているテーマはアップデートされます。とくにWordPress.orgで配布されている公式ディレクトリのテーマは管理画面からの自動アップデートにも対応しているのはすでに学んだとおりです。

あなたがこのアップデートを実行したとき、そのテーマを直接カスタマイズしているとしたらどうなるでしょう。変更内容が上書きされ、カスタマイズした箇所が台無しになってしまう可能性が大いにあります。

それならばテーマの自動アップデートを切ってしまえばいいのでは、と考えるかもしれません。しかし仮にそのテーマのアップデートの原因がWordPress本体のメジャーアップデートへの対応であったなら？　致命的なセキュリティホールへの対応であったなら？　と考えるとそれも得策ではなさそうです。

既存テーマのファイルをさわらずに上書きする、それが子テーマ

既存テーマのファイルに一切手をつけず、ほかのファイルで必要なカスタマイズ箇所だけ上書きする。そういうことができれば上記の問題は解決するはずです。こういった発想でWordPressに実装されたのが子テーマ機能です。それではさっそく公式テーマである「Twenty Twenty」を、子テーマを使って一部だけ上書き変更してみましょう。

子テーマの概念

親テーマ
- index.php
- header.php
- footer.php
- single.php
- page.php
- style.css

子テーマ
- **index.php**
- **header.php**

- style.css

必要な箇所だけ上書き

子テーマを実際につくってみよう

sample-data ▶ Lesson15

子テーマの定義とスタイルシートの読み込み

wp-content/themesフォルダに新しいフォルダを作成して任意の名前（ここでは「twentytwenty-child」とします）をつけます。これがあなたがつくる子テーマのフォルダです。

1 子テーマのフォルダの直下に空のファイルstyle.cssを（文字コードは必ずUTF-8で）作成します。通常のテーマと同様に、以下のようなスタイルシートヘッダーを最初に記述し、テーマを定義します（ドメイン名などはお使いの環境に合わせて適宜読み替えてください）。

ソースコード twentytwenty-child/style.css

```
/*
Theme Name:   Twenty Twenty Child
Theme URI:    http://example.com/twentytwenty-child/
Description:  Twenty Twenty Child Theme
Author:     Author Name
Author URI:   http://example.com
Template:     twentytwenty
Version:      1.0.0
License:      GNU General Public License v2 or later
License URI:  http://www.gnu.org/licenses/gpl-2.0.html
 Tags:         Accessibility Ready, Block Editor Styles, Blog, Custom Background, Custom
Colors, Custom Logo, Custom Menu, Editor Style, Featured Images, Footer Widgets, Full Width
Template, One Column, RTL Language Support, Sticky Post, Theme Options, Threaded Comments,
Translation Ready, Wide Blocks
*/
```

一見、通常のテーマと同じような内容が並んでいますが、重要なのは **Template** の行です。
ここに「親テーマにするテーマの『フォルダ名』」を書き込むことで
「このテーマは『Twenty Twenty』の子テーマです」といったように子テーマとしての定義がなされるのです。

2 親テーマのCSSを子テーマに読み込む処理を書き加えます。
子テーマのフォルダの直下に空のファイルfunctions.phpを作成し、以下のように記述します。

ソースコード twentytwenty-child/functions.php

```
add_action( 'wp_enqueue_scripts', 'theme_enqueue_styles' );
function theme_enqueue_styles() {
  wp_enqueue_style( 'parent-style', get_template_directory_uri() . '/style.css' );
}
```

こうすることで、子テーマにおいては、まず親テーマのstyle.cssが最初に読み込まれ、その後に子テーマのstyle.cssが読まれるという動作となります。
なお親テーマが複数のCSSを読み込んでいる場合は、別の書き方が必要です。詳しくはCodexを参照してください。

以上で子テーマの準備は完了です。管理画面に移動し、[外観]→[テーマ]からテーマ一覧を確認すると、
作成した子テーマが表示されているはずです。これを有効化してください。

子テーマによるテンプレートの上書き

サイトを確認してみると、見た目は「Twenty Twenty」そのままですが、すでに子テーマによる上書きの準備は整っています。試しに子テーマ側のstyle.cssに次のように記述してください。

ソースコード twentytwenty-child/style.css

```
body {
  font-size: 21px;
  color: #473C31;
}
```

この変更を適用してからサイトを確認すると、親テーマのstyle.cssの後から子テーマのstyle.cssが読まれ、文字サイズと文字色を上書きしていることがわかると思います。こうして親テーマのCSSを一切書き換えることなく、これをカスタマイズすることができました。

ほかのテンプレートファイルも子テーマから上書き可能です。親テーマの「header.php」を複製して子テーマフォルダに配置後、子テーマ側のheader.phpを編集してみましょう。すると子テーマ側のheader.phpが読み込まれ、親テーマ側のheader.phpは無視されていることが確認できます。このような方法で、カスタマイズする必要があるファイルだけを子テーマ側に作成し、親テーマを上書きすることができるというわけです。

functions.phpに注意 〈 CHECK!

functions.phpのみ、例外的に子テーマによる上書きはおこなわれません。ページ生成時に子テーマのfunctions.phpがまず読み込まれ、その後に親テーマのfunctions.phpも読まれて実行されます。親テーマのfunctions.phpが無視されるという結果にはならないので注意が必要です。

もっとWordPressを使いこなす・学ぶ Lesson 15

15-5 マルチサイトを利用する

サーバにイントールしたひとつのWordPressの中で
複数のWordPressサイトを作成・管理できるのが「マルチサイト」機能です。
ここではごく簡単にマルチサイトの設定方法をご紹介します。
メリットとデメリットを理解したうえで導入を考えてください。

マルチサイト機能の有効化

1 マルチサイトを有効にするには、wp-config.phpを編集します。コメント /* 編集が必要なのはここまでです ! WordPress でブログをお楽しみください。 */ の上に次のように記述します。

ソースコード **wp-config.php**

```
define('WP_ALLOW_MULTISITE', true);
```

2 管理画面を確認すると、管理メニュー[ツール]の中に[サイトネットワークの設置]ページが加わっています❶。サイトネットワークとはマルチサイト機能によってつくられるサイト群を表すものです。[サイトネットワーク名]をここでは「ネットワークテスト」とします❷。管理者のメールアドレスを入力して❸、[インストール]ボタンを押します❹。

3 [WordPressサイトのネットワークの作成]画面に進みます。画面の指示に従ってwp-config.phpと.htaccessファイルに表示されているコードを転記しましょう（どちらのファイルも複製してバックアップしておいてください）。

.htaccessについては追記でなくWordPressに関するルールを上書きする必要があります。具体的には次の[ルール記述]の部分を、指示されたコードで上書きします。

WordPress サイトネットワークの作成

ヘルプ ▼

サイトネットワークを有効化中

サイトネットワーク作成機能を有効化するには、次の手順を実行します。

注意: 既存の wp-config.php と .htaccess ファイルをバックアップしておくことをお勧めします。

1. /app/public/ にある wp-config.php ファイルの /* 編集が必要なのはここまでです。それでは、WordPress をお楽しみください。 */ という行の上に、次の内容を追加してください:

```
define('MULTISITE', true);
define('SUBDOMAIN_INSTALL', true);
define('DOMAIN_CURRENT_SITE', 'easiestwp.local');
define('PATH_CURRENT_SITE', '/');
define('SITE_ID_CURRENT_SITE', 1);
define('BLOG_ID_CURRENT_SITE', 1);
```

2. 次の内容を /app/public/ にある .htaccess ファイルへ追加して、他の WordPress ルールを置き換えてください:

```
RewriteEngine On
RewriteBase /
RewriteRule ^index\.php$ - [L]

# add a trailing slash to /wp-admin
RewriteRule ^wp-admin$ wp-admin/ [R=301,L]

RewriteCond %{REQUEST_FILENAME} -f [OR]
```

ソースコード **wp-config.php**

```
# BEGIN WordPress
<IfModule mod_rewrite.c>
  ［ルール記述］
</IfModule>
# END WordPress
```

COLUMN

Macで不可視ファイルを表示する

Macの Finder上で .htaccess のようにドットで始まるファイルは初期設定では表示されません。macOS 10.12（Sierra）以降は command + Shift + . キーを押すと表示／非表示を切り替えることができます。

4 コードを書き換えて再度ログインすると、ツールバーに[参加サイト]というナビゲーションが加わっています。これでサイトネットワークができました。

🅦 📊 参加サイト ⌂ Toru Yamamoto's Photo Gallery ⟳ 4 💬 0 ＋ 新規

子サイトを作成してみよう

1 試しに子サイトを作成してみましょう。ツールバー［参加サイト］→［サイトネットワーク管理］→［サイト］を押します。

2 参加サイトの一覧画面に移りますので［新規追加］を押します。

3 サイトの追加画面に移ります。ここでは［サイトアドレス］（サブドメイン）を「test」と指定し❶、［サイトタイトル］を「テスト用子サイト」として❷、［サイトを追加］ボタンを押します❸。

4 ツールバーの［参加サイト］ドロップダウンメニューに「テスト用子サイト」が加わっていますので、これを押します。

5 新しいサイトのダッシュボードに入れました。test.（あなたのドメイン）にアクセスすると新しいWordPressサイトがつくられたことが確認できます。

マルチサイトから元に戻せる？　CHECK!

先ほど編集した.htaccessとwp-config.phpを元に戻せばマルチサイト機能は解除できます。なお新サイトのためにつくられたデータベースのテーブルはそのまま残ります。再びマルチサイトをオンにすると子サイトの情報を元に戻すことができます。

マルチサイトのメリット・デメリット　COLUMN

マルチサイトのメリットは以下のとおりです。
● 複数のWordPressサイトを管理者がひとつの管理画面から集中管理できる
● 複数のWordPressサイトの情報を相互にやりとりし利用できる

たとえば複数のWordPressサイトのコンテンツ管理をそれぞれのチームに担当させながら、WordPressのバージョン管理やプラグインの管理など、各サイトの根幹部分は単一の管理者によって集中管理したい、というときに便利です。また、一般ユーザーから申請を受けてなんらかのウェブサイトを作成しユーザーに貸し出す、といった形のウェブサービスの開発にも応用できるでしょう。

一方デメリットは以下のとおりです。
● マルチサイトに対応していない関数やプラグインがある（公式プラグインであっても、マルチサイトへの対応は必須ではない）
● マルチサイトならではの不具合に出会うことが多く、かつ公開されているノウハウが非マルチサイトに比べて少ない傾向がある

単に複数のWordPressサイトを持ちたい場合や複数の時系列で管理された投稿を持ちたい場合、カスタム投稿タイプや単に複数のWordPressをひとつのサーバにインストールして管理する、という選択肢もあります。マルチサイトだからこそ提供できる機能が要件と合致しているかをよく考えてから導入を決めましょう。

もっとWordPressを使いこなす・学ぶ　Lesson 15

15-6 ブロックエディターと高機能テーマを用いた制作フロー

ブロックエディターは、WordPressの制作フローに大きな変化をもたらしています。
最近の傾向として既存の高機能テーマ（とくに国内では日本語に最適化された国産のもの）を
カスタマイズしつつ、オリジナリティのあるサイトを実現するフローが注目されています。

ブロックエディターで変わる制作フロー

本書の締めくくりに、高機能テーマを用いた制作フローについてご紹介します。これまでWordPressによるサイト制作フローの主流は本書で取り組んだような、

1. HTMLとCSSを組んで静的なウェブサイトをつくる
2. これにテンプレートタグなどを埋め込み、テンプレートファイルにしていく

というものでした。WordPressのテンプレートシステムの学習にこのフローは適していますが、近年、日本のWordPressサイト制作の現場では、高機能テーマをベースにカスタマイズをおこなうフローが多く採用されるようになってきました。

それには次のような背景があります。

● ブロックエディターの普及とそのカスタマイズの難しさ
● ブロックエディター対応のための制作予算取りの難しさ
● デザインの品質が高く、かつカスタマイズ性に配慮されたテーマの登場
● ブロックエディターでほしい機能が瞬時に実現できるテーマ・プラグインの登場

その中でもとくに国産テーマが注目されるのは、

● タイポグラフィが日本語に適したものになっており、スタイリングしやすい
● 提供されている機能が日本のウェブサイトで求められるものに対応している
● 日本語でのサポートが充実している

といった事情があります。

実装したい機能やカスタムブロックを苦労して開発するよりも、高機能テーマやプラグインが提供する機能の範囲内で実装を終え、そのデザインをカスタマイズしていく、いわばセミオーダーの開発フローです。

これにより制作コストを抑えつつ、ブロックエディターの恩恵にあずかることができます。今後もブロックエディターのカスタマイズにはさまざまな解決策が提供されると思いますが、そのひとつの選択肢として、高機能テーマとプラグインによるカスタマイズは重要なものになるでしょう。

高機能テーマの選び方、ここに注意

マネタイズ・ビジネスの持続化の観点から、国内の高機能テーマのほとんどが有料で販売されています（Lightningのように基本機能を無料で提供し、より高機能な「Pro版」を販売するケースもあります）。さまざまな有料テーマがありますが、購入にあたっては気をつけたい点がいくつかあります。

1. カスタマイズしやすい機構を備えているか

テーマカスタマイザーやウィジェット・メニューなど、管理画面からのカスタマイズにしっかり対応しているかは大切なポイントです。全体のレイアウトや色、ヘッダー・フッターに表示される項目など、カスタマイズできる箇所が多いだけ、ひとつのテーマでさまざまなタイプのウェブサイトに対応できます。

2. ライセンスはGPLか

1-4で学習したとおり、WordPressから派生したプロダクトはテーマやプラグインを含めて、同じくGPLでライセンスされていなければなりません。複数サイトへの転用禁止や再配布の禁止などが利用規約に記されているものは、実質GPL下での配布をしていないことになるため、注意が必要です。

3. サポート体制は整っているか

WordPress.org 以外で配布（販売）されているテーマは、WordPress のユーザーフォーラムによるサポートの対象外となります。この場合、配布元が責任をもってサポートをおこなう必要があるのです。あなたが購入しようとしているテーマのサポート体制はどうですか? 利用法やカスタマイズのためのマニュアルは充実していますか? またユーザー同士の情報交換は活発でしょうか?

4. ブロックエディターに対応しているか

有料テーマの中には、過去のバージョンで使われていたクラシックエディタでの使用が前提になっているテーマが見受けられます。しかし今後、WordPress はブロックエディターを前提とした開発を進めていくことになり、クラシックエディタ環境を維持するコストは大きなものになっていくと思われます。ブロックエディターのよさをいかしたテーマを選ぶようにしていきたいところです。

注目の国産高機能テーマ

有料版のみのテーマはもちろん、無料版を WordPress.org で提供しているものもあります。
無料版がある場合はまず試しに適用し、運用に慣れてきたら有料版を購入するのもいいでしょう。

Snow Monkey（スノーモンキー）

汎用性の高いシンプルなデザイン、開発者向けの API も充実しており、フックで柔軟なカスタマイズが可能です。また珍しいサブスクリプション型の料金制を設けていますが、これは活発なユーザーコミュニティの利用料としての側面があり、ユーザーのフィードバックを受けての開発も盛んにおこなわれています。

開発者：キタジマタカシ（モンキーレンチ）
価格：16,500円／年（税込・サブスクリプション制）
販売サイト：https://snow-monkey.2inc.org/

SWELL（スウェル）

極めて豊富なテーマカスタマイザーの設定項目・そしてブロックエディターのオプションの多さが魅力のテーマです。まったくコードを書くことなく、ブロックにさまざまな見た目を与えることができるほか、オリジナルのカスタムブロックも豊富に用意されています。まさにブロックエディター時代の高機能テーマと呼べるでしょう。

開発者：了
価格：17,600円（税込）
販売サイト：https://swell-theme.com/

Lightning Pro（ライトニングプロ）

本書で取り上げたテーマ「Lightning」の有料版。本文で紹介した機能のほかに、見出しスタイル変更や記事ヘッダーのカスタマイズ機能、使用フォントの切り替え、Pro 版専用スキンなど豊富な機能追加を手軽に利用できます。さらに付属するプラグイン「VK Blocks Pro」により、スライダーやアニメーション、ステップブロックなど、さまざまなブロックを追加できます。

開発者：株式会社ベクトル　価格：7,700円（税込）
販売サイト：https://lightning.nagoya/ja/expansion/
lightning-pro

Nishiki Pro（ニシキプロ）

Lightning と同様、無料版の「Nishiki」が WordPress.org で配布されており、高機能な Pro 版が有料販売されています。Pro 版では、見出しのスタイルを自作できる「見出しスタイル」機能や、絞り込み検索機能、ブロックパターン（**15-2** 参照）作成機能など、無料版では提供されていない強力な機能が多く追加されています。

開発者：bouya imamura　価格：19,580円（税込）
販売サイト：https://support.animagate.com/product/
wp-nishiki-pro/

※価格は2020年8月現在で、改定される場合があります。

逆引きWordPress関数辞典

本書で取り扱っているものを中心に、おもなWordPress関数を用途別に記載しています。
あなたが「どんなことがしたいか」からWordPress関数を調べることができます。ご活用ください。

関数名	概要	引数（データ型）	参照レッスン
テーマに必要な情報を出力したい			
`wp_head()`	headセクションの末尾に配置。サイトに必要なさまざまな情報を書き出します。	-	8-4
`wp_footer()`	bodyセクションの末尾に配置。サイトに必要なさまざまな情報を書き出します。	-	8-4
`body_class()`	bodyタグの中に配置。表示するページに応じてさまざまなclassをbodyタグに付与します。	1．初期値のほかに追加したいclass名（str, array）	9-1
`wp_body_open()`	wp_body_openというアクションを呼び出し、body開始タグの直後にスクリプトなどを追加する場合に用いられます。		8-4
サイトの設定にまつわる情報を出力・取得したい			
`bloginfo()`	引数に応じて、各種のサイト情報を出力します。出力できる情報はサイトタイトル・サイトのキャッチフレーズ・文字のエンコーディング指定などさまざまです。	1．欲しい情報のキーワード名（str）＊	9-1
`language_attributes()`	WordPressサイトの言語設定を読み取り、htmlタグ内にlang属性を出力します。	-	9-1
`get_option()`	optionsデータベーステーブルから、名前を指定してオプションの値を取得します。	1．オプション名（str）＊ 2．指定したオプションに値がない場合の返り値（複合）	11-4
記事にまつわる情報を出力・取得したい			
`the_post()`	ループ内に配置（必須）。記事に関するさまざまな情報を取得してくれます。ループ内にこれがないと記事に紐づく情報が取得・出力できません。	-	9-2
`the_title()`	ループ内で利用。記事のタイトルを出力または取得（引数で指定）します。	1．タイトルの前に置くテキスト（str） 2．タイトルの後に置くテキスト（str） 3．出力するか否か（bool）	9-2
`single_post_title()`	個別投稿ページのループ外で記事タイトルを取得または出力（引数で選択可能）します。	1．記事タイトルの前に出力する文字列（str） 2．出力するか否か（bool）	-
`the_content()`	ループ内で利用。記事の本文を出力します。	1．moreタグ以降へのリンクテキスト 2．moreタグ以前の内容を隠すか否か（bool）	10-3
`the_excerpt()`	ループ内で利用。記事の抜粋を表示します。		-
`the_permalink()`	ループ内で利用。記事のパーマリンク（URL）を出力します。	1．投稿・固定ページのIDまたは投稿オブジェクト（複合）	9-2
`the_category()`	ループ内で利用。記事に紐づくカテゴリのリスト（各カテゴリアーカイブへのリンク付き）を出力します。	1．セパレータ。リストの区切りに使う文字（str） 2．子カテゴリーである場合の表示のされ方。multipleかsingleで指定（str） 3．参照する記事のID。デフォルトは現在表示している記事（int）	9-2
`the_tags()`	ループ内で利用。記事に紐づくカテゴリのリスト（各タグアーカイブへのリンク付き）を出力します。	1．タグ一覧の前に表示する文字列（str） 2．セパレータ。リストの区切りに使う文字（str） 3．タグ一覧の後ろに表示する文字列（str）	9-2
`the_date()`	ループ内で利用。記事の投稿日付を出力します。同じ日付に記事が複数ある場合は最初の記事とともに一度だけ出力される仕様になっています。これを避けるにはthe_time()かget_the_date()関数を用います。	1．日時の出力形式。デフォルトでは設定画面の設定通りの形式（str） 2．日付の直前に出力する文字列（str） 3．日付の直後に出力する文字列（str） 4．出力するか否か（bool）	9-2
`get_the_date()`	ループ内で利用。記事の投稿日時をPHP内部で用いる値として取得します。the_date()と異なり、同じ日付に複数の記事があっても投稿毎に日付の取得・echoを用いた出力が可能です。	1．日時の出力形式。デフォルトでは設定画面の設定通りの形式（str） 2．投稿ID。省略した場合は現在の投稿から取得されます（int）	9-2
`the_time()`	現在の記事の公開日時を出力します。	1．日時の出力形式。デフォルトでは設定画面の設定通りの形式（str）	-
`the_post_thumbnail()`	ループ内で利用。記事のアイキャッチ画像を出力します。	1．画像サイズ（str, array） 2．出力されるimgタグに加える属性（array）	9-3

＊：指定が必須であるもの　str：文字列　int：整数　bool：真偽値　array：配列　obj：オブジェクト　callback：コールバック関数

関数名	概要	引数（データ型）	参照レッスン
the_author()	ループ内で利用。現在の記事の投稿者の「ブログ上の表示名」を表示します。	-	-
the_author_posts_link()	ループ内で利用。記事の投稿者の表示名を投稿者アーカイブへのリンク付きで出力します。	-	**10-3**
get_the_ID()	ループ内で利用。現在の投稿のIDを取得します。	-	**11-4**
get_post_type()	現在の投稿または指定した投稿の投稿タイプを取得します。	1. 投稿タイプを取得したい投稿のIDまたは投稿オブジェクト（int, obj）	-
the_meta()	ループ内で利用。現在の投稿にセットされているカスタムフィールドの一覧を、キーと値をセットにしてulリスト形式で出力します。	-	-
get_post_meta()	指定した投稿の指定したカスタムフィールドのキーから値を取得します。	1. 投稿ID（int）＊ 2. キー名（str） 3. 値を文字列として返すか否か。falseの場合、配列が返る（bool）	-
the_field()	プラグイン「Advanced Custom Fields」が有効な場合のみ使える関数。キーを引数に与えると、その値を出力します。	1. キー名（str）＊ 2. 投稿ID。省略すると現在の投稿になる（int, bool）	-
get_field()	プラグイン「Advanced Custom Fields」が有効な場合のみ使える関数。キーを引数に与えると、その値を取得します。	1. キー名（str）＊ 2. 投稿ID。省略すると現在の投稿になる（int, bool） 3. 返ってきた値をフォーマットするか否か（bool）	-

アーカイブなどにまつわる情報を出力・取得したい

関数名	概要	引数（データ型）	参照レッスン
the_archive_title()	アーカイブページのタイトルを、アーカイブページの種類に応じて出力してくれます。	1. タイトルの前に出力する文字列（str） 2. タイトルの後に出力する文字列（str）	**10-6**
the_search_query()	search.phpで利用。検索されたキーワードを出力します。	-	**10-7**

コメントにまつわる情報を出力・取得したい

関数名	概要	引数（データ型）	参照レッスン
comment_form()	コメント入力フォームを出力します。	1. オプションのパラメータを配列で指定。Codex参照（array） 2. 投稿・固定ページのIDまたは投稿オブジェクト（複合）	**10-4**
wp_list_comments()	記事についたコメントのリストを出力します。	1. オプションのパラメータを配列で指定。Codex参照（array） 2. コメントオブジェクトの配列を指定（array）	**10-4**
get_comments_number()	コメント・トラックバックの数をPHPの値として取得します。	1. 投稿・固定ページのIDまたは投稿オブジェクト（複合）	**10-4**

各種URL・パスを出力・取得したい

関数名	概要	引数（データ型）	参照レッスン
get_stylesheet_uri()	現在使用しているテーマのstyle.cssのURLを取得します。	-	**8-4**
home_url()	サイトのホームURLを取得します。	1. ホームURLからの相対パス（str） 2. ホームURLに用いるスキーム。http・https・relativeのいずれか（str）	**9-1**
get_permalink()	投稿または固定ページのパーマリンクを取得します。	1. パーマリンクを取得したい投稿・固定ページのIDまたは投稿オブジェクト（int, obj） 2. 受け取るパーマリンクに投稿名・固定ページ名を保持するかどうか。デフォルトはfalse（bool）	-
get_theme_file_uri()	使用中のテーマに引数で指定したファイル名があるかどうかを調べ、そのURIを出力します。WordPress4.7から利用できます。引数が空の場合、使用テーマへのURIを出力します。	1. ファイル名（str）	**9-2**
admin_url()	現在のサイトの管理画面へのURLを取得します。オプションによって管理画面下層ページへのURLも取得可能です。	1. 管理URLからの相対パス。追加することでより下層へのリンクが生成できます（str） 2. 使用するスキーマ。admin（デフォルト値）・http・httpsの中から指定します（str）"	-
previous_posts_link()	アーカイブページなどで前のページ（記事の表示順がデフォルトなら新しい投稿セット）へのリンクを表示します。	1.リンクのテキスト（str）	-

関数名	概要	引数（データ型）	参照レッスン
`next_posts_link()`	アーカイブページなどで次のページ（記事の表示順がデフォルトなら古い投稿セット）へのリンクを表示します。	1.リンクのテキスト (str)	-
`previous_post_link()`	個別投稿ページなどで、ひとつ前の投稿（記事の表示順がデフォルトならひとつ新しい投稿）へのリンクを表示します。previous_posts_link()と混同しやすいので注意が必要です。	1.リンク文字列のフォーマット。リンクテキスト前後に表示する文字を指定できます。リンク部分は「%link」と表記 (str) 2.リンクテキスト (str) 3. 表示リンクは現在の投稿と同じターム（カテゴリーなど）に限定するかどうか (bool) 4. 除外したいタームのID。複数指定する場合は配列で指定 (int, array) 5. 3がtrueの場合、基準とする分類（タクソノミー）を指定できます。デフォルトはcategory (str)	-
`next_post_link()`	個別投稿ページなどで、ひとつ次の投稿（記事の表示順がデフォルトならひとつ古い投稿）へのリンクを表示します。next_posts_link()と混同しやすいので注意が必要です。	1.リンク文字列のフォーマット。リンクテキスト前後に表示する文字を指定できます。リンク部分は「%link」と表記 (str) 2.リンクテキスト (str) 3. 表示リンクは現在の投稿と同じターム（カテゴリーなど）に限定するかどうか (bool) 4. 除外したいタームのID。複数指定する場合は配列で指定 (int, array) 5. 3がtrueの場合、基準とする分類（タクソノミー）を指定できます。デフォルトはcategory (str)	-
`get_post_type_archive_link()`	指定した投稿タイプのアーカイブへのリンクを取得します。	1. 投稿タイプのスラッグ (str) *	-

その他の情報を出力・取得したい

関数名	概要	引数（データ型）	参照レッスン
`get_post()`	IDで指定した投稿のレコードをデータベースから取得します。また投稿オブジェクトを指定した場合は、そのオブジェクトの各フィールドを無害化してから指定された型で返します。	1. 取得したい投稿のIDまたは無害化したいオブジェクト (int, obj) 2. 戻り値の型 (str) 3. 無害化をどのようにおこなうか (str)	**11-4**
`get_theme_mod()`	テーマに設定した固有の値をPHP内部で用いる値として取得します。本書ではカスタマイザーのセッティングIDを引数にとって、固定ページIDを取得するために使用しました。	1. テーマ設定の名前（キー）* 2. テーマ設定の名前が存在しない場合の値 (bool, str)	**11-4**
`do_shortcode()`	テンプレート内でショートコードを利用する場合などに利用します。引数のコンテンツからショートコードを探し、見つかった場合にショートコードを展開します。	1. コンテンツ。ショートコードを記述します (str) *	-
`current_time()`	ブログの現在のローカル時間を、MySQL タイムスタンプまたは Unix タイムスタンプの2形式のうちいずれかで返します。	1. 返ってくる時刻の形式。MySQL型かタイムスタンプ型を指定できる (str) * 2. 返ってくる時刻のタイムゾーン。1であればGMT、0であればローカル (int)	-
`human_time_diff()`	「何分前」「何時間前」「何日前」といった相対的な時間表記を取得します。	1. いつから (str) * 2. いつまで。デフォルトでは現在時刻 (str) いずれもUNIXタイムスタンプで指定。	-
`checked()`	HTMLのchecked属性を出力します。戻り値がtrueの場合、checked='checked' を出力(echo)します。 例:<input type="radio" <?php checked('hoge', 'hoge', true);? />	1. checked属性を出力するかを判定する変数 (str) 2. 引数1と比較する値 (str) 3. checked属性をechoするか否か。デフォルトはtrue(bool)	-
`selected()`	HTMLのselected属性を出力します。戻り値がtrueの場合、selected='selected' を出力(echo)します。 例:<option <?php selected('hoge', 'hoge', true);? />	1. selected属性を出力するかを判定する変数 (str) 2. 引数1と比較する値 (str) 3. selected属性をechoするか否か。デフォルトはtrue(bool)	-
`disabled()`	HTMLのdisabled属性を出力します。戻り値がtrueの場合、disabled='disabled' を出力(echo)します。 例:<button <?php disabled('hoge', 'hoge', true);? />	1. disabled属性を出力するかを判定する変数 (str) 2. 引数1と比較する値 (str) 3. disabled属性をechoするか否か。デフォルトはtrue(bool)	-

*：指定が必須であるもの　str：文字列　int：整数　bool：真偽値　array：配列　obj：オブジェクト　callback：コールバック関数

関数名	概要	引数（データ型）	参照レッスン
機能・設定をテーマに追加・登録したい			
`register_nav_menu()`	ナビゲーションメニューを追加します。こちらは追加するメニューが単数の場合のみ。	1. メニュー位置スラッグ (str) ＊ 2. 説明文 (str) ＊	**9-4**
`register_nav_menus()`	ナビゲーションメニューを追加します。こちらは追加するメニューの数を問いません。	1. ロケーション。メニュー位置スラッグと説明文の配列 (array) ＊	**9-4**
`register_sidebar()`	ウィジェットを配置する場所（ロケーション）を追加します。	1. オプションのパラメータを配列で指定。Codex 参照 (array)	**9-5**
`register_post_type()`	functions.php に記述することでカスタム投稿タイプを追加します。	1. 登録する投稿タイプの名前 (str) ＊ 2. オプションのパラメータを配列で指定。Codex 参照 (array)	**15-1**
`add_theme_support()`	WordPress テーマで利用できるさまざまな機能を有効化します。title タグ出力の自動化（title_tag）やアイキャッチ画像機能（post_thumbnail）など。	1. 有効化する機能 (str) ＊ 2. 機能に応じたオプション引数 (array)	**9-1, 9-3**
`add_image_size()`	テーマ内のみで利用できる画像のサイズを追加します。	1. 画像サイズ名 (str) ＊ 2. 幅 (int) 3. 高さ (int) 4. 画像の切り抜きをするかどうか (bool)	**9-3**
`wp_enqueue_style()`	テーマで使用するスタイルシートをキューに追加する関数です。追加されたスタイルシートは wp_head() を通じて出力されます。	1. スタイルシートのハンドル (str) ＊ 2. スタイルシートの URL (str, bool) 3. 依存するスタイルシートのハンドル配列 (array) 4. スタイルシートのバージョン番号 (str, bool) 5. スタイルシートが定義されているメディア (str, bool)	**8-4**
`wp_enqueue_script()`	テーマで使用するスクリプトをキューに追加するための関数です。登録されたスクリプトは wp_head() を通じて出力されます。	1. スクリプトのハンドル (str) ＊ 2. スクリプトの URL (str, bool) 3. 依存するスクリプトのハンドル配列 (array) 4. スクリプトのバージョン番号 (str, bool) 5. wp_footer() で出力するか否か。デフォルトは false (bool)	-
`register_block_pattern()`	独自のブロックパターンを登録します。	1. ブロックパターン名 (str) ＊ 2. ブロックパターンプロパティ (array) ＊	**15-2**
現在のページテンプレートを判定したい			
`is_front_page()`	表示中のページがフロントページであるか否かを判別し、真偽を返します。	-	-
`is_home()`	表示中のページがブログのホームであるか否かを判別し、真偽を返します。	-	-
`is_archive()`	表示中のページがアーカイブページであるか否かを判別し、真偽を返します。	-	-
`is_category()`	現在表示しているページがカテゴリーアーカイブであるか否かを判別し、真偽を返します。in_category() と混同しやすいので注意が必要です。	1. カテゴリー ID、カテゴリーのタイトル、カテゴリーのスラッグ。またはそれらの配列（複合）	**10-練習問題**
`is_tag()`	表示中のページがタグのアーカイブページであるか否かを判別し、真偽を返します。	1. タグ ID、名前、スラッグ。またはそれらの配列（複合）	-
`is_author()`	表示中のページが投稿者アーカイブページであるか否かを判別し、真偽を返します。	1. 投稿者 ID もしくは投稿者ニックネーム。指定しない場合は任意の投稿者という意味になる（複合）	-
`is_tax()`	表示中のページがカスタム分類アーカイブページであるか否かを判別し、真偽を返します。	1. タクソノミーのスラッグ。またはその配列 (str, array) 2. タームの ID、名前、スラッグ、またはそれらの配列（複合）	-
`is_single()`	表示中のページが個別投稿ページであるか否かを判別し、真偽を返します。	1. 投稿の ID、タイトル、スラッグ。またはそれらの配列。指定しない場合は任意の投稿という意味になる（複合）	-
`is_page()`	表示中のページが固定ページであるか否かを判別し、真偽を返します。	1. 固定ページの ID、タイトル、スラッグ。またはそれらの配列。指定しない場合は任意の固定ページという意味になる（複合）	-

関数名	概要	引数（データ型）	参照レッスン
`is_singular()`	表示中のページが個別投稿・固定ページまたはメディアページであるか否かを判別し、真偽を返します。	1. 投稿タイプ名 (str, array)	-
`is_search()`	表示中のページが検索結果ページであるか否かを判別し、真偽を返します。	-	-
`is_404()`	表示中のページが HTTP 404: Not Found であるか否かを判別し、真偽を返します。	-	-
データの有無や設定のあり方を判定したい			
`have_posts()`	クエリ（リクエスト）に対して表示する投稿があるかどうかを判別し、その真偽を返します。	-	**9-2**
`has_post_thumbnail()`	ループ内で利用。記事にアイキャッチ画像が登録されているかを判別し、その真偽を返します。	1. 判定したい投稿のID (int)	**9-3**
`has_nav_menu()`	引数に指定したナビゲーションメニューが登録されているかを判別し、真偽を返します。	1. メニューロケーション名 (str) ＊	**9-4**
`is_active_sidebar()`	指定したウィジェットのロケーションが利用可能かを判別し、真偽を返します。	1. サイドバーの名前またはID (int, str) ＊	**9-5**
`have_comments()`	ループ内で利用。記事にコメントがついているかいないかを判別し、真偽を返します。	-	**10-4**
`comments_open()`	ループ内で利用。記事においてコメントの投稿が許可されている設定になっているかを判別し、真偽を返します。	1. 投稿・固定ページのIDまたは投稿オブジェクト（複合）	**10-4**
`post_password_required()`	記事に対してパスワードによる閲覧制限がかけられているかどうかを判別し、真偽を返します。	1. 投稿・固定ページのIDまたは投稿オブジェクト（複合）	**10-4**
`in_category()`	現在の記事（または指定した記事）に、指定したカテゴリーが割り当てられているか否かを判別し、真偽を返します。is_category()と混同しやすいので注意が必要です。	1. カテゴリIDまたはスラッグ (int, str) ＊ 2. 投稿のIDまたは投稿オブジェクト（複合）	-
`has_tag()`	現在の記事（または指定した記事）に、指定したタグが割り当てられているか否かを判別し、真偽を返します。	1. カテゴリID、スラッグ、またはそれらの配列（複合）＊ 2. 投稿のIDまたは投稿オブジェクト（複合）	-
ループ時に取得・出力する記事を制御したい			
`get_posts()`	WP_Queryクラスを用いて、オプションで指定した条件の投稿リストを配列として取得します。サブループの作成によく使われますが、その場合は本書にあるように new WP_Queryを使用して直接 WP_Queryを参照するほうが望ましいでしょう。	1. オプションのパラメータを配列で指定。Codex 参照 (array)	-
`query_posts()`	【使用は推奨しません】メインクエリーを書きかえ、指定した条件でループを作成するために過去に多く使用されていましたがパフォーマンス面でも返される結果でも問題が発生しやすく、Codexにおいても強い注意喚起がなされています。現在はpre_get_postsアクションを用いてメインクエリの呼び出し前にクエリを変える方法が一般的です。	1. オプションのパラメータを配列で指定。Codex 参照 (array)	-
`setup_postdata()`	投稿の情報を各種のグローバル変数へセットします。	1. ひとつの投稿オブジェクト。グローバル変数 $post へのリファレンスを指定しなければならない (obj) ＊	**11-4**
`wp_reset_postdata()`	サブループの実行後、クエリをメインクエリに戻します。	-	**11-4**
テンプレートを読み込みたい			
`get_header()`	ヘッダーテンプレートの内容を出力（インクルード）します。	1. 名前。xxxと指定すると「header-xxx.php」を読み込みます (str)	**10-2**
`get_footer()`	フッターテンプレートの内容を出力（インクルード）します。	1. 名前。xxxと指定すると「footer-xxx.php」を読み込みます (str)	**10-2**
`get_sidebar()`	サイドバーテンプレートの内容を出力（インクルード）します。	1. 名前。xxxと指定すると「sidebar-xxx.php」を読み込みます (str)	**10-2**

＊：指定が必須であるもの　str：文字列　int：整数　bool：真偽値　array：配列　obj：オブジェクト　callback：コールバック関数

関数名	概要	引数（データ型）	参照レッスン
get_template_part()	テンプレートパーツを読み込みます。例えばスラッグに「share」と指定すればshare.phpを読み込みます。またさらに特定テンプレート名に「small」と指定すればshare-small.phpを読み込みます。	1. テンプレートのスラッグ (str) ＊ 2. 特定テンプレートの名前 (str)	-
get_search_form()	サイト検索フォーム用のテンプレート・searchform.phpを読み込みます。	1. trueであればフォームを表示、falseなら表示せずフォームを文字列として返します (bool)	-
comments_template()	ループ内で利用。コメントテンプレートの内容を出力します。	1. ロードするファイル。デフォルトは /comments.php (str) 2. コメントタイプ（コメント・トラックバック・ピンバック）がコメントであるものを分離するか否か。デフォルトは false (bool)	10-4

定形のナビゲーション・サイトパーツを出力したい

関数名	概要	引数（データ型）	参照レッスン
wp_nav_menu()	指定したナビゲーションメニューを出力します。	1. オプションのパラメータを配列で指定。Codex参照 (array)	9-4
dynamic_sidebar()	指定したウィジェットのロケーションに配置されたウィジェット群を出力します。	1. サイドバーの名前またはID (int, str)	9-5
wp_list_categories()	リンク付きのカテゴリーリストを出力します。	1. オプションのパラメータを配列で指定。Codex参照 (array)	10- 練習問題
the_posts_pagination()	アーカイブページでページングナビゲーションを出力します。	1. 引数の配列。現在のページの前後に表示されるページの数やリンクテキストの指定などができます (array)	9-2
the_post_navigation()	個別投稿ページで前後の投稿へのナビゲーションを出力します。	1. 引数の配列。リンクテキストの指定などができます (array)	10-3

フックに関数を結びつける・はずす

関数名	概要	引数（データ型）	参照レッスン
add_action()	アクションフックに対して結びつける関数を登録します。テーマならば通常functions.phpに記述します。	1. アクションフック名 (str) ＊ 2. フックする関数名 (callback) ＊ 3. 優先順位 (int) 4. 関数に渡す値の数 (int)	8-4
add_filter()	フィルターフックに対して結びつける関数を登録します。テーマならば通常functions.phpに記述します。	1. フィルターフック名 (str) ＊ 2. フックする関数名 (callback) ＊ 3. 優先順位 (int) 4. 関数に渡す値の数 (int)	8-4
remove_action()	アクションフックに結びついている関数を除去します。	1. フィルターフック名 (str) ＊ 2. フックする関数名 (callback) ＊ 3. 優先順位 (int) 4. 関数に渡す値の数 (int)	-
remove_filter()	フィルターフックに結びついている関数を除去します。	1. フィルターフック名 (str) ＊ 2. フックする関数名 (callback) ＊ 3. 優先順位 (int) 4. 関数に渡す値の数 (int)	-

出力する値をサニタイズ（無害化）したい

関数名	概要	引数（データ型）	参照レッスン
esc_url()	echoなどと併せて使用。出力するURLをエスケープし無害化してくれます。	1. エスケープするURL (str) ＊ 2. 受け入れできるプロトコルの配列 (array) 3. URLをどう用いるか。デフォルトは 'display' (str)	9-1
esc_html()	echoなどと併せて使用。出力するHTMLブロックをエスケープし無害化してくれます。	1. エスケープする文字列 (str) ＊	-
esc_attr()	echoなどと併せて使用。出力するHTMLタグ属性値をエスケープし無害化してくれます。	1. エスケープする文字列 (str) ＊	-

データを変換したい

関数名	概要	引数（データ型）	参照レッスン
absint()	値を負ではない整数に変換します。	1. 変換したいデータ（複合）	11-2
path_join()	ファイルパスを結合します。"./wp-content/uploads/" . "new-directory/files"とpath_join("./wp-content/uploads/", "new-directory/files");は同じ動きをします。	1. ベースとなるパス (str) 2. ベースに追加したいパス (str)	-
trailingslashit()	指定した文字列の直後にスラッシュをつけて返します。	1. パス名など任意の文字列 (str) ＊	-

INDEX

アートディレクション　山川香愛
カバー写真　川上尚見
カバー&本文デザイン　加納啓善（山川図案室）
本文レイアウト　栗田信二　加納啓善　白石和歌子（山川図案室）
イラスト　角田綾佳
編集担当　和田 規

世界一わかりやすい
WordPress
導入とサイト制作の教科書
［改訂2版］

2017年6月30日　　初版　　第1刷発行
2020年10月23日　改訂2版　第1刷発行

著　者　　深沢幸治郎、古賀海人、安藤篤史、岡本秀高
発行者　　片岡 巖
発行所　　株式会社技術評論社
　　　　　東京都新宿区市谷左内町21-13
　　　　　電話 03-3513-6150　販売促進部
　　　　　　　 03-3513-6160　書籍編集部
印刷／製本　共同印刷株式会社

定価はカバーに表示してあります。
本書の一部または全部を著作権の定める範囲を越え、
無断で複写、複製、転載、データ化することを禁じます。
©2020　深沢幸治郎、株式会社キテレツ、安藤篤史、岡本秀高

造本には細心の注意を払っておりますが、
万一、乱丁（ページの乱れ）や落丁（ページの抜け）がございましたら、
小社販売促進部までお送りください。送料小社負担でお取り替えいたします。
ISBN978-4-297-11647-7　C3055　Printed in Japan

お問い合わせに関しまして

本書に関するご質問については、右記の宛先にFAXもしくは弊社Webサイトから、必ず該当ページを明記のうえお送りください。電話によるご質問および本書の内容と関係のないご質問につきましては、お答えできかねます。あらかじめ以上のことをご了承の上、お問い合わせください。

なお、ご質問の際に記載いただいた個人情報は質問の返答以外の目的には使用いたしません。また、質問の返答後は速やかに削除させていただきます。

宛先：〒162-0846
東京都新宿区市谷左内町21-13
株式会社技術評論社
書籍編集部
「世界一わかりやすいWordPress
導入とサイト制作の教科書
［改訂2版］」係
FAX：03-3513-6167

技術評論社Webサイト
https://gihyo.jp/book/

著者略歴

深沢幸治郎（Kojiro Fukazawa）
Lesson01、03、06、15

大阪を中心に活動するウェブデザイナー、UIデザイナー。2009年からフリーランスとして多くのウェブサイト・ウェブメディア・ウェブアプリケーションの設計・デザイン・CMS実装に携わる。2010年に日本最初期のコワーキングスペース「JUSO Coworking」を開業、様々なコミュニティ活動やイベントの支援を行っている。専門学校や各地のWordCampなど、カンファレンスイベント等でのセミナー登壇経験も多数。

古賀海人（Kite Koga）
Lesson07、08、09、10、11、12

グラフィックデザイナー、クリエイティブ・ディレクター、世界三大広告賞にも名を連ねる制作会社のウェブデザイナー兼プログラマを経て、2014年4月に株式会社キテレツとして独立。クリエイティブからテクノロジーまで、トータルソリューションを提供。WordCamp Kansai 2015実行委員長。WordPressコアコントリビューター、Ruby on Railsコントリビューター、Reactコントリビューターなど、多くのオープンソースプロジェクトに貢献する一方、Wocker、Frascoなど、自身でも数多くのオープンソースソフトウェアを開発。

安藤篤史（Atsushi Ando）
Lesson02、13、14

ショップ店員、ギタークラフトマン、ストレージメーカーでの製品開発などを経て、2015年からフリーランスとして関西を中心に活動。デザイナー・エンジニアとして活動するかたわら、CMSやAWSのコミュニティイベント運営を多数担当し、その中で得た多彩な人脈を生かしてクリエイティブ制作チームのマネジメントを手がける。ウェブやグラフィック・ITテクノロジーなどの様々なメディアを繋ぎ、一貫したブランド・コミュニケーションづくりで"プレゼンスを世に送り出す"ためのサポートを行っている。

岡本秀高（Hidetaka Okamoto）
Lesson04、05

WordCamp Kyoto 2017実行委員長。2013年からWordPressの開発などに携わりはじめ、現在はAWS上でのWordPressサイトの運用などに取り組む。京都を拠点にイベント開催などにも関わっており、太鼓の練習後に勉強会へ参加することが時折あり、「太鼓の人」とよばれることも。